#경시대회기출문제
#경시대회대비
#HME완벽대비

HME 수학 학력평가

Chunjae
Makes
Chunjae

초등 HME 수학 학력평가

기획총괄 박금옥
편집개발 지유경, 정소현, 조선영, 최윤석, 김장미, 유혜지, 남솔, 김혜진, 유가현
디자인총괄 김희정
표지디자인 윤순미, 이수민
내지디자인 박희춘
제작 황성진, 조규영

발행일 2025년 1월 15일 2판 2025년 1월 15일 1쇄
발행인 (주)천재교육
주소 서울시 금천구 가산로9길 54
신고번호 제2001-000018호
고객센터 1577-0902
교재 구입 문의 1522-5566

※ 정답 분실 시에는 천재교육 교재 홈페이지에서 내려받으세요.
※ KC 마크는 이 제품이 공통안전기준에 적합하였음을 의미합니다.
※ 주의
책 모서리에 다칠 수 있으니 주의하시기 바랍니다.
부주의로 인한 사고의 경우 책임지지 않습니다.
8세 미만의 어린이는 부모님의 관리가 필요합니다.

목적과 특징

① 수학 학력평가의 목적

하나 수학의 기초 체력을 점검하고, 개인의 학력 수준을 파악하여 학습에 도움을 주고자 합니다.

둘 교과서 기본과 응용 수준의 문제를 주어 교육과정의 이해 척도를 알아보며 심화 수준의 문제를 주어 통합적 사고 능력을 측정하고자 합니다.

셋 평가를 통하여 수학 학습 방향을 제시하고 우수한 수학 영재를 조기에 발굴하고자 합니다.

넷 교육 현장의 선생님들에게 학생들의 수학적 사고와 방향을 제시하여 보다 향상된 수학 교육을 실현시키고자 합니다.

② 수학 학력평가의 특징

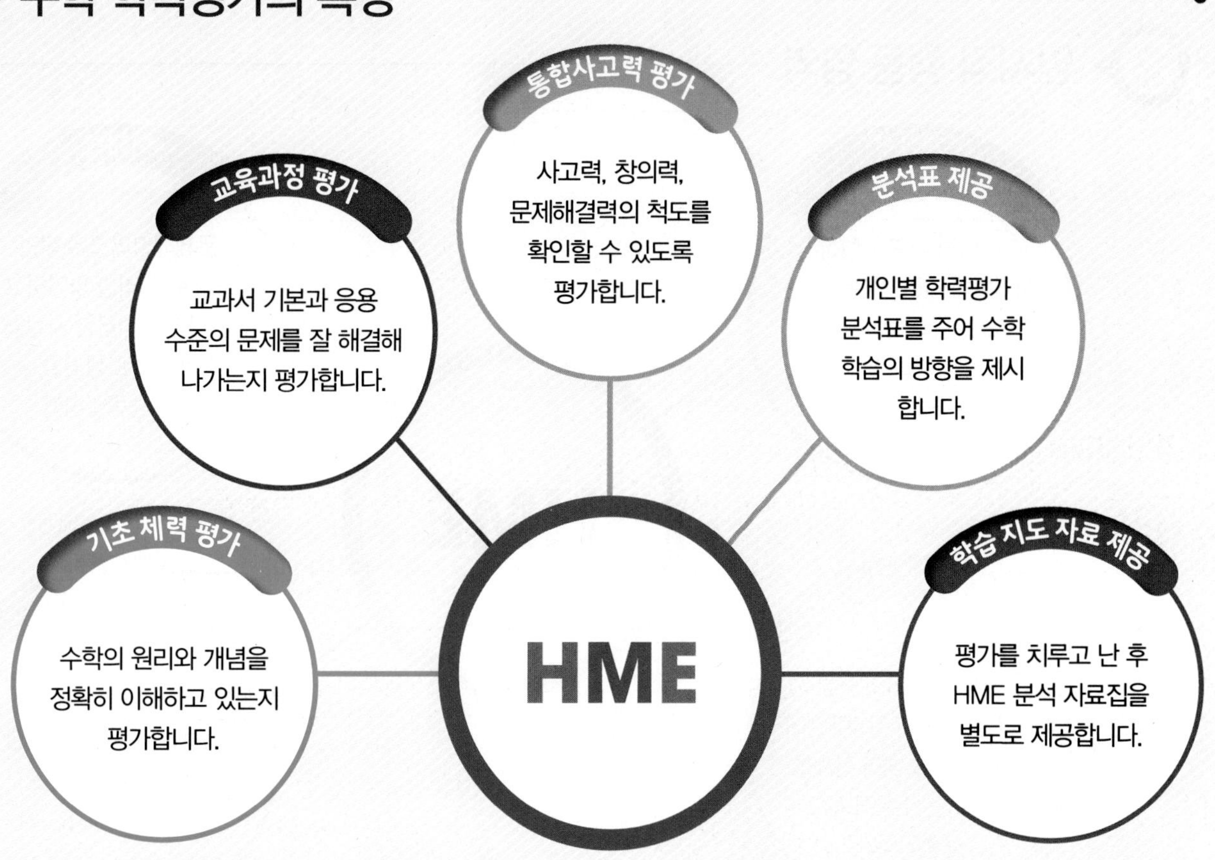

● 성적에 따라 대상, 최우수상, 우수상, 장려상을 수여하고 상위 5%는 왕중왕을 가리는 [**해법수학 경시대회**]에 출전할 기회를 드립니다.

평가 요소

수준별 평가 체제를 바탕으로 기본·응용·심화 과정의 내용을 평가하고 분석표에는 인지적 행동 영역(계산력, 이해력, 추론력, 문제해결력)과 내용별 영역(수와 연산, 변화와 관계, 도형과 측정, 자료와 가능성)으로 구분하여 제공합니다.

1 평가 수준

배점	수준 구분	출제 수준
100점 만점	교과서 기본 과정	교과 과정에서 꼭 알고 있어야 하는 기본 개념과 원리에 관련된 기본 문제들로 구성
	교과서 응용 과정	기본적인 수학의 개념과 원리의 이해를 바탕으로 한 응용력 문제들로 교육과정의 응용 문제를 중심으로 구성
	심화 과정	수학적 내용을 풀어가는 과정에서 사고력, 창의력, 문제해결력을 기를 수 있는 문제들로 통합적 사고력을 요구하는 문제들로 구성

2 인지적 행동 영역

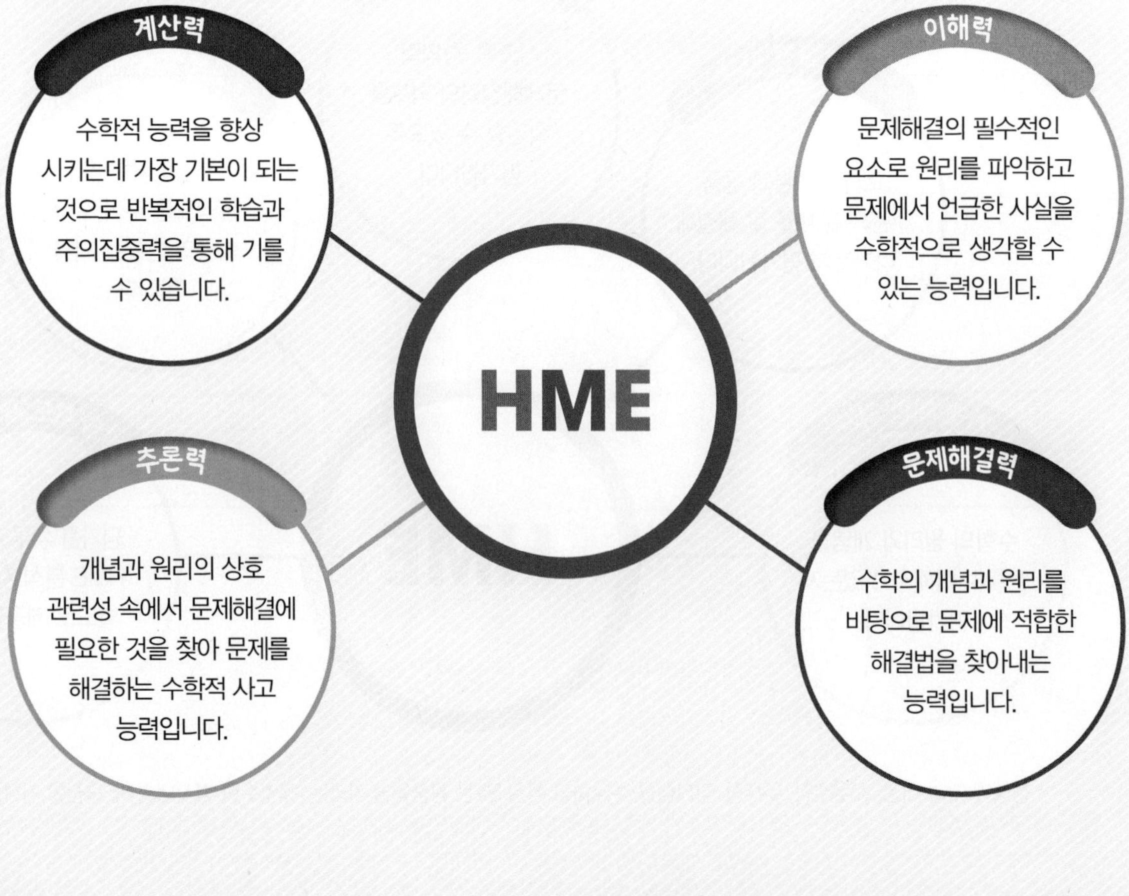

HME

계산력

수학적 능력을 향상 시키는데 가장 기본이 되는 것으로 반복적인 학습과 주의집중력을 통해 기를 수 있습니다.

이해력

문제해결의 필수적인 요소로 원리를 파악하고 문제에서 언급한 사실을 수학적으로 생각할 수 있는 능력입니다.

추론력

개념과 원리의 상호 관련성 속에서 문제해결에 필요한 것을 찾아 문제를 해결하는 수학적 사고 능력입니다.

문제해결력

수학의 개념과 원리를 바탕으로 문제에 적합한 해결법을 찾아내는 능력입니다.

교재 구성

유형 학습(HME의 기본+응용 문제로 구성)

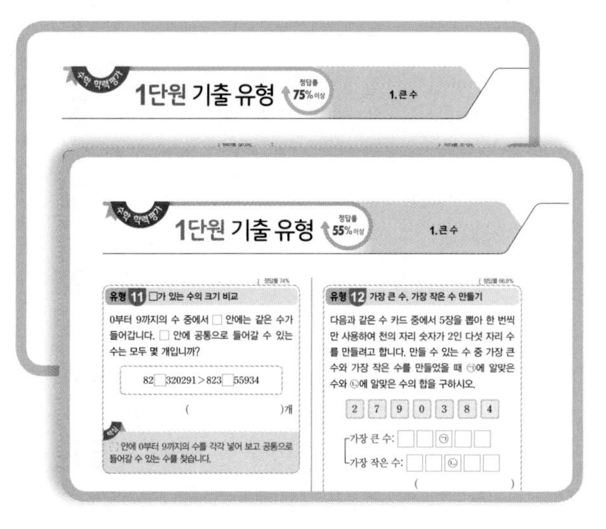

●● **단원별 기출 유형**

HME에 출제된 기출문제를 단원별로 유형을 분석하여 정답률과 함께 수록하였습니다. 유사문제를 통해 다시 한번 유형을 확인할 수 있습니다.

정답률 75%이상 문제를 실수 없이 푼다면 장려상 이상, 정답률 55%이상 문제를 실수 없이 푼다면 우수상 이상 받을 수 있는 실력입니다.

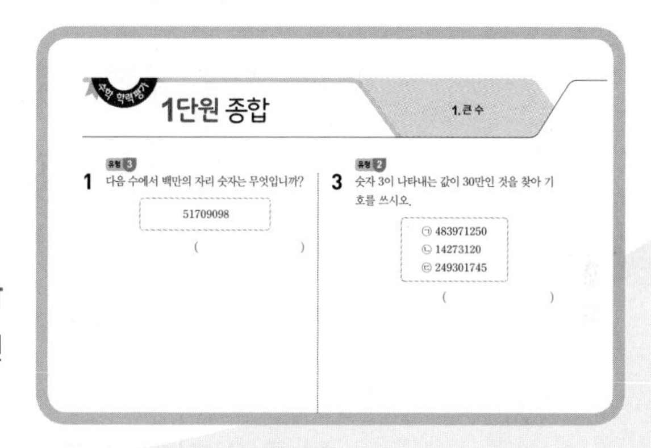

●● **단원별 종합**

앞에서 배운 유형을 다시 한번 확인할 수 있습니다.

실전 학습(HME와 같은 난이도로 구성)

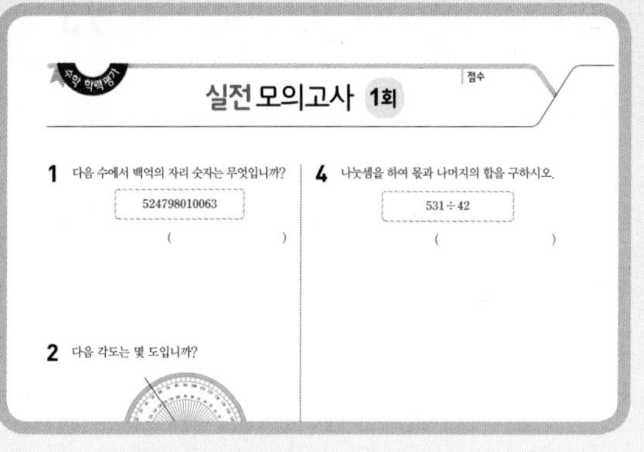

●● **실전 모의고사**

출제율 높은 문제를 수록하여 HME 시험을 완벽하게 대비할 수 있습니다.

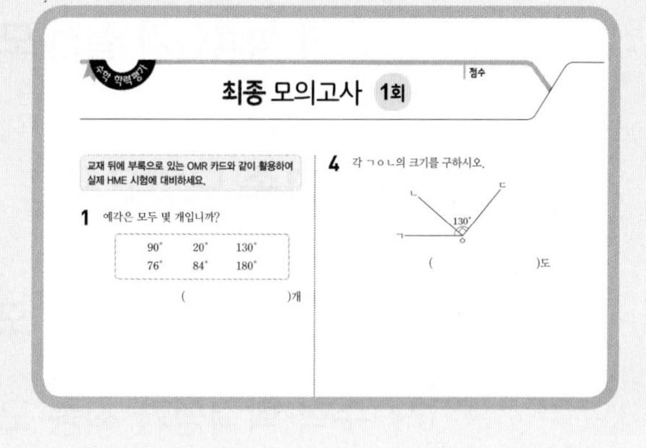

●● **최종 모의고사**

책 뒤에 있는 OMR 카드와 함께 활용하고 OMR 카드 작성법을 익혀 실제 HME 시험에 대비할 수 있습니다.

최종 모의고사 ❶회 OMR 카드 작성시 유의사항

●● **OMR 카드**

차례

기출 유형

실전 모의고사

최종 모의고사

1단원 기출 유형

정답률 75% 이상

정답률 98.8%

유형 1 10000 알아보기

□ 안에 알맞은 수를 구하시오.

10000은 9900보다 □만큼 더 큰 수입니다.

(　　　　　　)

핵심
10000이 되려면 얼마만큼 더 필요한지 알아봅니다.

1 □ 안에 알맞은 수를 구하시오.

10000은 9950보다 □만큼 더 큰 수입니다.

(　　　　　　)

2 □ 안에 알맞은 수가 더 큰 것을 찾아 기호를 쓰시오.

㉠ 10000은 9990보다 □만큼 더 큰 수입니다.
㉡ 10000은 9000보다 □만큼 더 큰 수입니다.

(　　　　　　)

정답률 97.9%

유형 2 숫자가 나타내는 값 알아보기

숫자 3은 어느 자리 숫자이고, 그 숫자는 얼마를 나타냅니까? ································· (　　　　)

5372198

① 백의 자리 숫자, 300
② 천의 자리 숫자, 3000
③ 만의 자리 숫자, 30000
④ 십만의 자리 숫자, 300000
⑤ 백만의 자리 숫자, 3000000

핵심
낮은 자리부터 네 자리씩 나누어 표시해 보고, 주어진 숫자가 나타내는 값을 알아봅니다.

3 숫자 5는 얼마를 나타내는지 쓰시오.

235190746

(　　　　　　)

4 숫자 8이 나타내는 값이 8억인 것을 찾아 기호를 쓰시오.

28325846812653
(㉠: 2<u>8</u>325846812653, ㉡: 28325<u>8</u>46812653, ㉢: 2832584<u>6</u>8<u>8</u>12653 — 밑줄 친 8 아래 기호 ㉠, ㉡, ㉢)

(　　　　　　)

정답률 96.9%

유형 3 자리의 숫자 알아보기

다음 수에서 천만의 자리 숫자는 무엇입니까?

2650839671

( )

핵심

낮은 자리부터 네 자리씩 나누어 표시해 보고, 각 자리 숫자를 알아봅니다.

정답률 96.4%

유형 4 몇씩 뛰어 세기

10만씩 뛰어 세기 한 것입니다. ㉠에 알맞은 수는 몇 만입니까?

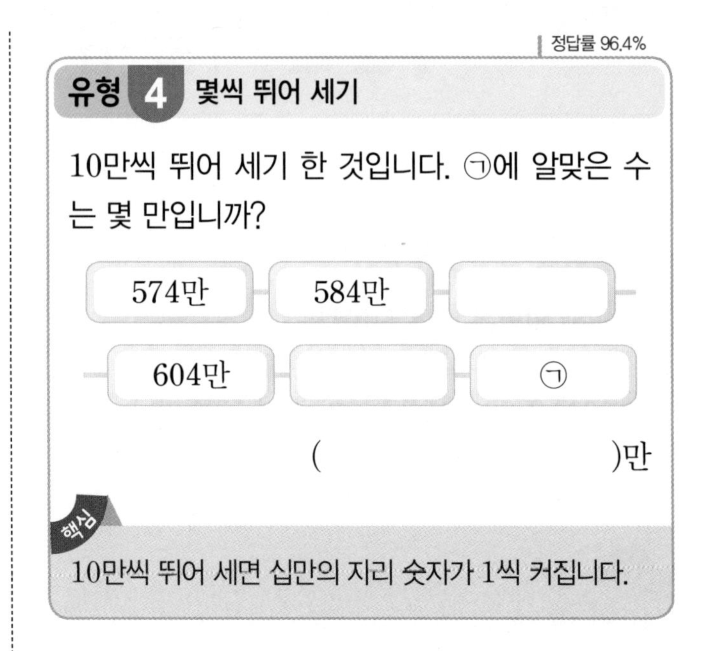

( )만

핵심

10만씩 뛰어 세면 십만의 자리 숫자가 1씩 커집니다.

5 다음 수에서 백만의 자리 숫자는 무엇입니까?

3761028549

( )

6 십만의 자리 숫자가 3인 수의 십억의 자리 숫자는 무엇입니까?

㉠ 2617920367499
㉡ 543917562405

( )

7 1000만씩 뛰어 세기 한 것입니다. ㉠에 알맞은 수를 구하시오.

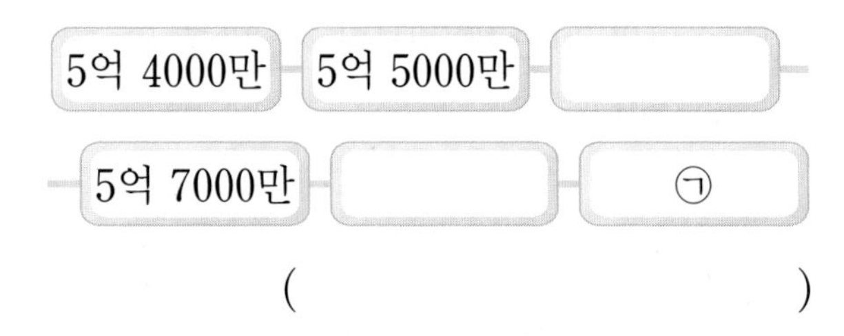

( )

8 뛰어 세는 규칙을 찾아 ㉠에 알맞은 수를 구하시오.

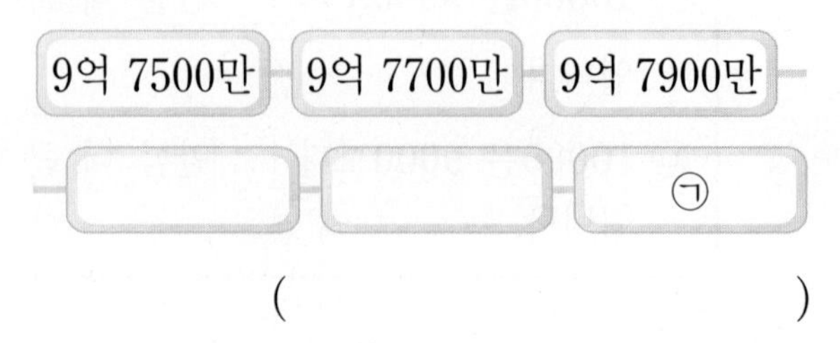

( )

정답률 91.4%

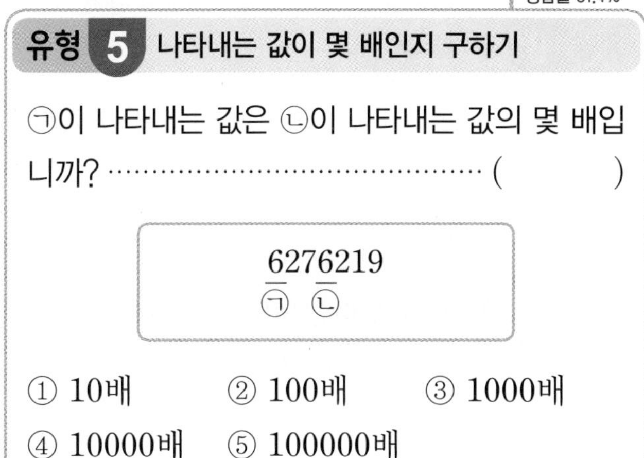

유형 5 나타내는 값이 몇 배인지 구하기

㉠이 나타내는 값은 ㉡이 나타내는 값의 몇 배입니까? .... (　　　　)

6276219
㉠ ㉡

① 10배　② 100배　③ 1000배
④ 10000배　⑤ 100000배

핵심 ㉠과 ㉡이 나타내는 값을 각각 구하여 ㉠이 나타내는 값은 ㉡이 나타내는 값의 몇 배인지 구합니다.

9 ㉠이 나타내는 값은 ㉡이 나타내는 값의 몇 배입니까?

(　　　　　　　　)배

10 ㉠이 나타내는 값은 ㉡이 나타내는 값의 몇 배입니까?

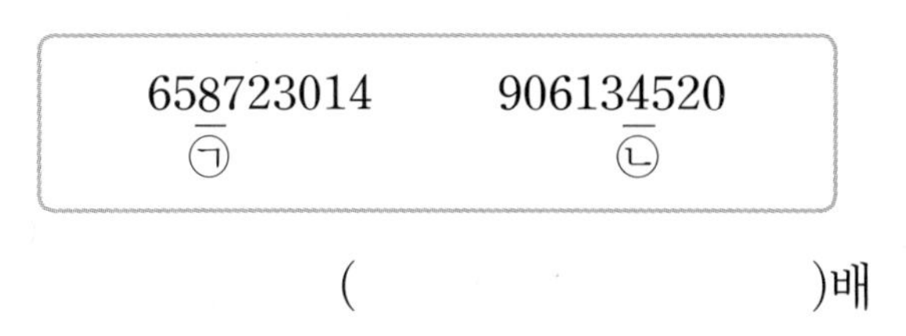

(　　　　　　　　)배

정답률 91.1%

유형 6 몇 배씩 뛰어 세기

㉠에 알맞은 수는 몇 조입니까?

10배 10배 10배
300억 → □ → □ → ㉠

(　　　　　　　　)조

핵심 어떤 수를 10배 하면 어떤 수 뒤에 0이 1개 늘어납니다.

11 ㉠에 알맞은 수는 몇 억입니까?

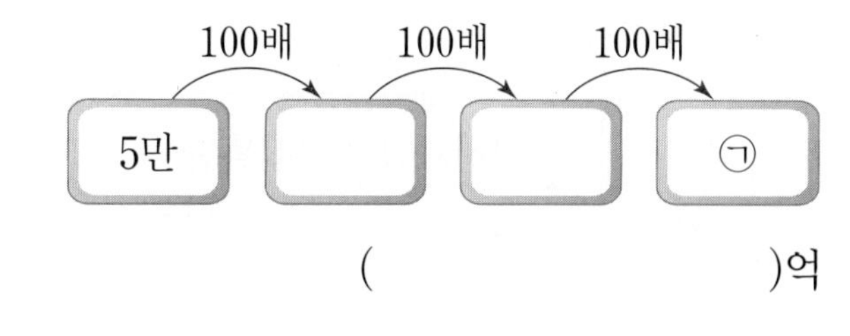

(　　　　　　　　)억

12 ㉠에 알맞은 수는 몇 억입니까?

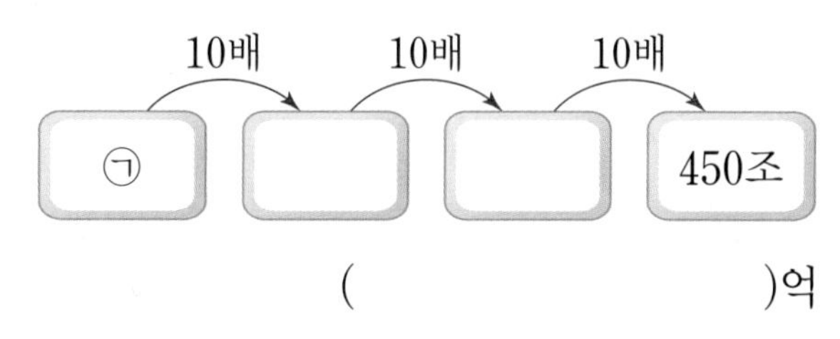

(　　　　　　　　)억

정답률 87.2%

유형 7 수로 나타내어 0의 개수 구하기

다음을 12자리 수로 나타낼 때 0은 모두 몇 개입니까?

육천오십억 팔십사만

( )개

핵심
자릿값이 없는 부분은 0을 써야 합니다.

13 다음을 12자리 수로 나타낼 때 0은 모두 몇 개입니까?

삼천육십억 삼십팔만

( )개

14 다음을 계산기로 입력하려면 0을 모두 몇 번 눌러야 합니까?

삼천삼백일억

( )번

정답률 84.4%

유형 8 수의 크기 비교

가장 큰 수를 찾아 그 수의 백만의 자리 숫자를 쓰시오.

㉠ 316251248000000
㉡ 75조 200만 9000
㉢ 이백사십조 삼천육백만

( )

핵심
수의 크기 비교
- 자리 수가 다른 경우: 자리 수가 많은 쪽이 더 큰 수
- 자리 수가 같은 경우: 가장 높은 자리 수부터 차례대로 비교하여 수가 큰 쪽이 더 큰 수

15 더 작은 수를 찾아 그 수의 백억의 자리 숫자를 쓰시오.

㉠ 삼십구조 삼천사백칠억 팔천만
㉡ 250조 69억 4250만

( )

16 가장 큰 수를 찾아 그 수의 십만의 자리 숫자를 쓰시오.

㉠ 억이 46개, 만이 31개, 일이 32개인 수
㉡ 46억 9050만 187
㉢ 삼십구억 구천칠백팔십만

( )

정답률 80%

유형 9 몇 번 뛰어 센 것인지 알아보기

7700만에서 2000만씩 몇 번 뛰어 세었더니 1억 5700만이 되었습니다. 몇 번 뛰어 센 것입니까?

( )번

2000만씩 뛰어 세면 천만의 자리 숫자가 2씩 커집니다.

17 8500만에서 400만씩 몇 번 뛰어 세었더니 1억 900만이 되었습니다. 몇 번 뛰어 센 것입니까?

( )번

18 4300만에서 200만씩 뛰어 세려고 합니다. 6000만보다 큰 수가 되려면 적어도 몇 번 뛰어 세어야 합니까?

( )번

정답률 78%

유형 10 □ 안에 들어갈 수 있는 수 구하기

0부터 9까지의 수 중에서 □ 안에 들어갈 수 있는 수는 모두 몇 개입니까?

$26923758 > 26923\square45$

( )개

자리 수가 같으면 가장 높은 자리 수부터 차례대로 비교합니다.

19 0부터 9까지의 수 중에서 □ 안에 들어갈 수 있는 수는 모두 몇 개입니까?

$1295\square3817 > 129558927$

( )개

20 0부터 9까지의 수 중에서 □ 안에 들어갈 수 있는 모든 수의 합을 구하시오.

$73451072 > 73\square82194$

( )

정답률 74%

유형 11 □가 있는 수의 크기 비교

0부터 9까지의 수 중에서 □ 안에는 같은 수가 들어갑니다. □ 안에 공통으로 들어갈 수 있는 수는 모두 몇 개입니까?

82□320291 > 823□55934

(　　　　　　　　)개

핵심
□ 안에 0부터 9까지의 수를 각각 넣어 보면서 공통으로 들어갈 수 있는 수를 찾습니다.

21 0부터 9까지의 수 중에서 □ 안에는 같은 수가 들어갑니다. □ 안에 공통으로 들어갈 수 있는 수는 모두 몇 개입니까?

46□326108 < 4□7129185

(　　　　　　　　)개

22 0부터 9까지의 수 중에서 □ 안에는 같은 수가 들어갑니다. □ 안에 공통으로 들어갈 수 있는 수를 모두 쓰시오.

4□587165909 > 47587165□09

(　　　　　　　　)

정답률 66.8%

유형 12 가장 큰 수, 가장 작은 수 만들기

다음과 같은 수 카드 중에서 5장을 뽑아 한 번씩만 사용하여 천의 자리 숫자가 2인 다섯 자리 수를 만들려고 합니다. 만들 수 있는 수 중 가장 큰 수와 가장 작은 수를 만들었을 때 ㉠에 알맞은 수와 ㉡에 알맞은 수의 합을 구하시오.

2　7　9　0　3　8　4

가장 큰 수: □ □ ㉠ □ □
가장 작은 수: □ □ ㉡ □ □

(　　　　　　　　)

핵심
- 가장 큰 수 만들기: 가장 높은 자리부터 큰 수를 차례대로 놓기
- 가장 작은 수 만들기: 가장 높은 자리부터 작은 수를 차례대로 놓기 (단, 가장 높은 자리에 0은 올 수 없습니다.)

23 5장의 수 카드를 두 번씩 사용하여 억의 자리 숫자가 7, 만의 자리 숫자가 2인 10자리 수를 만들려고 합니다. 만들 수 있는 가장 작은 수를 쓰시오.

2　7　3　0　4

(　　　　　　　　)

정답률 61.8%

유형 13 수직선에서 뛰어 센 수 구하기

수직선에서 ㉠에 알맞은 수는 몇 억입니까?

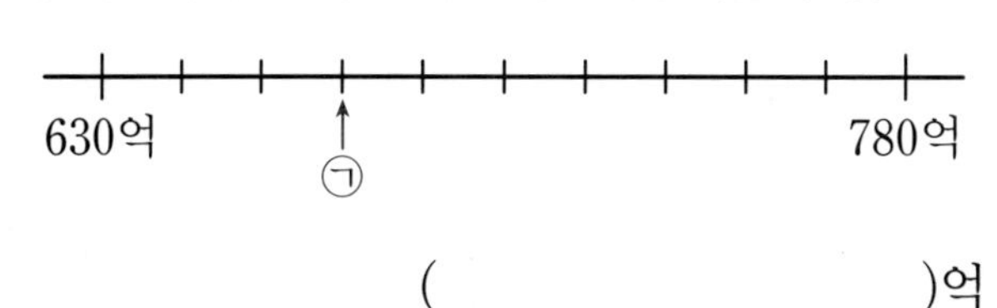

( )억

핵심

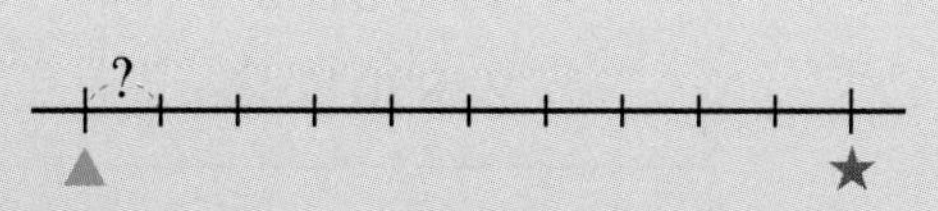

수직선에서 ▲와 ★ 사이가 똑같이 10칸으로 나누어져 있습니다.
(작은 눈금 한 칸의 크기)=(★−▲)÷10

24 수직선에서 ㉠에 알맞은 수는 몇 억입니까?

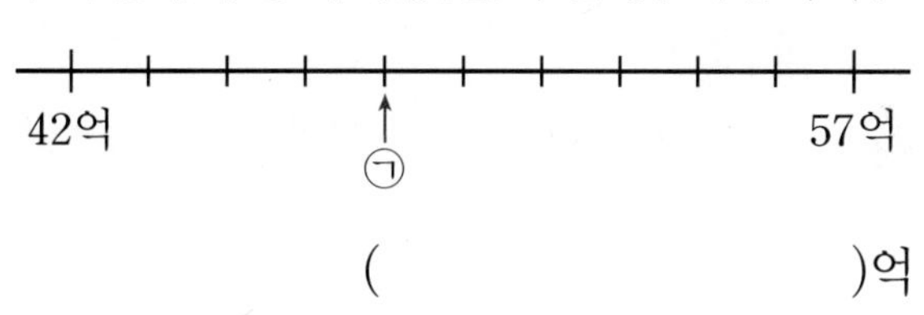

( )억

25 수직선에서 ㉠에 알맞은 수는 얼마입니까?

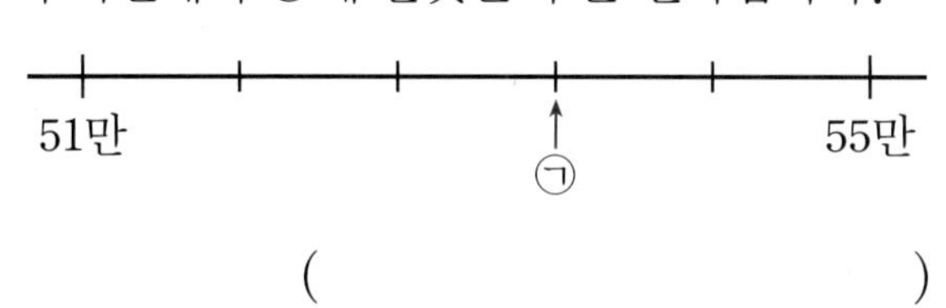

( )

정답률 58.4%

유형 14 조건을 만족하는 수 구하기

| 조건 |을 모두 만족하는 수 중에서 가장 큰 수의 백의 자리 숫자와 십의 자리 숫자의 곱을 구하시오.

| 조건 |
① 4부터 9까지의 수를 한 번씩만 사용하여 만든 6자리 수입니다.
② 십만의 자리 숫자는 일의 자리 숫자의 2배입니다.
③ 만의 자리 숫자는 6입니다.

( )

핵심

가장 큰 수는 가장 높은 자리부터 큰 수를 차례대로 놓습니다.

26 | 조건 |을 모두 만족하는 수 중에서 가장 작은 수를 구하시오.

| 조건 |
① 0부터 9까지의 수를 한 번씩만 사용하여 만든 10자리 수입니다.
② 십억의 자리 숫자는 만의 자리 숫자의 4배입니다.
③ 억의 자리 숫자는 천만의 자리 숫자의 7배입니다.

( )

1단원 종합

유형 3

1 다음 수에서 백만의 자리 숫자는 무엇입니까?

51709098

(　　　　　　　　)

유형 1

2 10000을 <u>잘못</u> 나타낸 것을 찾아 기호를 쓰시오.

㉠ 9960보다 40만큼 더 큰 수
㉡ 1000이 10개인 수
㉢ 9999보다 1000만큼 더 큰 수

(　　　　　　　　)

유형 2

3 숫자 3이 나타내는 값이 30만인 것을 찾아 기호를 쓰시오.

㉠ 483971250
㉡ 14273120
㉢ 249301745

(　　　　　　　　)

유형 5

4 ㉠이 나타내는 값은 ㉡이 나타내는 값의 몇 배입니까?

47453211
(㉠: 둘째 자리 7, ㉡: 넷째 자리 5)

(　　　　　　　　)배

유형 6

5 몇 배씩 뛰어서 세었는지 구하시오.

3억 → 30억 → 300억 → 3000억

( )배

유형 10

7 다음 중에서 □ 안에 들어갈 수 있는 수는 어느 것입니까? ··························· ( )

3482950 > 348□541

① 2 ② 3 ③ 4
④ 5 ⑤ 6

유형 8

6 다음 중 옳은 것은 어느 것입니까?
··· ( )

① 571439 < 20746
② 149억 > 3조
③ 172943 > 17542
④ 7320억 > 4319조
⑤ 203조 7000억 < 200조

유형 7

8 다음을 계산기로 입력하려면 0을 모두 몇 번 눌러야 합니까?

3826억보다 40억만큼 더 큰 수

( )번

유형 4

9 다음과 같은 규칙으로 15만 3000에서 2번 뛰어 센 수를 구하시오.

251만 → 253만 → 255만 → 257만

(　　　　　　　　　　　)

유형 11

10 □ 안에 1부터 9까지의 수 중에서 어느 수를 넣어도 됩니다. 세 수의 크기를 비교하여 큰 수부터 차례대로 기호를 쓰시오.

㉠ □06024□17
㉡ 907□324□7
㉢ 907031□□9

(　　　　　　　　　　　)

유형 12

11 4장의 수 카드를 두 번씩 사용하여 백만의 자리 숫자가 4, 천의 자리 숫자가 2인 8자리 수를 만들려고 합니다. 만들 수 있는 가장 큰 수를 쓰시오.

2　3　4　7

(　　　　　　　　　　　)

유형 14

12 ‖조건‖을 모두 만족하는 가장 큰 수의 각 자리 숫자의 합을 구하시오.

‖조건‖
① 삼백팔십육만보다 작습니다.
② 38500의 100배보다 큽니다.
③ 천의 자리 숫자는 일의 자리 숫자의 4배입니다.

(　　　　　　　　　　　)

2단원 기출 유형

정답률 75% 이상

정답률 97.2%

유형 1 각도 읽기

다음 각도는 몇 도입니까?

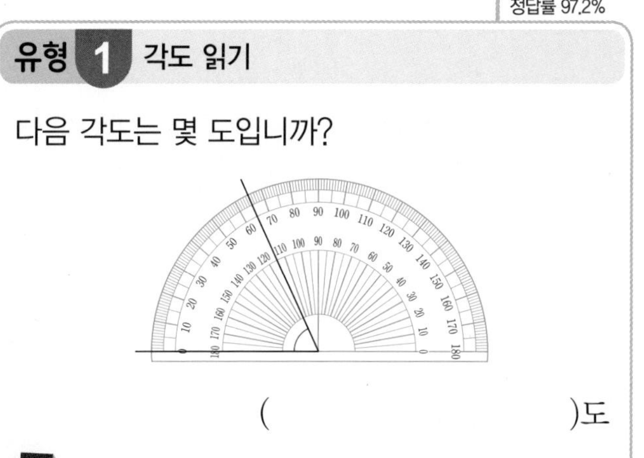

(　　　　　　)도

핵심

각도기의 밑금과 만나는 각의 변에서 시작하여 나머지 변과 만나는 각도기의 눈금을 읽습니다.

정답률 95.8%

유형 2 각도의 합과 차 구하기

각 ㄱㅇㄷ의 크기를 구하시오.

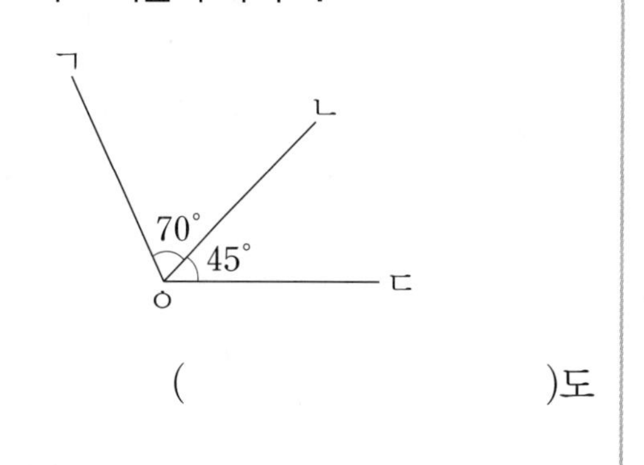

(　　　　　　)도

핵심

각도의 합과 차는 자연수의 덧셈, 뺄셈과 같은 방법으로 계산한 다음 단위(°)를 붙입니다.

1 다음 각도는 몇 도입니까?

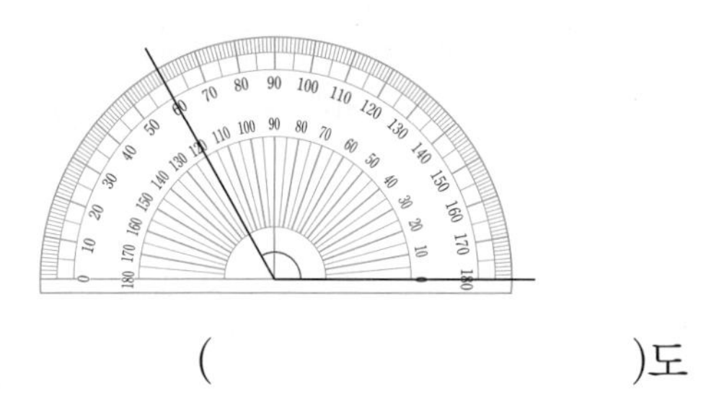

(　　　　　　)도

2 각 ㄱㅇㄴ의 크기를 구하시오.

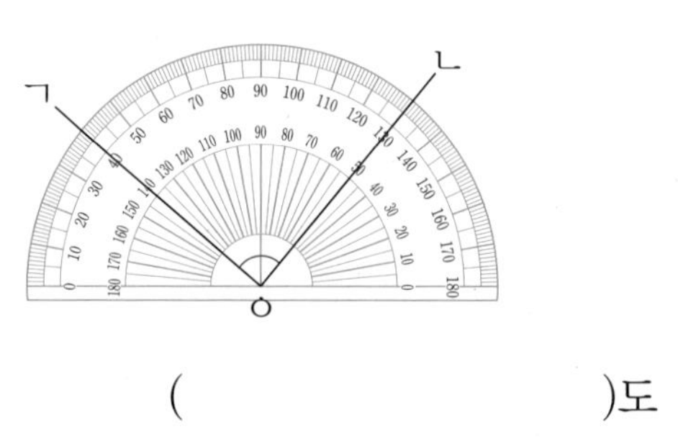

(　　　　　　)도

3 각 ㄱㅇㄷ의 크기를 구하시오.

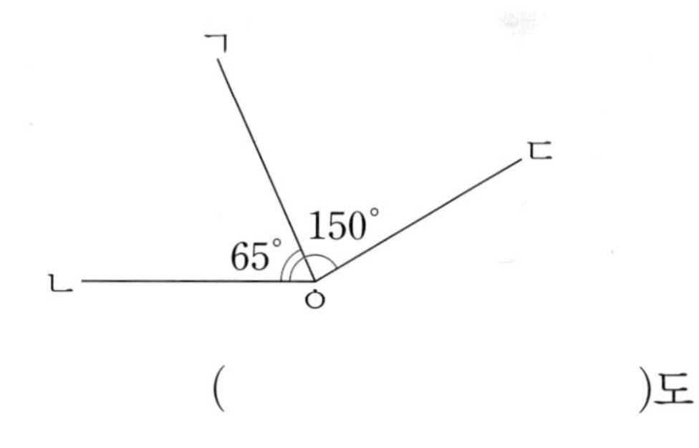

(　　　　　　)도

4 각 ㄴㅇㄷ의 크기를 구하시오.

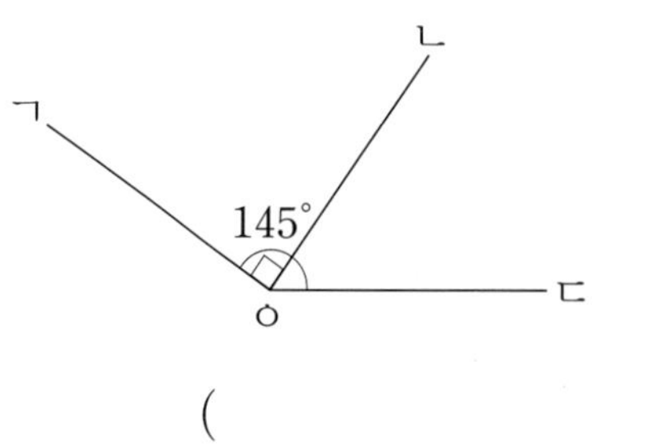

(　　　　　　)도

정답률 95.4%

유형 3 예각과 둔각 찾기

예각은 모두 몇 개입니까?

100°　90°　85°　76°　180°　9°

(　　　　　　　　)개

핵심

예각	직각	둔각
0°<(예각)<90°	90°	90°<(둔각)<180°

정답률 89%

유형 4 사각형의 네 각의 크기의 합 이용하기(1)

사각형 ㄱㄴㄷㄹ에서 각 ㄱㄹㄷ의 크기는 몇 도인지 구하시오.

ㄱ　ㄹ
100°
75°　55°
ㄴ　ㄷ

(　　　　　　　　)도

핵심

(사각형의 네 각의 크기의 합)=360°

5 둔각은 모두 몇 개입니까?

120°　40°　100°　87°　180°　200°

(　　　　　　　　)개

6 예각과 둔각은 각각 몇 개입니까?

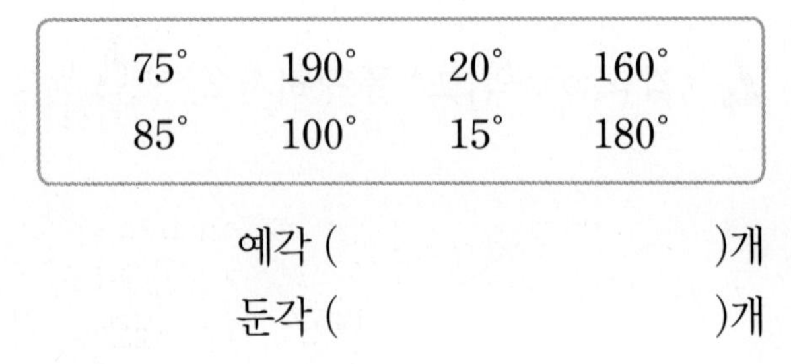
75°　190°　20°　160°
85°　100°　15°　180°

예각 (　　　　　　　　)개
둔각 (　　　　　　　　)개

7 도형에서 ㉠의 각도를 구하시오.

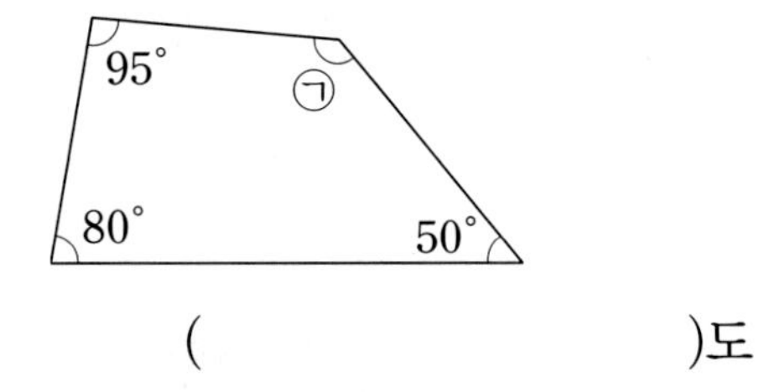

(　　　　　　　　)도

8 도형에서 ㉠의 각도를 구하시오.

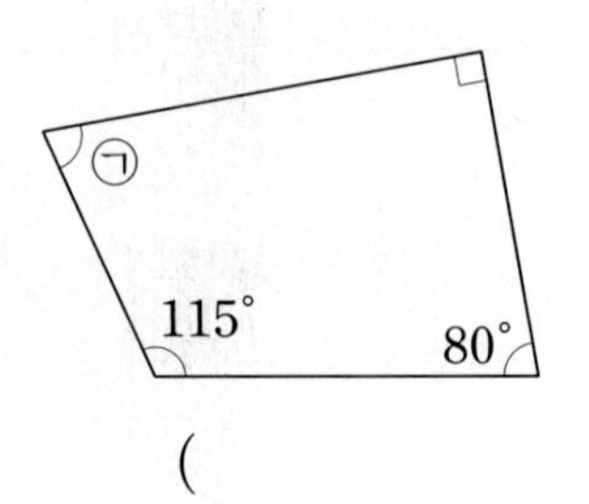

(　　　　　　　　)도

정답률 88.8%

유형 5 시계에서 예각과 둔각 찾기

시계의 긴바늘과 짧은바늘이 이루는 작은 쪽의 각이 둔각인 시각은 어느 것입니까?…(　　　)

① 2시 30분　② 1시 10분
③ 10시 45분　④ 11시 55분
⑤ 3시 29분

핵심

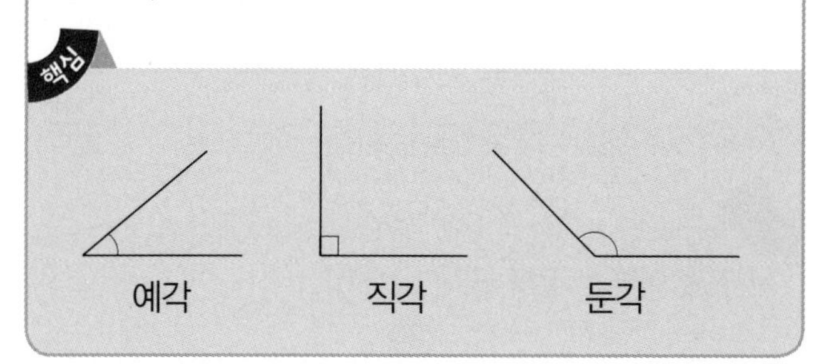

정답률 88%

유형 6 삼각형의 세 각의 크기의 합 이용하기

도형에서 ㉠의 각도는 몇 도입니까?‥(　　　)

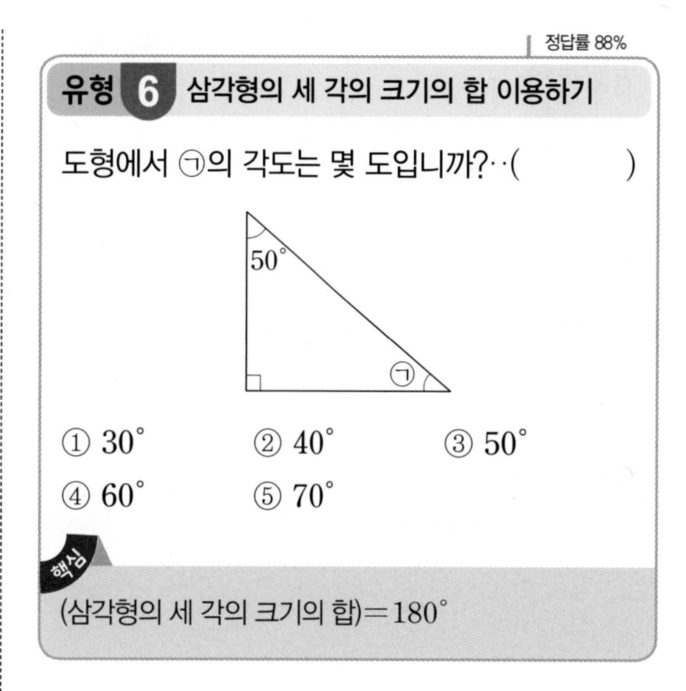

① 30°　② 40°　③ 50°
④ 60°　⑤ 70°

핵심

(삼각형의 세 각의 크기의 합)=180°

9 시계의 긴바늘과 짧은바늘이 이루는 작은 쪽의 각이 예각인 시각을 모두 찾아 기호를 쓰시오.

㉠ 10시 30분	㉡ 3시
㉢ 6시 20분	㉣ 9시 35분

(　　　　　　　)

10 민재는 3시에 운동을 시작하여 40분 동안 운동을 하였습니다. 민재가 운동을 끝마쳤을 때 시계의 긴바늘과 짧은바늘이 이루는 작은 쪽의 각이 예각, 둔각 중 어느 것인지 쓰시오.

(　　　　　　　)

11 도형에서 ㉠의 각도를 구하시오.

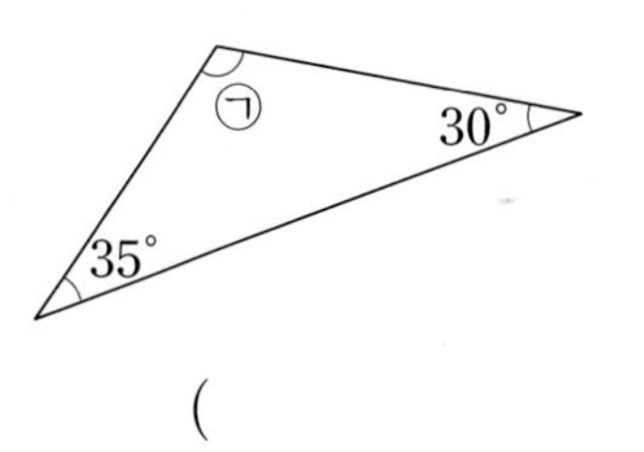

(　　　　　　　)도

12 도형에서 ㉠과 ㉡의 각도의 합을 구하시오.

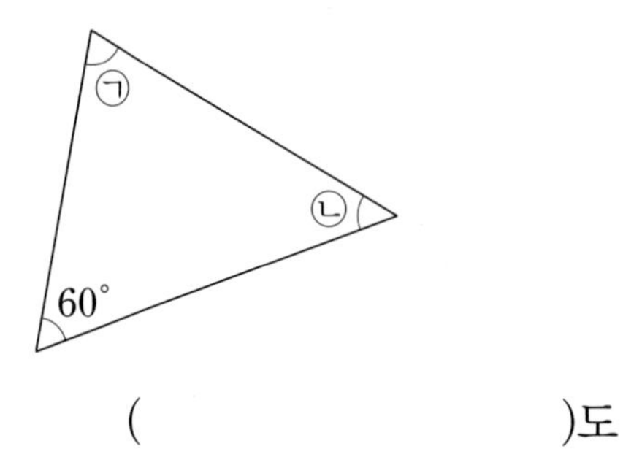

(　　　　　　　)도

정답률 87.3%

유형 7 사각형의 네 각의 크기의 합 이용하기(2)

도형에서 ㉠과 ㉡의 각도의 합을 구하시오.

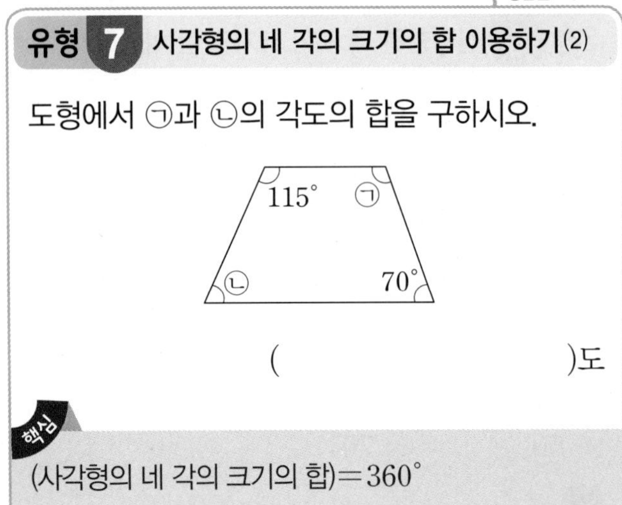

( )도

핵심

(사각형의 네 각의 크기의 합)$=360°$

정답률 85.5%

유형 8 각도 구하기

그림과 같이 점선을 따라 삼각형을 잘라 세 꼭짓점이 한 점에 모이도록 겹치지 않게 이어 붙였습니다. ㉠의 각도를 구하시오.

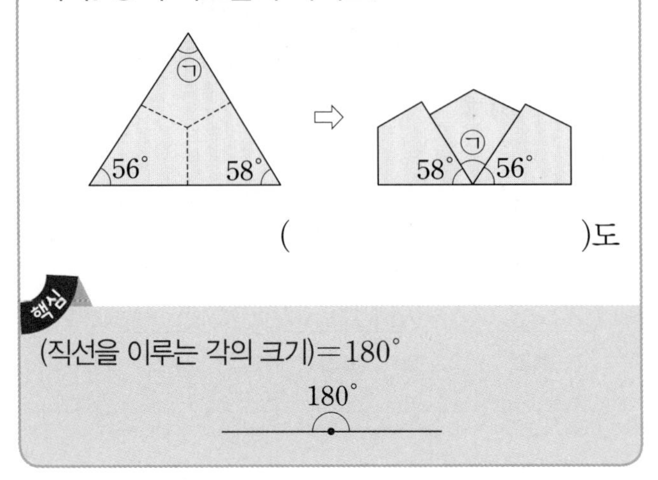

( )도

핵심

(직선을 이루는 각의 크기)$=180°$

180°

13 도형에서 ㉠과 ㉡의 각도의 합을 구하시오.

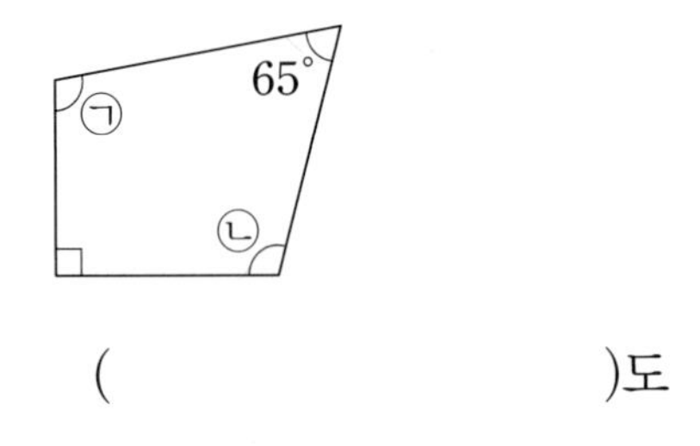

( )도

14 도형에서 ㉡과 ㉣의 각도의 합을 구하시오.

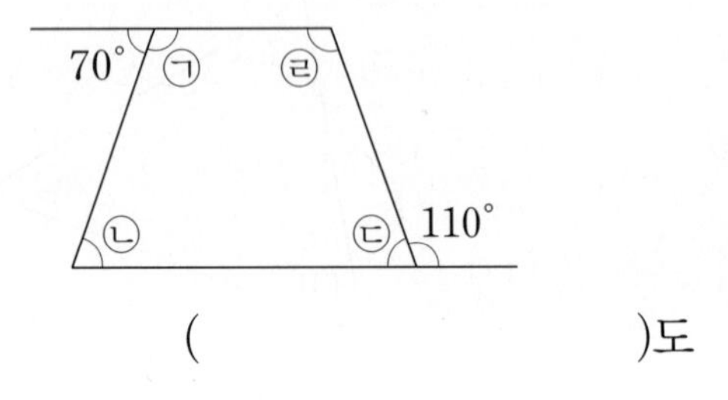

( )도

15 그림과 같이 삼각형을 세 꼭짓점이 한 점에 모이도록 겹치지 않게 접었습니다. ㉠의 각도를 구하시오.

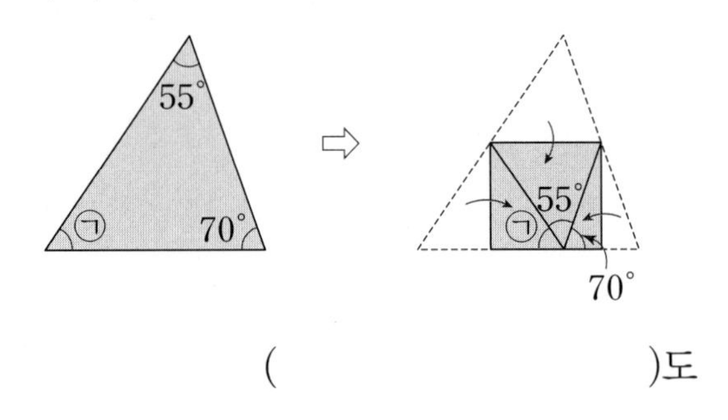

( )도

16 그림과 같이 점선을 따라 사각형을 잘라 네 꼭짓점이 한 점에 모이도록 겹치지 않게 이어 붙였습니다. ㉠의 각도를 구하시오.

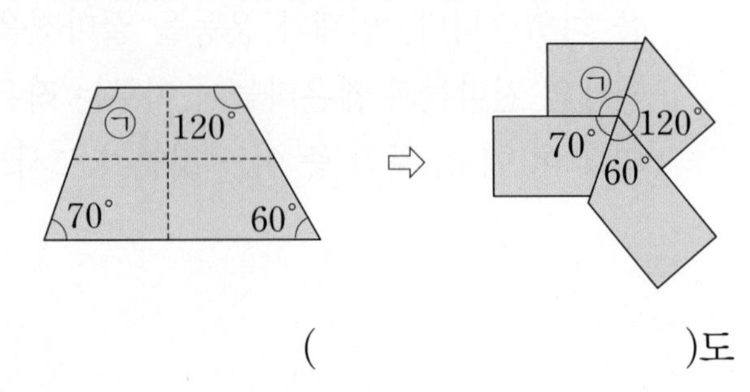

( )도

정답률 85%

유형 9 각도의 합과 차의 활용

㉠과 ㉡ 중 더 큰 각의 각도를 구하시오.

㉠ $180° - 40°$
㉡ $50° + 35° - 20°$

(　　　　　　　　)도

각도의 합과 차를 계산한 후 크기를 비교합니다.

정답률 84.4%

유형 10 둔각의 활용

크기가 다음과 같은 각 여러 개를 각의 꼭짓점은 한 점에 모이고 각의 한 변은 맞닿도록 이어 붙여 둔각을 만들려고 합니다. 각을 적어도 몇 개 이어 붙여야 합니까?

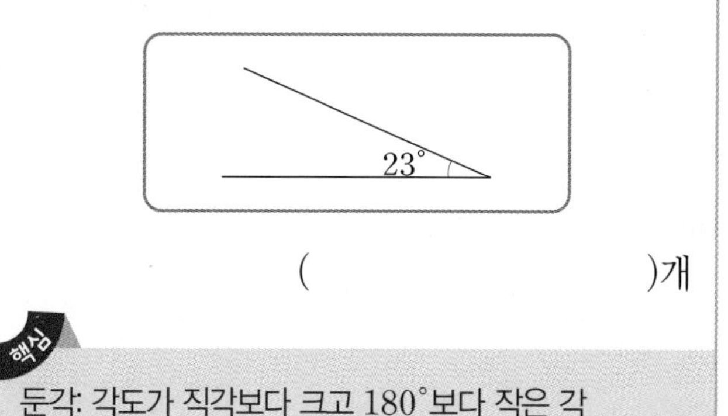

(　　　　　　　　)개

핵심

둔각: 각도가 직각보다 크고 180°보다 작은 각

17 ㉠과 ㉡ 중 더 큰 각의 기호를 쓰시오.

㉠ $80° + 75°$
㉡ $150° - 35°$

(　　　　　　　　)

18 가장 큰 각의 기호를 쓰시오.

㉠ $180° - 30°$
㉡ $120° + 90°$
㉢ $75° + 150°$

(　　　　　　　　)

19 크기가 다음과 같은 각 여러 개를 각의 꼭짓점은 한 점에 모이고 각의 한 변은 맞닿도록 이어 붙여 둔각을 만들려고 합니다. 각을 적어도 몇 개 이어 붙여야 합니까?

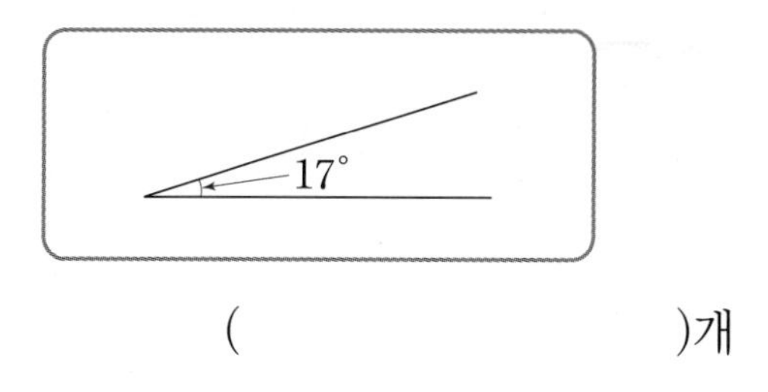

(　　　　　　　　)개

20 크기가 다음과 같은 각 여러 개를 각의 꼭짓점은 한 점에 모이고 각의 한 변은 맞닿도록 이어 붙여 각의 크기가 가장 큰 둔각을 만들려고 합니다. 각을 몇 개 이어 붙여야 합니까?

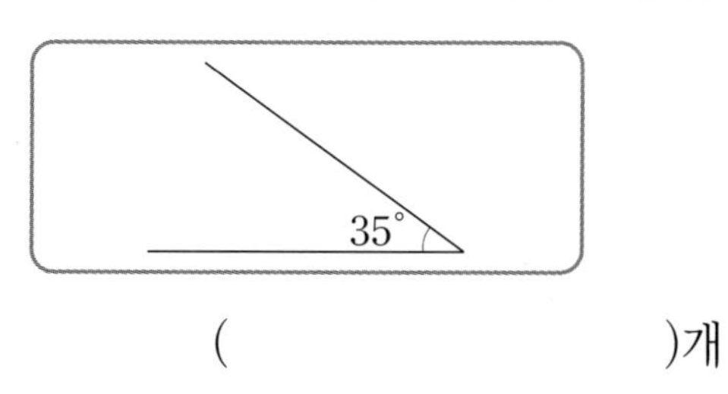

(　　　　　　　　)개

정답률 81.5%

유형 11 삼각형의 세 각의 크기의 합의 활용

도형에서 ㉠의 각도를 구하시오.

34°
48°
㉠

(　　　　　　　　)도

핵심
(삼각형의 세 각의 크기의 합)$=180^\circ$
(직선을 이루는 각의 크기)$=180^\circ$

정답률 79.7%

유형 12 직선이 만나서 이루는 각도 구하기

그림에서 ㉠의 각도를 구하시오.

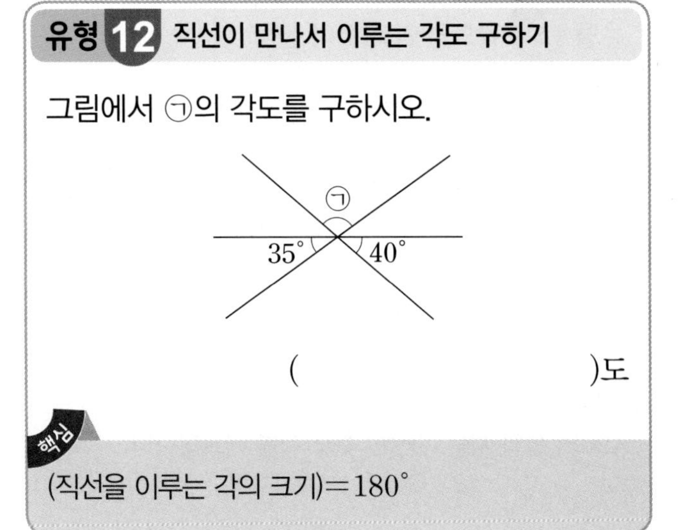

(　　　　　　　　)도

핵심
(직선을 이루는 각의 크기)$=180^\circ$

21 도형에서 ㉠의 각도를 구하시오.

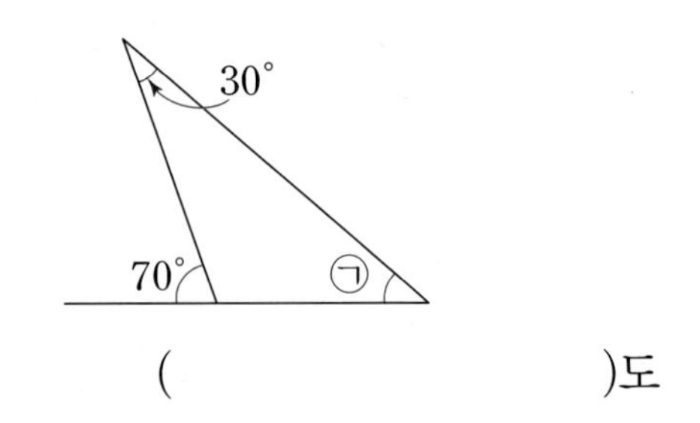

(　　　　　　　　)도

22 도형에서 ㉠의 각도를 구하시오.

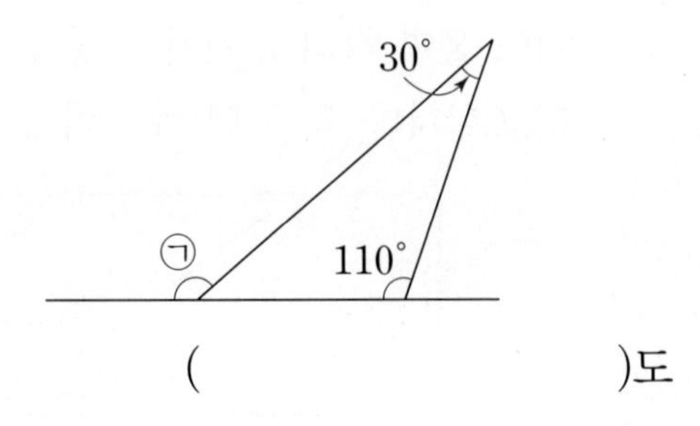

(　　　　　　　　)도

23 그림에서 ㉠의 각도를 구하시오.

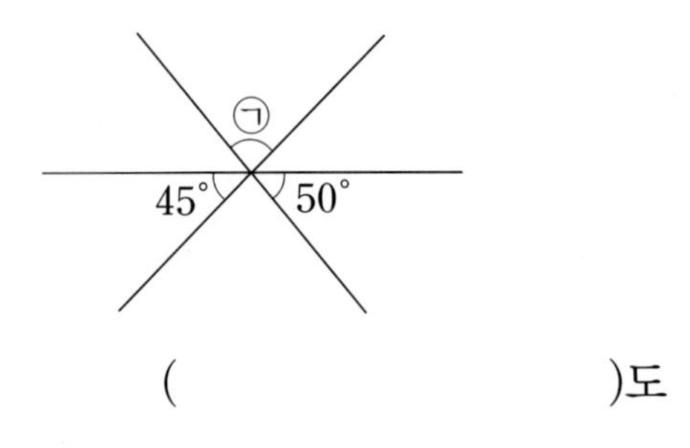

(　　　　　　　　)도

24 그림에서 ㉠의 각도를 구하시오.

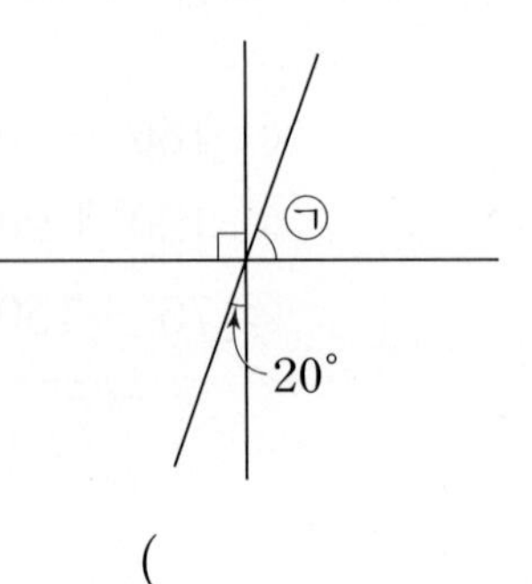

(　　　　　　　　)도

정답률 77.6%

유형 13 두 시곗바늘이 이루는 각도 구하기

시계가 5시를 가리키고 있습니다. 이때 시계의 긴바늘과 짧은바늘이 이루는 작은 쪽의 각도를 구하시오.

( )도

핵심 시계에서 큰 눈금 한 칸의 각의 크기를 이용합니다.

정답률 75.3%

유형 14 직선을 이루는 각도의 활용

직선 가 위에 삼각형과 사각형을 각각 한 개씩 올려놓았습니다. ㉠의 각도를 구하시오.

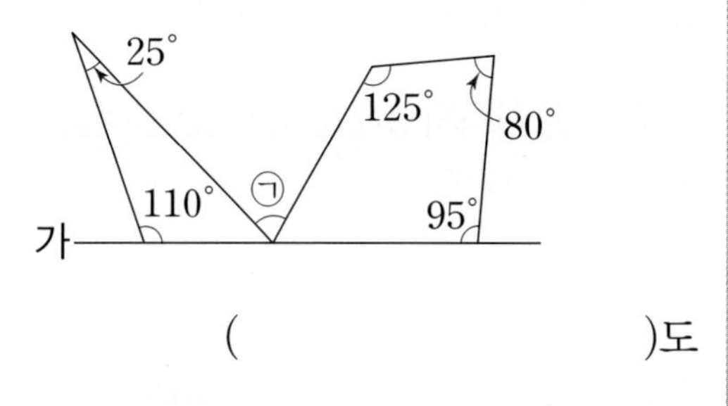

( )도

핵심
(삼각형의 세 각의 크기의 합)$=180^\circ$
(사각형의 네 각의 크기의 합)$=360^\circ$

25 시계가 2시를 가리키고 있습니다. 이때 시계의 긴바늘과 짧은바늘이 이루는 작은 쪽의 각도를 구하시오.

( )도

26 시계가 3시 30분을 가리키고 있습니다. 이때 시계의 긴바늘과 짧은바늘이 이루는 작은 쪽의 각도를 구하시오.

( )도

27 직선 가 위에 사각형과 삼각형을 각각 한 개씩 올려놓았습니다. ㉠의 각도를 구하시오.

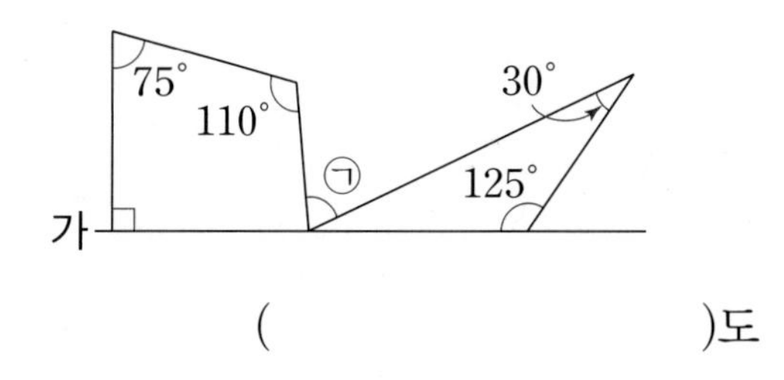

( )도

28 직선 가 위에 삼각형 2개를 올려놓았습니다. 각 ㅁㄷㄹ과 각 ㄹㅁㄷ의 크기가 같을 때, 각 ㄱㄷㅁ의 크기를 구하시오.

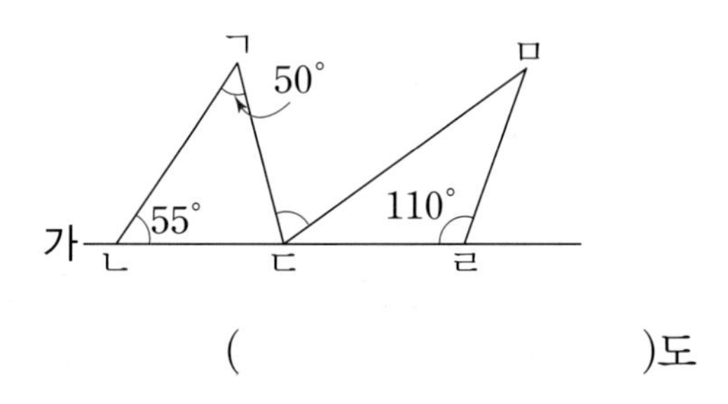

( )도

2단원 기출 유형

정답률 55% 이상

정답률 64%

유형 15 겹쳐 놓은 삼각자에서 각도 구하기

서로 다른 삼각자 2개를 겹쳐 놓은 것입니다. ㉠의 각도를 구하시오.

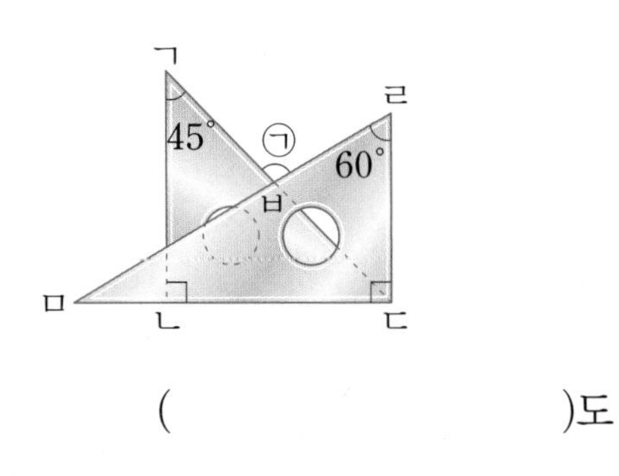

( )도

핵심

삼각자는 다음과 같이 2가지가 있습니다.

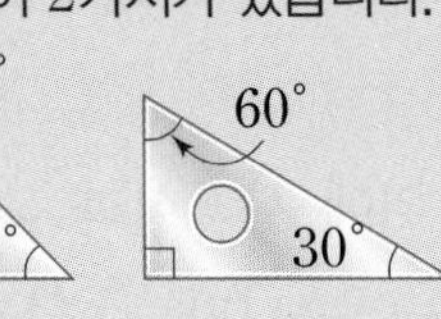

29 서로 다른 삼각자 2개를 겹쳐 놓은 것입니다. 각 ㄹㅂㄷ의 크기를 구하시오.

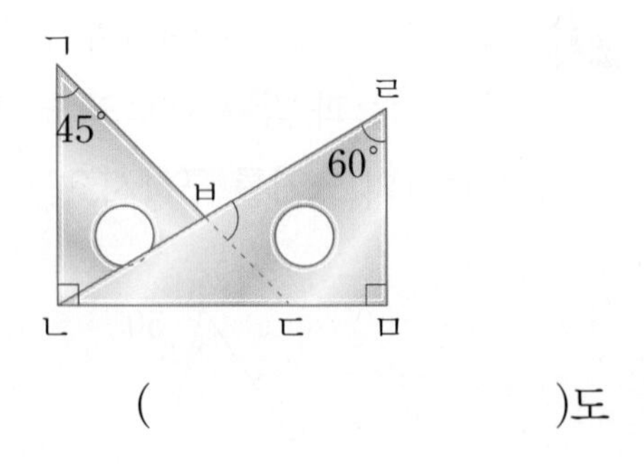

( )도

정답률 60%

유형 16 사각형의 네 각의 크기의 합의 활용

도형에서 각 ㄷㄱㄴ의 크기는 70°입니다. 도형에 표시된 5개의 각의 크기의 합은 몇 도입니까?

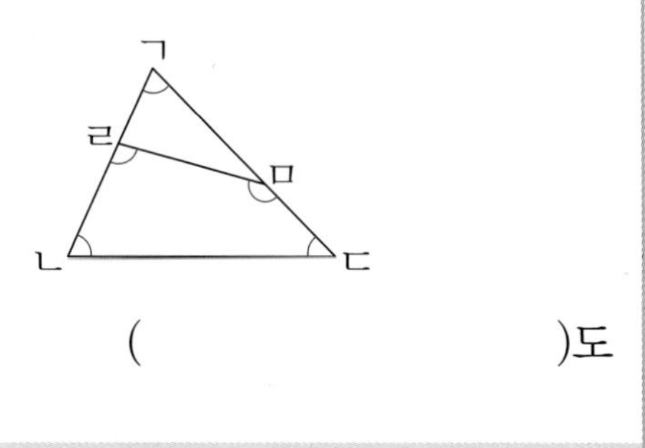

( )도

핵심

(사각형의 네 각의 크기의 합)＝360°

30 도형에서 각 ㄱㄴㄷ의 크기는 55°입니다. 도형에 표시된 5개의 각의 크기의 합은 몇 도입니까?

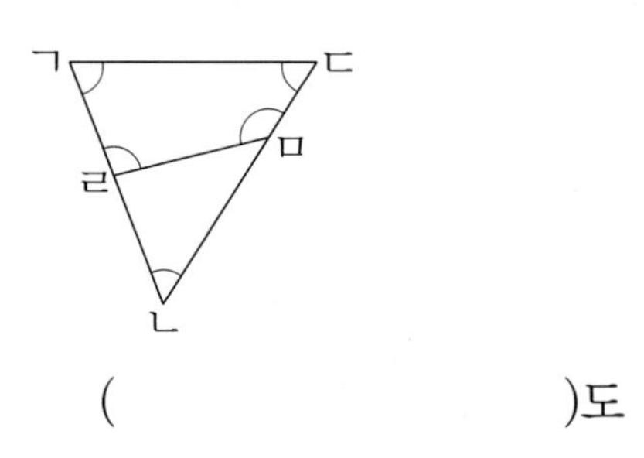

( )도

31 도형에서 표시된 5개의 각의 크기의 합은 420°입니다. 각 ㄴㄷㄱ의 크기는 몇 도입니까?

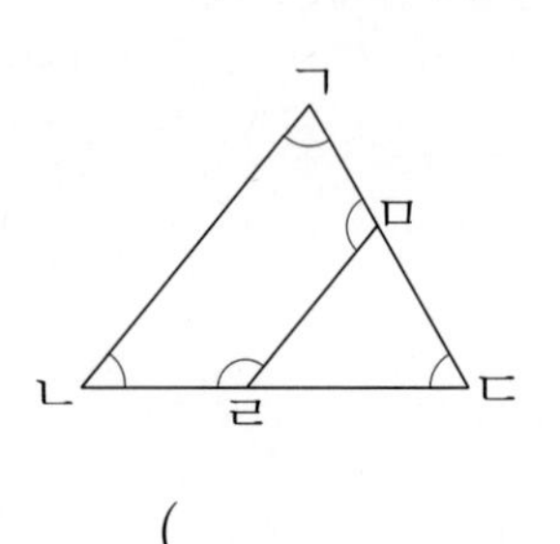

( )도

정답률 58%

유형 17 겹쳐 있는 각에서 각도 구하기

오른쪽 그림에서 각 ㄴㅇㄷ의 크기를 구하시오.

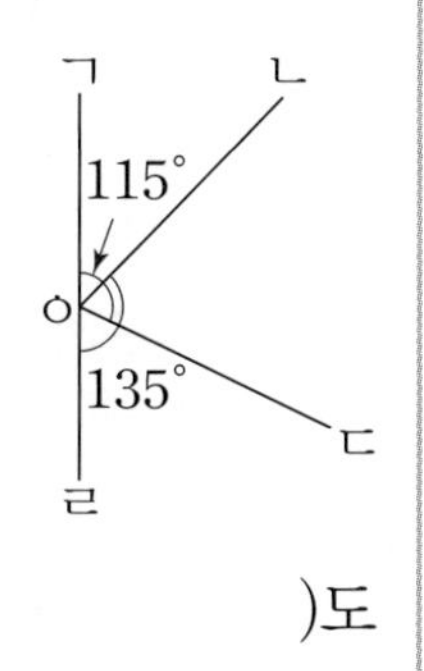

( )도

핵심
(직선을 이루는 각의 크기)$=180°$

정답률 55%

유형 18 종이를 접었을 때 생기는 각도 구하기

삼각형 모양의 종이를 그림과 같이 접었습니다. ㉠의 각도를 구하시오.

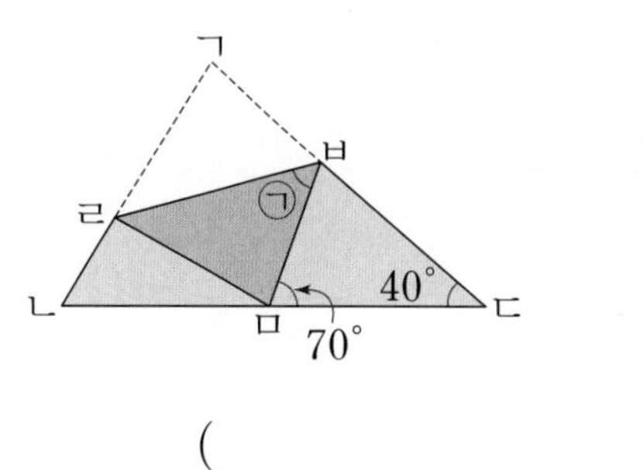

( )도

핵심
접은 부분 ㉮와 접기 전의 부분 ㉯의 모양과 크기가 같으므로 각의 크기도 같습니다.

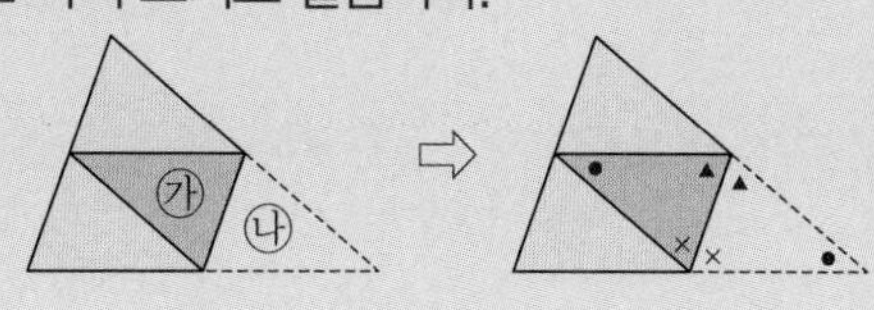

32 그림에서 각 ㄴㅁㄷ의 크기를 구하시오.

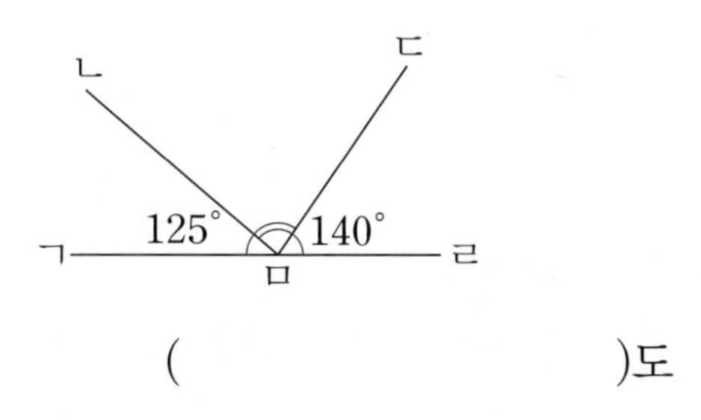

( )도

33 그림은 직각 2개를 겹쳐 놓은 것입니다. 각 ㄱㅁㄴ의 크기를 구하시오.

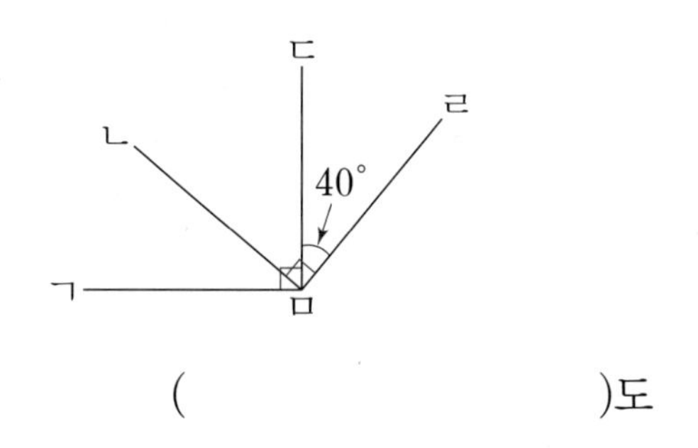

( )도

34 직사각형 모양의 종이를 그림과 같이 접었습니다. ㉠의 각도를 구하시오.

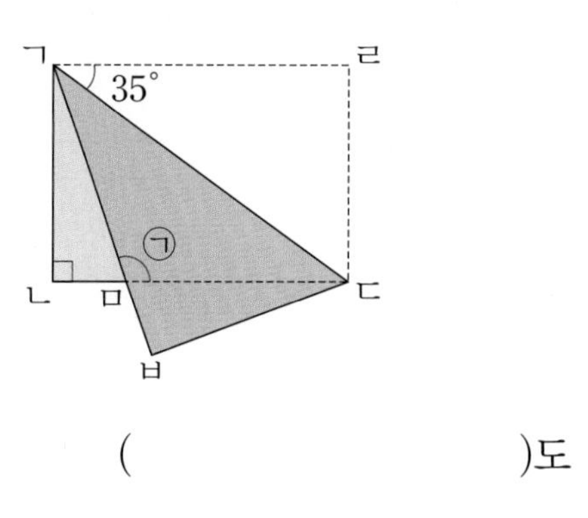

( )도

2단원 종합

유형 1

1 다음 각도는 몇 도입니까?

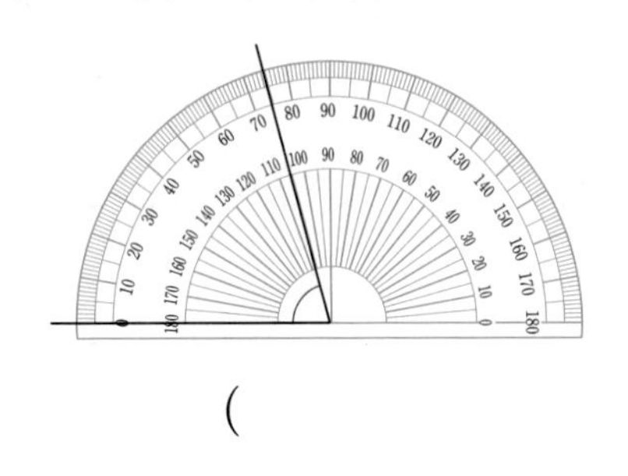

(　　　　　　　　　)도

유형 3

2 예각은 모두 몇 개입니까?

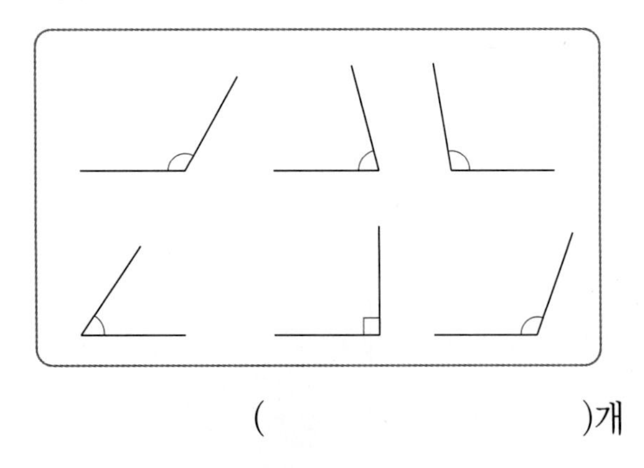

(　　　　　　　　　)개

유형 2

3 그림에서 각 ㄱㅇㄴ과 각 ㄴㅇㄷ의 크기의 합을 구하시오.

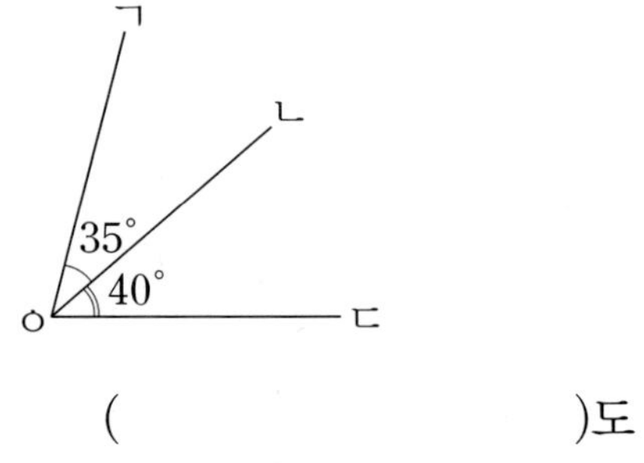

(　　　　　　　　　)도

유형 8

4 그림과 같이 점선을 따라 사각형을 잘라 네 꼭짓점이 한 점에 모이도록 겹치지 않게 이어 붙였습니다. ㉠의 각도를 구하시오.

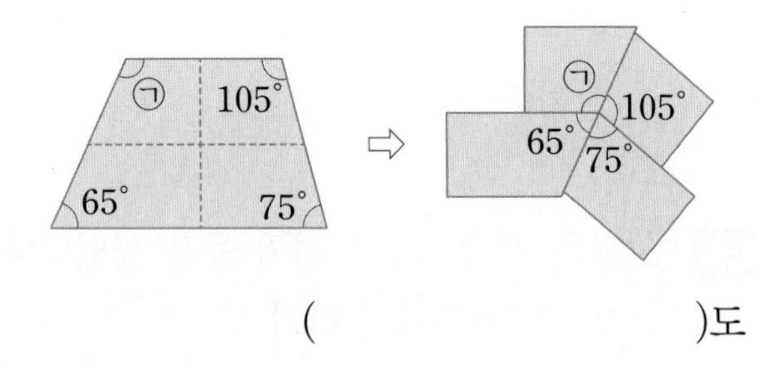

(　　　　　　　　　)도

유형 4

5 사각형 ㄱㄴㄷㄹ에서 각 ㄱㄴㄷ의 크기는 몇 도인지 구하시오.

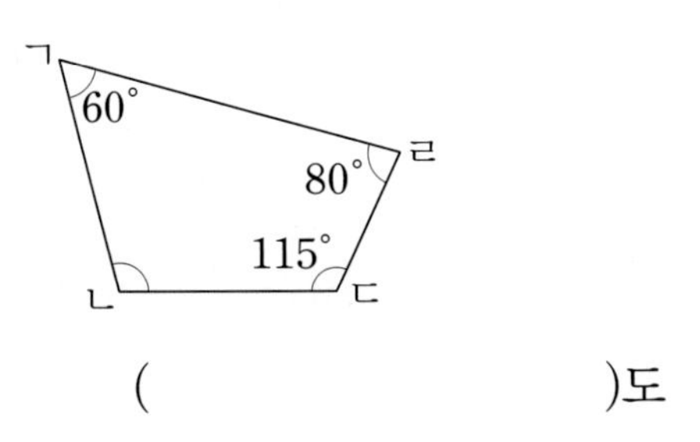

( )도

유형 9

6 ㉠과 ㉡ 중 더 큰 각의 기호를 쓰시오.

㉠ $65° + 45°$
㉡ $130° - 40°$

( )

유형 6

7 도형에서 ㉠과 ㉡의 각도의 합을 구하시오.

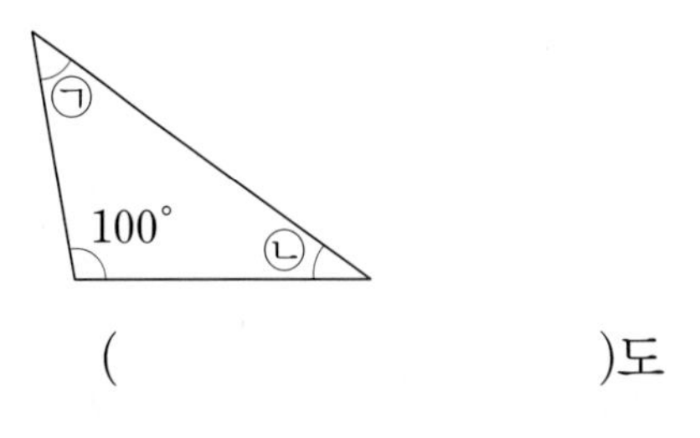

( )도

유형 5

8 시계의 긴바늘과 짧은바늘이 이루는 작은 쪽의 각이 예각인 시각은 어느 것입니까? ( )

① 1시 40분
② 9시
③ 2시 20분
④ 10시 10분
⑤ 6시 5분

2 단원

유형 12

9 그림에서 ㉠의 각도를 구하시오.

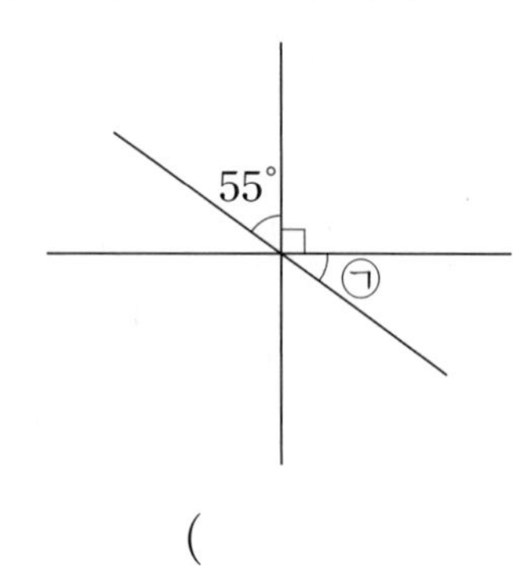

( )도

유형 7

10 ㉠+㉡+㉢은 몇 도입니까?

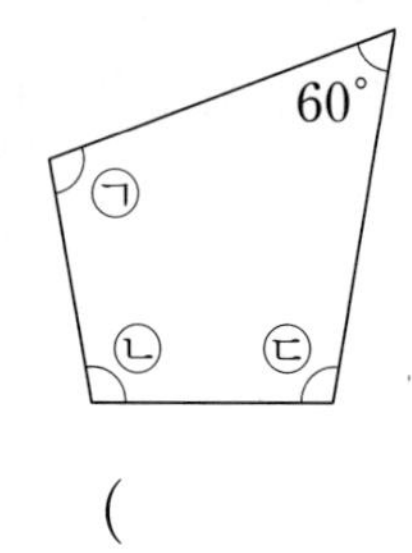

( )도

유형 11

11 도형에서 ㉠의 각도를 구하시오.

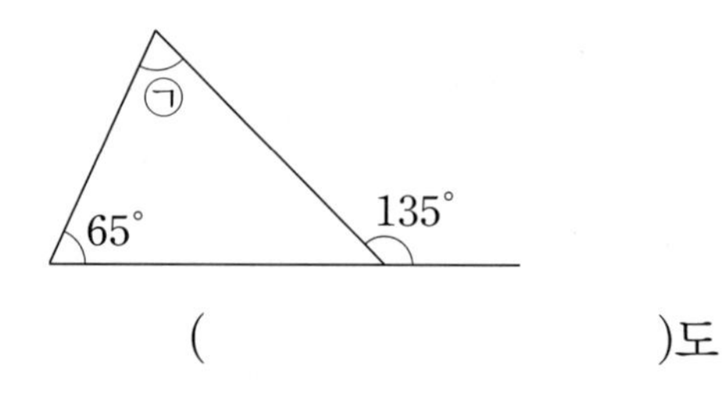

( )도

유형 13

12 다음 시계의 긴바늘과 짧은바늘이 이루는 작은 쪽의 각의 크기를 구하시오.

( )도

유형 10

13 크기가 다음과 같은 각 여러 개를 각의 꼭짓점은 한 점에 모이고 각의 한 변은 맞닿도록 이어 붙여 둔각을 만들려고 합니다. 각을 적어도 몇 개 이어 붙여야 합니까?

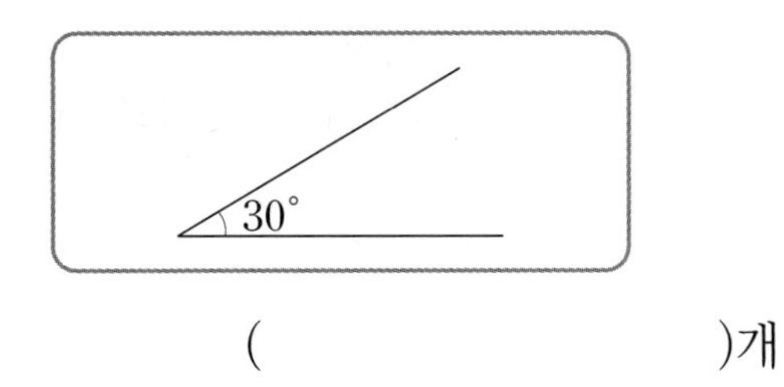

( )개

유형 16

14 도형에서 표시된 5개의 각의 크기의 합은 385°입니다. 각 ㄱㄷㄴ의 크기는 몇 도입니까?

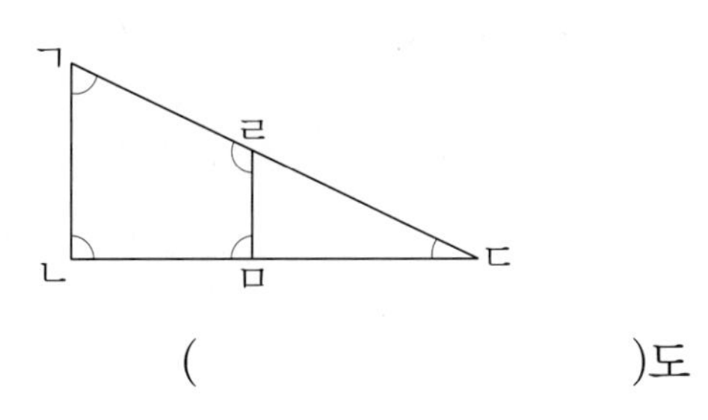

( )도

유형 17

15 그림에서 각 ㄴㅁㄷ의 크기를 구하시오.

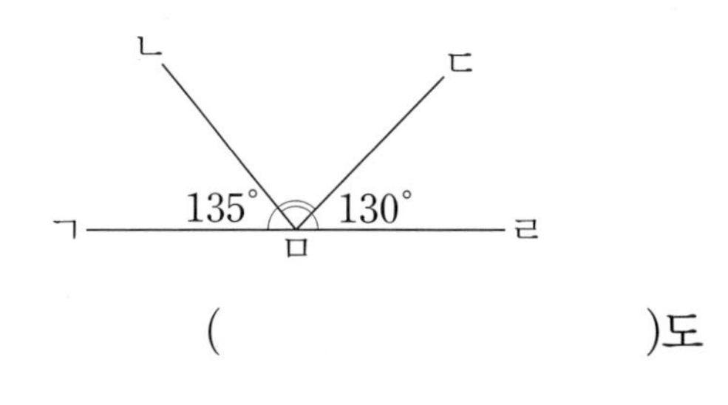

( )도

유형 14

16 직선 가 위에 삼각형과 사각형을 각각 한 개씩 올려놓았습니다. ㉠의 각도를 구하시오.

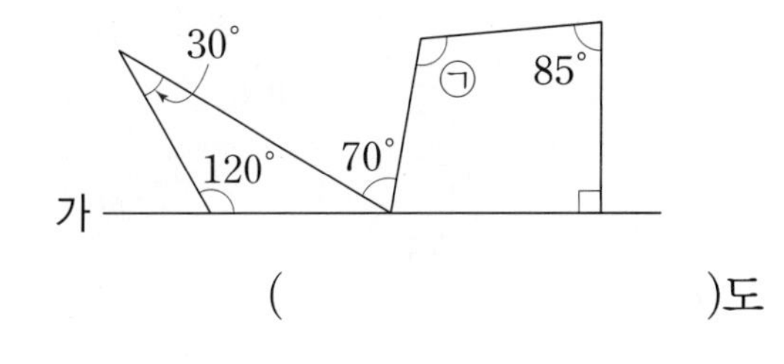

( )도

2 단원

유형 6

17 직사각형 ㄱㄴㄷㄹ에서 각 ㅁㄴㄹ의 크기를 구하시오.

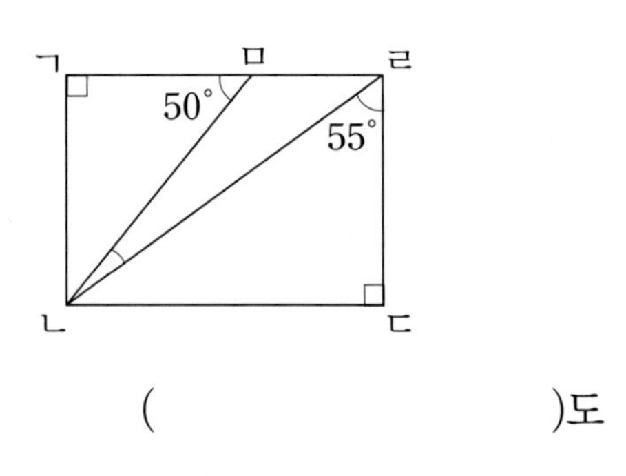

( )도

유형 15

18 서로 다른 삼각자 2개를 겹쳐 놓은 것입니다. ㉮와 ㉯의 각도의 차를 구하시오.

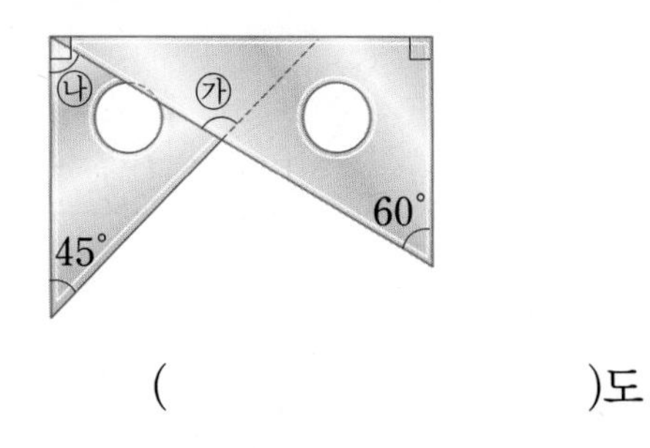

( )도

유형 7

19 다음 도형에서 각 ㄱㄴㅁ과 각 ㅁㄴㄷ의 크기가 같고, 각 ㄹㄷㅁ과 각 ㅁㄷㄴ의 크기가 같습니다. 각 ㄴㅁㄷ의 크기를 구하시오.

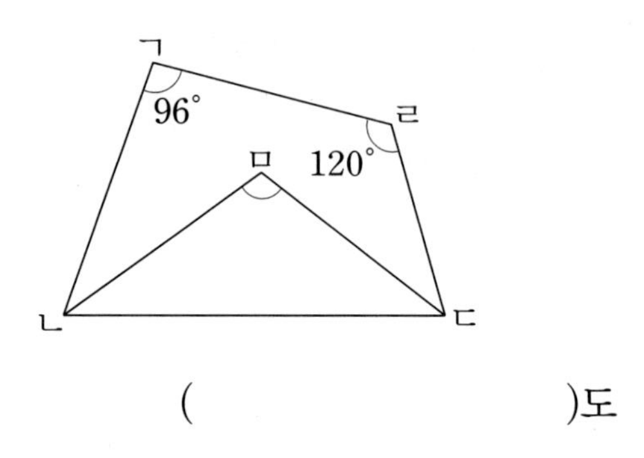

( )도

유형 18

20 직사각형 모양의 종이를 그림과 같이 2번 접었습니다. ㉠과 ㉡의 각도의 차를 구하시오.

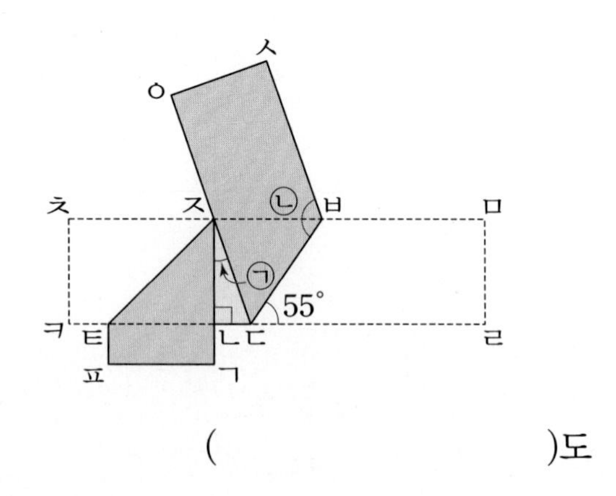

( )도

3단원 기출 유형

정답률 75% 이상

정답률 97%

유형 1 곱에서 0의 개수 구하기

다음 두 수의 곱에서 0은 모두 몇 개입니까?

300　　　80

(　　　　　　　)개

핵심

■00 × ▲0은 ■와 ▲의 곱 뒤에 0을 3개 씁니다.

1 다음 두 수의 곱에서 0은 모두 몇 개입니까?

600　　　20

(　　　　　　　)개

2 다음 두 수의 곱에서 0의 개수가 더 많은 것의 기호를 쓰시오.

㉠ 500×80
㉡ 900×70

(　　　　　　　)

정답률 96.9%

유형 2 곱셈의 이해

541×30을 계산했을 때 ㉡에 알맞은 숫자를 구하시오.

		5	4	1
	×		3	0
㉠	㉡	㉢	㉣	㉤

(　　　　　　　)

핵심

곱셈 계산 과정의 원리를 이해하여 문제를 해결합니다.

3 425×30을 계산했을 때 ㉡에 알맞은 숫자를 구하시오.

		4	2	5
	×		3	0
㉠	㉡	㉢	㉣	㉤

(　　　　　　　)

4 257×50을 계산했을 때 ㉠+㉡을 구하시오.

		2	5	7
	×		5	0
㉠	㉡	㉢	㉣	㉤

(　　　　　　　)

정답률 93%

유형 3 나누어떨어지는 나눗셈의 활용

오징어 312마리를 24명에게 똑같이 나누어 주려고 합니다. 한 명에게 몇 마리씩 나누어 줄 수 있습니까?

( )마리

나눗셈의 활용 ⇨ 똑같이 나누기, 똑같이 담기 등

정답률 91.1%

유형 4 나눗셈의 나머지 알아보기

나눗셈의 나머지가 될 수 있는 자연수 중에서 가장 큰 수를 구하시오.

$\square \div 95$

( )

핵심

■÷▲의 나머지가 될 수 있는 자연수
⇨ 0보다 크고 ▲보다 작은 자연수

5 정훈이는 사탕 896개를 유리병 32개에 똑같이 나누어 담으려고 합니다. 한 병에 몇 개씩 담아야 합니까?

( )개

6 3학년 학생 219명과 4학년 학생 201명이 현장 체험 학습을 가려고 합니다. 버스 한 대에 30명씩 탄다면 버스는 적어도 몇 대가 필요합니까?

( )대

7 나눗셈의 나머지가 될 수 있는 자연수 중에서 가장 큰 수를 구하시오.

$\square \div 27$

( )

8 나눗셈의 나머지가 될 수 있는 모든 자연수의 합을 구하시오.

$\square \div 12$

( )

정답률 88.2%

유형 5 나눗셈의 몫의 자리 수 알아보기

몫이 두 자리 수인 나눗셈은 모두 몇 개입니까?

$412 \div 26$	$485 \div 74$	$347 \div 13$
$697 \div 82$	$708 \div 65$	$914 \div 56$

( )개

㉠㉡㉢÷㉣㉤에서
- 몫이 한 자리 수인 경우: ㉠㉡ $<$ ㉣㉤
- 몫이 두 자리 수인 경우: ㉠㉡ $=$ ㉣㉤이거나 ㉠㉡ $>$ ㉣㉤

9 몫이 한 자리 수인 나눗셈은 모두 몇 개입니까?

$258 \div 28$	$276 \div 27$	$343 \div 57$
$469 \div 47$	$513 \div 50$	$588 \div 36$

( )개

10 몫이 가장 작은 나눗셈을 찾아 기호를 쓰시오.

㉠ $510 \div 21$	㉡ $180 \div 30$
㉢ $491 \div 32$	㉣ $280 \div 24$

( )

정답률 86.4%

유형 6 단위 변환과 관련된 곱셈의 활용

운동장 한 바퀴는 250 m입니다. 혜리가 매일 운동장을 한 바퀴씩 걸었다면 혜리가 12일 동안 운동장을 걸은 거리는 모두 몇 km입니까?

( ) km

단위에 주의하여 답을 구합니다.

11 1초에 30 m씩 달리는 기차가 있습니다. 이 기차가 일정한 빠르기로 5분 동안 달린다면 몇 km를 달리겠습니까?

( ) km

12 지아네 가족이 하루에 마시는 우유는 750 mL입니다. 지아네 가족이 24일 동안 마시는 우유는 몇 L입니까?

( ) L

3 단원

정답률 85.7%

유형 7 나머지가 있는 나눗셈의 활용

상자 한 개를 묶는 데 끈이 30 cm 필요합니다. 끈 492 cm로는 상자를 몇 개까지 묶을 수 있습니까?

( )개

30 cm만큼이 있어야 상자 한 개를 묶을 수 있기 때문에 남는 만큼은 생각하지 않습니다.

13 호두가 317개 있습니다. 한 봉지에 호두를 20개씩 넣어 판다면 몇 봉지까지 팔 수 있습니까?

( )봉지

14 어느 과수원에서 사과 923개를 한 상자에 50개씩 담으려고 합니다. 사과를 모두 담으려면 상자는 적어도 몇 개 필요합니까?

( )개

정답률 82.7%

유형 8 곱셈과 나눗셈의 관계

□ 안에 들어갈 수 있는 자연수 중에서 가장 큰 수를 구하시오.

$$29 \times \square < 725$$

( )

핵심

곱셈과 나눗셈의 관계를 이용합니다.

●×■=▲

⇨ ▲÷●=■, ▲÷■=●

15 □ 안에 들어갈 수 있는 자연수 중에서 가장 큰 수를 구하시오.

$$\square \times 16 < 912$$

( )

16 □ 안에 들어갈 수 있는 자연수 중에서 가장 작은 수를 구하시오.

$$27 \times \square > 513$$

( )

정답률 82.5%

유형 9 나눗셈의 나머지 구하기

다음 나눗셈의 몫을 자연수 부분까지 구했을 때 나머지를 구하시오.

$$94\overline{)825}$$

(　　　　　　　　)

핵심

나머지는 나누는 수보다 작아야 합니다.

정답률 75.3%

유형 10 □ 안에 알맞은 수 구하기

㉠에 알맞은 수를 구하시오.

(　　　　　　　　)

핵심

곱셈식에서 알 수 있는 □ 안의 수부터 차례대로 구합니다.

17 다음 나눗셈의 몫을 자연수 부분까지 구했을 때 나머지를 구하시오.

$$27\overline{)782}$$

(　　　　　　　　)

18 토마토 827개를 한 상자에 22개씩 나누어 담으려고 합니다. 몇 상자까지 나누어 담을 수 있고, 남은 토마토는 몇 개입니까?

(　　　　　　　　)상자,
(　　　　　　　　)개

19 □ 안에 알맞은 수를 써넣으시오.

		2	8	7
	×		9	□
		8	6	1
2	5	□	3	
2	□	6	9	1

20 □ 안에 알맞은 수를 써넣으시오.

		4	9	□
	×		□	6
	2	9	8	8
1	□	9	4	
□	□	9	□	8

정답률 74.7%

유형 11 수 카드로 나눗셈식 만들기

수 카드를 한 번씩만 사용하여 몫이 가장 큰 (세 자리 수)÷(두 자리 수)를 만들었을 때의 몫을 구하시오.

4 6 8 1 2

(　　　　　　　　)

핵심
몫이 가장 큰 나눗셈식을 만들려면 나누어지는 수는 가장 큰 수, 나누는 수는 가장 작은 수여야 합니다.

정답률 65.4%

유형 12 나누어지는 수 구하기

어떤 세 자리 수를 58로 나누었더니 몫이 6이고 나머지가 있었습니다. 어떤 수 중에서 가장 큰 수를 구하시오.

(　　　　　　　　)

핵심
나머지가 있는 나눗셈 ■÷▲=●···★에서 ■가 가장 큰 자연수이려면 나머지가 가장 큰 경우인 ★=▲−1입니다.

21 수 카드를 한 번씩만 사용하여 몫이 가장 큰 (세 자리 수)÷(두 자리 수)를 만들었을 때의 몫을 구하시오.

3 1 4 7 5

(　　　　　　　　)

22 수 카드를 한 번씩만 사용하여 몫이 가장 큰 (세 자리 수)÷(두 자리 수)를 만들었을 때의 몫과 나머지를 구하시오.

9 5 7 3 2

몫 (　　　　　　　　)
나머지 (　　　　　　　　)

23 어떤 세 자리 수를 46으로 나누었더니 몫이 13이고 나머지가 있었습니다. 어떤 수 중에서 가장 큰 수를 구하시오.

(　　　　　　　　)

24 어떤 세 자리 수를 25로 나누었더니 몫이 29이고 나머지가 있었습니다. 어떤 수 중에서 두 번째로 큰 수를 구하시오.

(　　　　　　　　)

정답률 56.9%

유형 13 □ 안에 들어갈 수 있는 수 구하기

나눗셈의 몫이 16일 때 0부터 9까지의 수 중에서 □ 안에 들어갈 수 있는 모든 수의 합을 구하시오.

4□2÷29

(　　　　　　　　)

핵심

4□2는 몫이 16이고 나머지가 0인 수와 같거나 크고 몫이 17이고 나머지가 0인 수보다 작습니다.

정답률 55%

유형 14 바르게 계산한 값 구하기

821에 어떤 수를 곱해야 할 것을 잘못하여 821을 어떤 수로 나누었더니 몫이 14, 나머지가 23이었습니다. 바르게 계산한 값의 천의 자리 숫자를 구하시오.

(　　　　　　　　)

어떤 수를 구하여 답으로 쓰지 않도록 주의합니다.

25 나눗셈의 몫이 22일 때 0부터 9까지의 수 중에서 □ 안에 들어갈 수 있는 모든 수의 합을 구하시오.

8□1÷37

(　　　　　　　　)

26 나눗셈의 몫이 28일 때 0부터 9까지의 수 중에서 □ 안에 공통으로 들어갈 수 있는 수를 구하시오.

6□3÷23　　　3□5÷13

(　　　　　　　　)

27 378에 어떤 수를 곱해야 할 것을 잘못하여 378을 어떤 수로 나누었더니 몫이 13, 나머지가 14였습니다. 바르게 계산하면 얼마입니까?

(　　　　　　　　)

28 어떤 수를 25로 나누어야 할 것을 잘못하여 어떤 수를 52로 나누었더니 몫이 12, 나머지가 26이었습니다. 바르게 계산하면 얼마입니까?

(　　　　　　　　)

3 단원

3단원 종합

유형 4

1 나눗셈의 나머지가 될 수 있는 수를 모두 찾아 쓰시오.

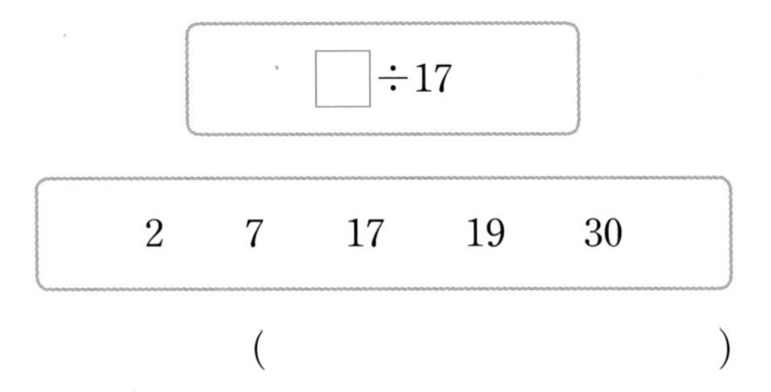

(　　　　　　　　　　)

유형 1

2 계산 결과에서 0의 개수가 다른 하나를 찾아 기호를 쓰시오.

㉠ 400×20	㉡ 960×50
㉢ 550×60	㉣ 105×40

(　　　　　　　　　　)

유형 5

3 몫이 한 자리 수인 나눗셈과 몫이 두 자리 수인 나눗셈의 개수의 차를 구하시오.

$851 \div 81$	$652 \div 74$	$390 \div 35$
$207 \div 19$	$748 \div 56$	$406 \div 20$

(　　　　　　　　　　)개

4 곱이 큰 것부터 차례대로 기호를 쓰시오.

㉠ 239×13
㉡ 157×40
㉢ 135×55

(　　　　　　　　　　)

5 □ 안에 들어갈 수 있는 세 자리 수는 모두 몇 개입니까?

$$18000 < \square \times 60 < 21000$$

( )개

유형 9

6 다음 중에서 몫을 자연수 부분까지 구했을 때 나머지가 가장 큰 나눗셈은 어느 것입니까? ··· ( )

① $89 \div 17$
② $81 \div 16$
③ $77 \div 12$
④ $84 \div 27$
⑤ $75 \div 24$

유형 7

7 지우개 430개를 한 상자에 25개씩 포장하여 팔려고 합니다. 몇 상자까지 팔 수 있습니까?

( )상자

유형 3

8 사탕이 35개씩 12봉지가 있습니다. 이 사탕을 한 사람에게 14개씩 나누어 주면 몇 명에게 나누어 줄 수 있습니까?

( )명

유형 6

9 1초에 35 m씩 달리는 기차가 있습니다. 이 기차가 같은 빠르기로 6분 40초 동안 달린다면 몇 km를 달리겠습니까?

( ) km

유형 11

11 수 카드를 한 번씩만 사용하여 몫이 가장 큰 (세 자리 수)÷(두 자리 수)를 만들었습니다. 몫과 나머지를 구하시오.

5 3 1 6 9

몫 ( )

나머지 ( )

유형 12

10 어떤 세 자리 수를 56으로 나누면 몫이 8이고 나머지가 있습니다. 어떤 수 중에서 가장 큰 수를 구하시오.

( )

12 1시간 동안 56 km를 가는 오토바이와 98 km를 가는 버스가 있습니다. 오토바이와 버스가 각각 일정한 빠르기로 움직일 때 오토바이가 14시간 동안 가는 거리를 버스는 몇 시간 동안 갈 수 있습니까?

( )시간

13 0부터 9까지의 수 중에서 ㉠에 들어갈 수 있는 수를 모두 구하시오.

9㉠1÷33=29…★

(　　　　　　　　)

유형 14

14 어떤 수를 13으로 나누어야 할 것을 잘못하여 더했더니 110이 되었습니다. 바르게 계산했을 때의 몫과 나머지를 구하시오.

몫 (　　　　　　　　)

나머지 (　　　　　　　　)

유형 13

15 나눗셈의 몫이 16일 때 0부터 9까지의 수 중에서 □ 안에 들어갈 수 있는 가장 큰 수와 가장 작은 수의 차를 구하시오.

7□0÷47

(　　　　　　　　)

16 나눗셈식에서 같은 기호는 같은 숫자를 나타냅니다. ㉠+㉡+㉢을 구하시오.

```
        ㉡
㉠9) 3㉡㉢
     3㉠㉢
     ─────
       1 0
```

(　　　　　　　　)

3 단원

유형 10

17 □ 안에 알맞은 수를 써넣으시오.

		2	7	□
×			□	3
		8	□	2
1	□	4	□	
1	□	2	□	2

유형 8

18 □ 안에 공통으로 들어갈 수 있는 자연수는 모두 몇 개입니까?

- $27 \times \square > 342$
- $\square \times 38 < 815$

( )개

19 그림과 같은 직사각형 모양의 종이를 오려서 한 변의 길이가 15 cm인 정사각형 모양을 만들려고 합니다. 정사각형 모양을 몇 개까지 만들 수 있습니까?

240 cm
420 cm

( )개

20 다음을 보고 ㉠과 ㉡의 차를 구하시오.

- ㉠을 ㉡으로 나눈 몫은 11, 나머지는 16입니다.
- ㉠과 ㉡을 더한 값은 292입니다.

( )

4단원 기출 유형

정답률 75% 이상

정답률 98.7%

유형 1 평면도형 밀기

오른쪽 도형을 왼쪽으로 밀었을 때의 도형은 어느 것입니까? ·································· (　　　　)

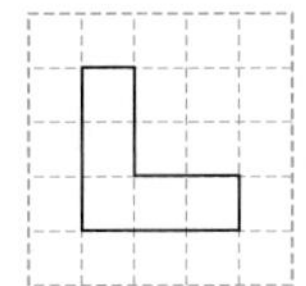

① 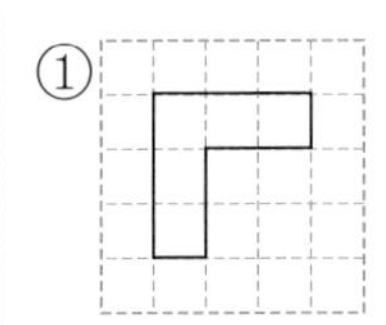 ② 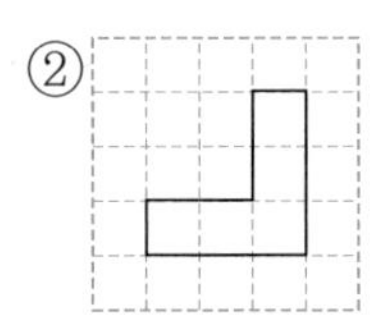 ③ 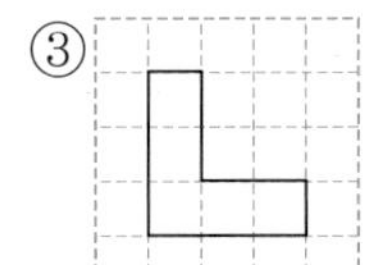

④ 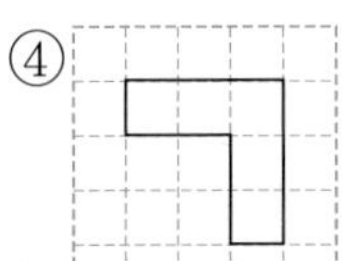 ⑤ 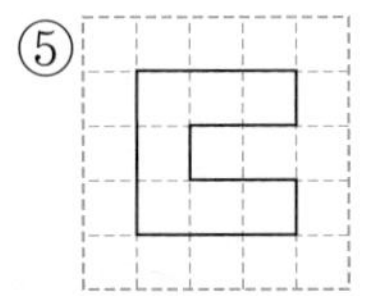

도형을 어느 방향으로 밀어도 모양은 변하지 않고 위치만 바뀝니다.

정답률 98.2%

유형 2 평면도형 뒤집기

오른쪽 도형을 오른쪽으로 뒤집었을 때의 도형은 어느 것입니까? ·································· (　　　　)

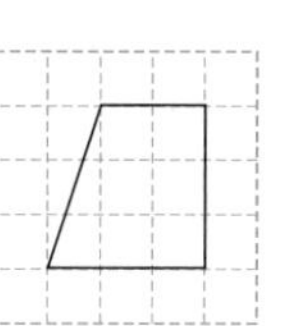

① 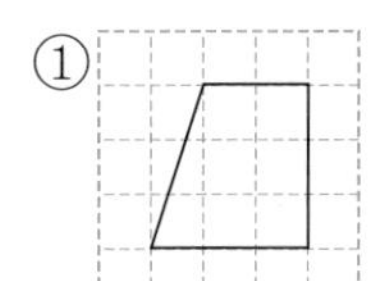 ② 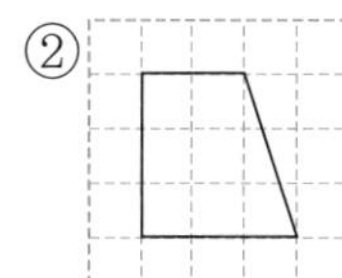 ③ 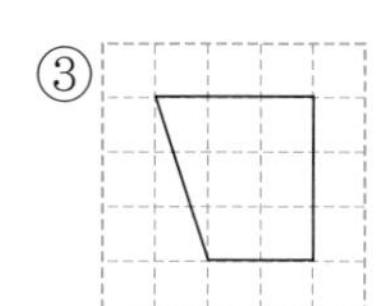

④ 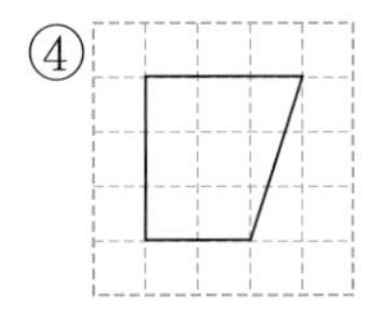 ⑤ 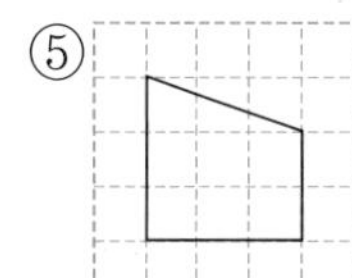

- 도형을 오른쪽이나 왼쪽으로 뒤집으면 도형의 오른쪽과 왼쪽이 서로 바뀝니다.
- 도형을 위쪽이나 아래쪽으로 뒤집으면 도형의 위쪽과 아래쪽이 서로 바뀝니다.

1 오른쪽 도형을 오른쪽으로 밀고 아래쪽으로 밀었을 때의 도형은 어느 것입니까? ········ (　　　　)

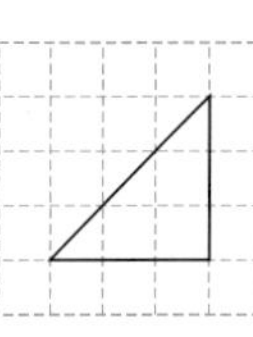

① 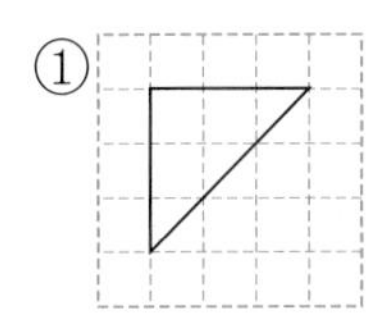 ② 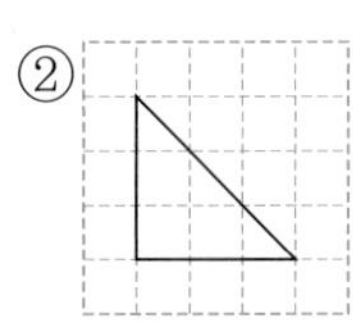 ③ 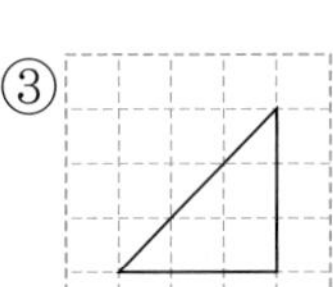

④ 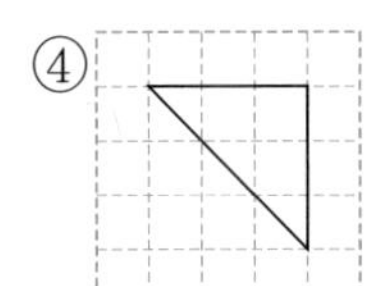 ⑤ 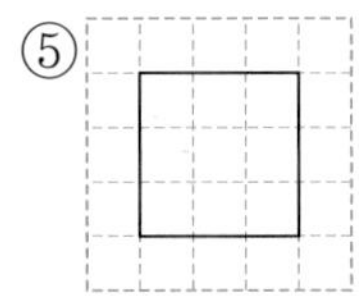

2 오른쪽 도형을 왼쪽으로 7번 뒤집었을 때의 도형을 찾아 기호를 쓰시오.

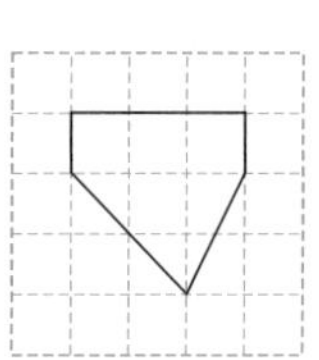

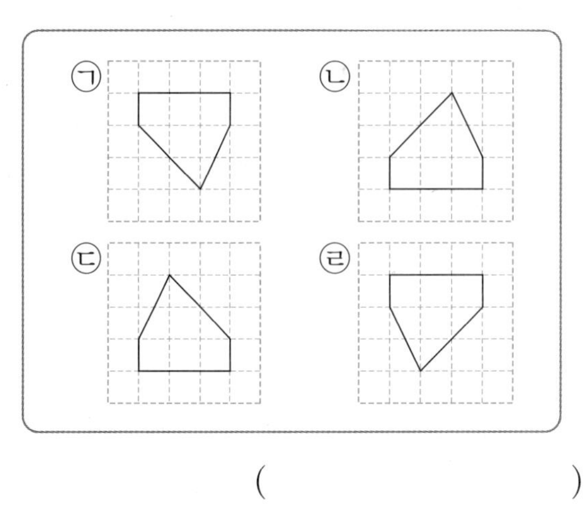

(　　　　　　　　)

4
단원

정답률 95.9%

유형 3 이동한 모양이 처음과 같은 모양 찾기

오른쪽으로 뒤집어도 처음과 같은 글자가 나오는 것은 모두 몇 개입니까?

ㄱ ㄹ ㅁ ㅂ ㅌ ㅎ

( )개

핵심

오른쪽과 왼쪽의 모양이 같은 것을 찾습니다.

정답률 94%

유형 4 평면도형 돌리기

오른쪽 도형을 시계 방향으로 90°만큼 돌렸을 때의 도형을 찾아 번호를 쓰시오.

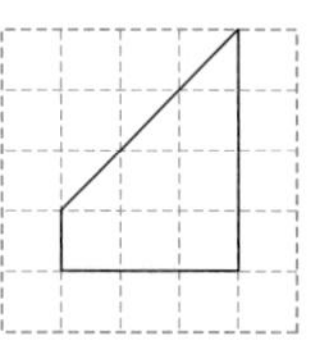

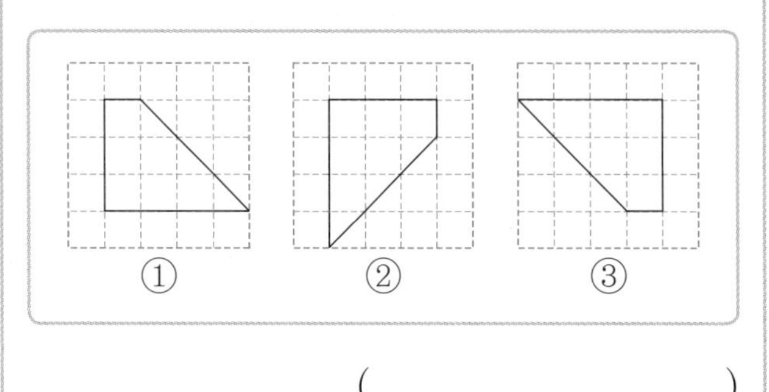

( )

핵심

도형을 시계 방향으로 90°만큼 돌리면 위쪽이 오른쪽으로 이동하고, 시계 반대 방향으로 90°만큼 돌리면 위쪽이 왼쪽으로 이동합니다.

3 위쪽으로 뒤집었을 때의 숫자가 처음과 같은 것은 모두 몇 개입니까?

( )개

4 다음 알파벳 중에서 아래쪽으로 뒤집었을 때의 모양이 처음과 같은 것은 모두 몇 개입니까?

ADEGHJLN
OPQSTUXZ

( )개

5 오른쪽 도형을 시계 반대 방향으로 180°만큼 돌렸을 때의 도형은 어느 것입니까? ( )

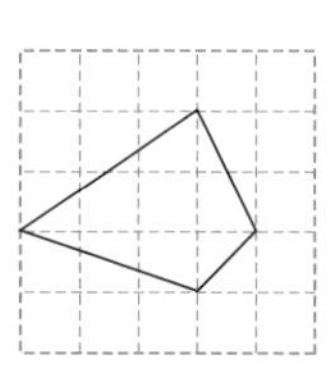

①

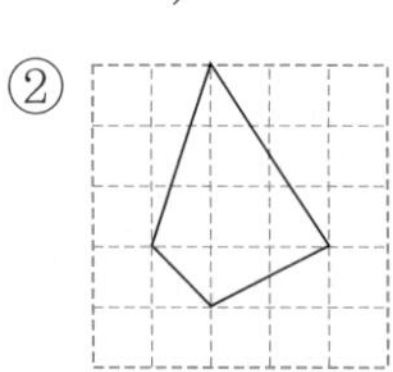

②

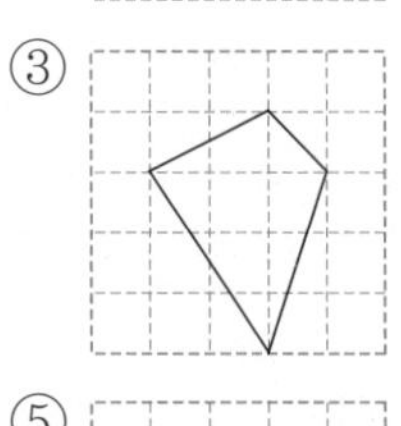

③

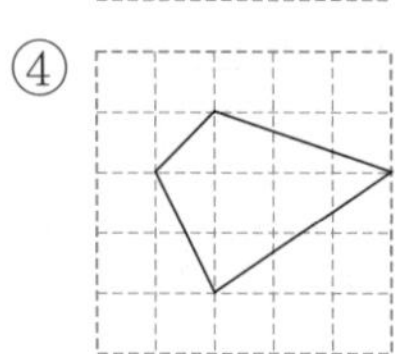

④

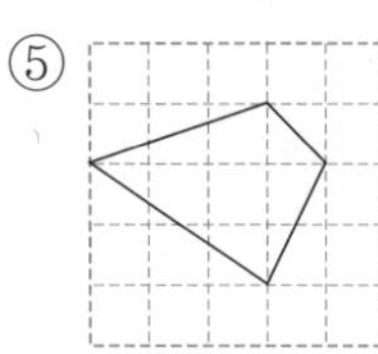

⑤

정답률 91.9%

유형 5 도형을 돌린 방법 알아보기

왼쪽 도형을 돌렸더니 오른쪽 도형이 되었습니다. 어떻게 돌렸는지 ? 에 알맞은 것은 어느 것입니까? ……………………………………… (　　　　)

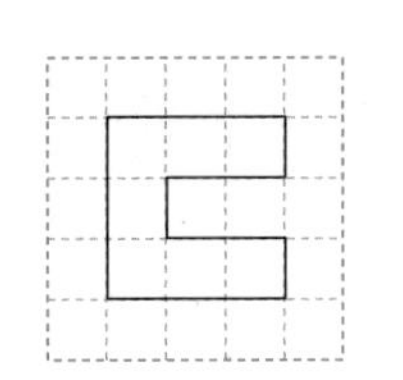  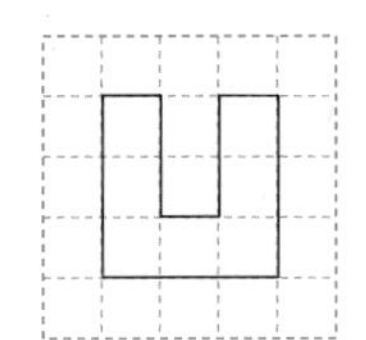

① 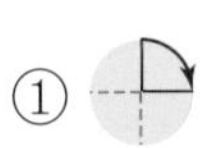 ② 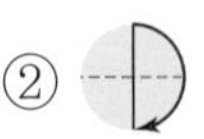 ③ 

④ 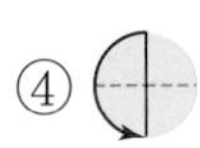 ⑤ 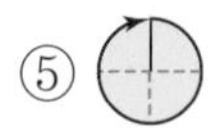

주어진 도형의 한 변을 기준으로 하여 어느 방향으로 몇 도만큼 이동했는지 알아봅니다.

정답률 90%

유형 6 평면도형 뒤집고 돌리기

오른쪽 도형을 시계 방향으로 180°만큼 돌리고 오른쪽으로 뒤집었을 때의 도형은 어느 것입니까?

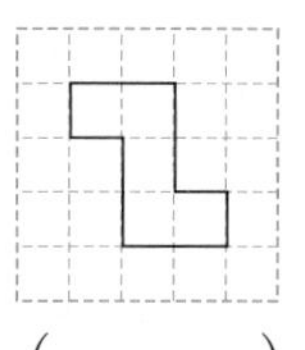

…………………………………………………… (　　　　)

① 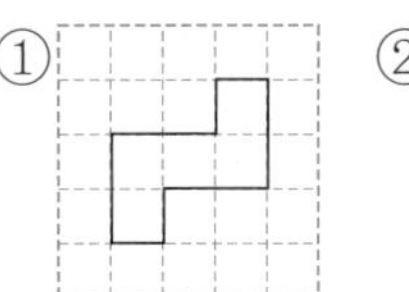 ② 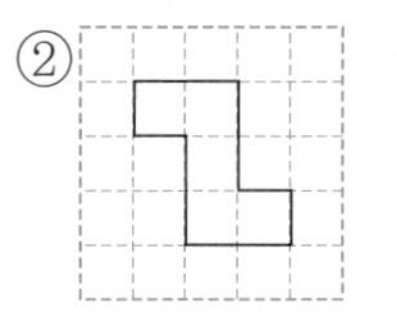 ③

④ ⑤ 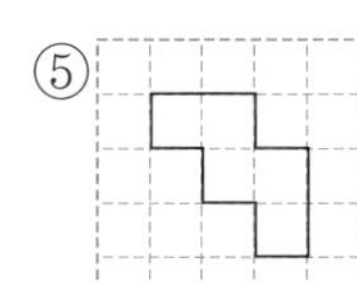

이동한 방법의 순서대로 도형을 이동합니다.

6 왼쪽 도형을 돌렸더니 오른쪽 도형이 되었습니다. 어떻게 돌렸는지 ? 에 알맞은 것은 어느 것입니까? ………………………… (　　　　)

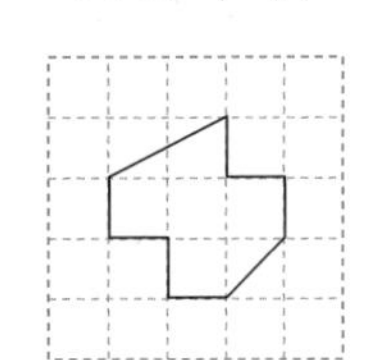  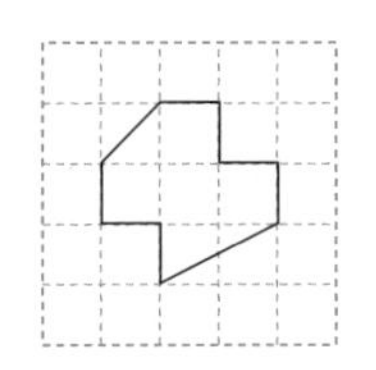

① 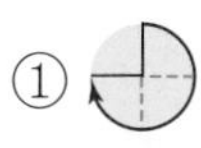 ② 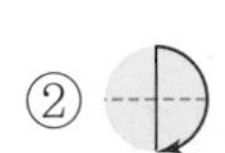 ③ 

④ 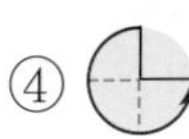 ⑤ 

7 왼쪽 도형을 같은 방법으로 3번 돌렸더니 오른쪽 도형이 되었습니다. 어떤 방법으로 3번 돌렸는지 알맞은 것을 고르시오. … (　　　　)

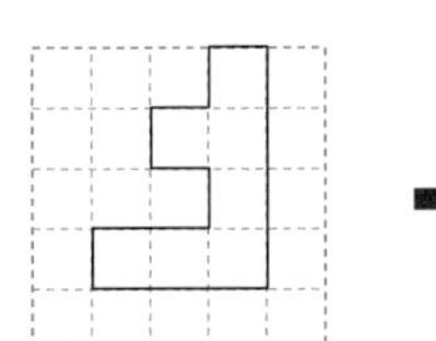 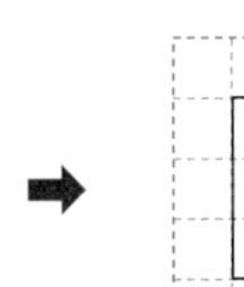 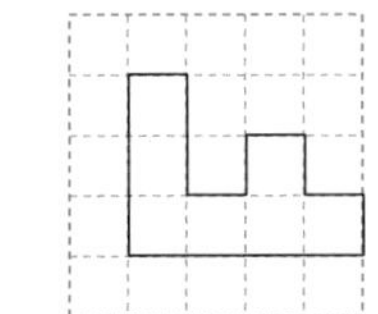

① 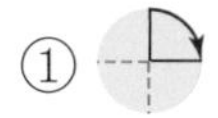 ②  ③ 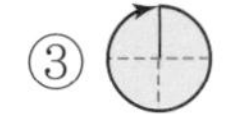

④ 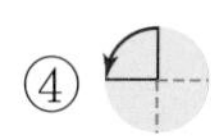 ⑤ 

8 오른쪽 도형을 오른쪽으로 4번 뒤집고 시계 반대 방향으로 90° 만큼 5번 돌렸을 때의 도형은 어느 것입니까? …… (　　　　)

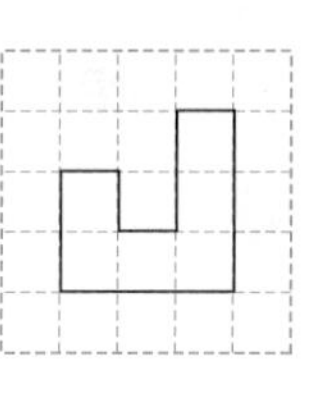

① 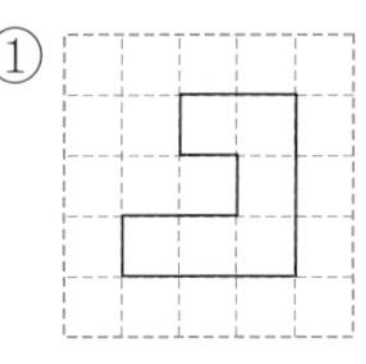 ② 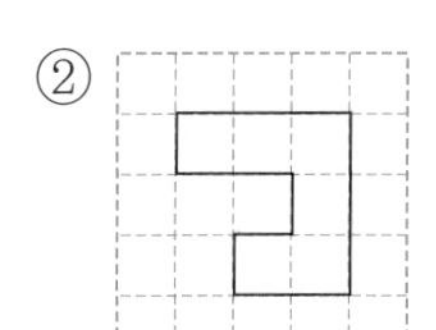

③ 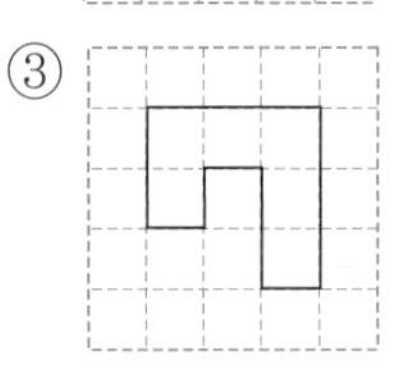 ④ 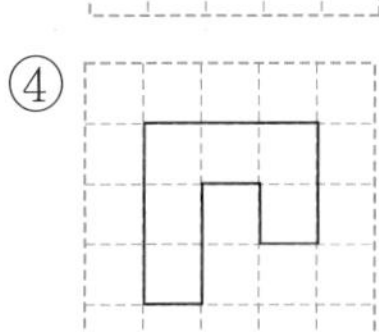

⑤ 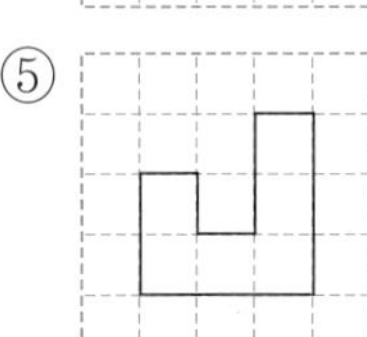

정답률 89.3%

유형 7 이동하기 전의 도형 찾기

어떤 도형을 오른쪽으로 3번 뒤집었을 때의 도형입니다. 어떤 도형을 찾아 번호를 쓰시오.

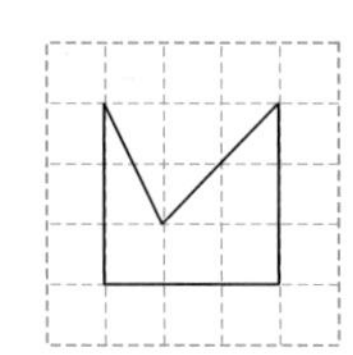

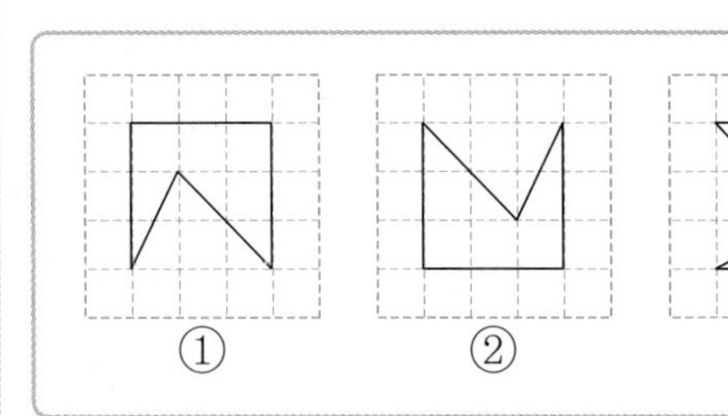

( )

핵심

이동한 방법을 반대로 생각하여 처음 도형을 찾습니다.

정답률 87%

유형 8 움직인 방법이 아닌 것 찾기

왼쪽 도형을 돌렸더니 오른쪽 도형이 되었습니다. ? 에 들어갈 수 없는 것은 어느 것입니까? ( )

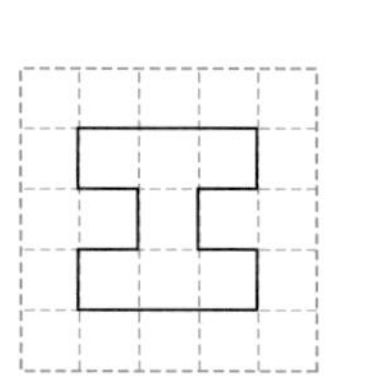
?
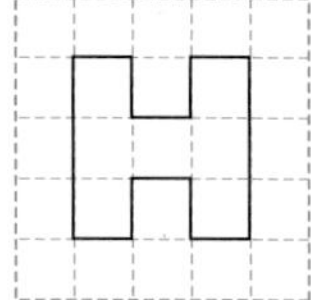

①
② 
③ 
④ 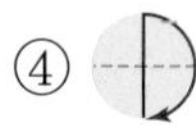
⑤ 

핵심

화살표 끝이 가리키는 위치가 같으면 돌린 도형은 서로 같습니다.

9 어떤 도형을 시계 방향으로 90°만큼 6번 돌렸을 때의 도형입니다. 어떤 도형을 찾아 번호를 쓰시오.

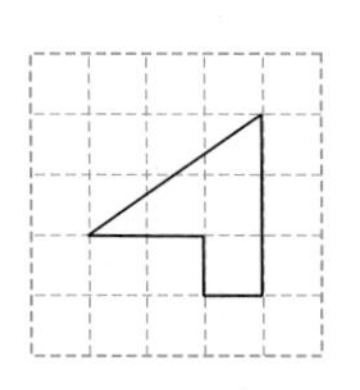

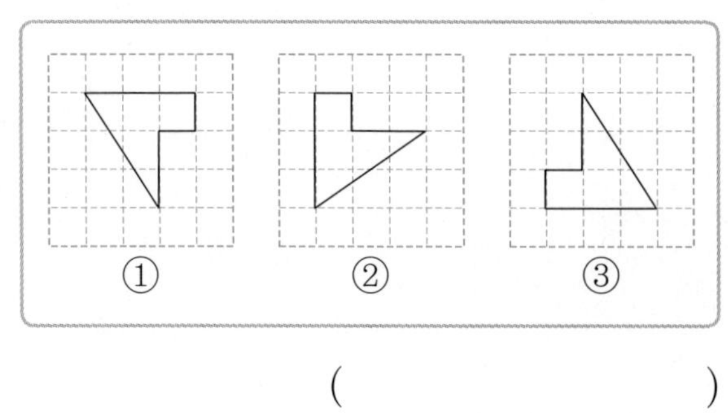

( )

10 오른쪽 도형을 움직여서 처음 도형과 같게 만들 수 있는 방법이 아닌 것을 찾아 기호를 쓰시오.

㉠ 시계 방향으로 180°만큼 돌리기
㉡ 위쪽으로 뒤집기
㉢ 시계 반대 방향으로 90°만큼 2번 돌리기

( )

정답률 81.4%

유형 9 수 뒤집기

수를 오른쪽으로 뒤집었을 때 만들어지는 수를 쓰시오.

(　　　　　　　　　)

핵심
오른쪽으로 뒤집으면 왼쪽과 오른쪽이 서로 바뀝니다.

11 수를 위쪽으로 뒤집었을 때 만들어지는 수와 뒤집기 전의 수의 합을 구하시오.

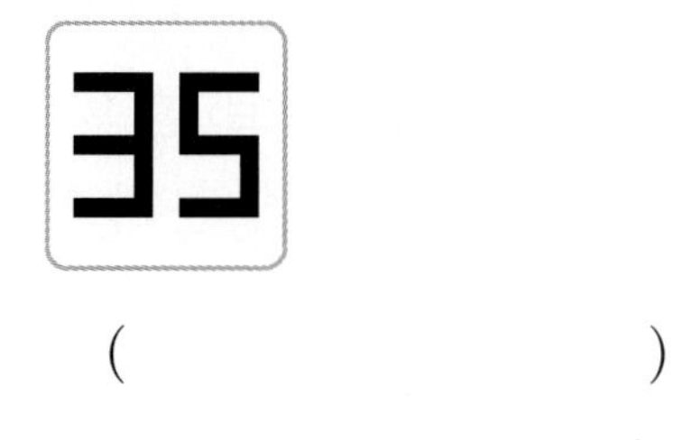

(　　　　　　　　　)

12 수를 시계 방향으로 180°만큼 돌렸을 때 만들어지는 수와 돌리기 전의 수의 차를 구하시오.

(　　　　　　　　　)

정답률 78%

유형 10 무늬 꾸미기

다음 무늬는 어떤 모양을 뒤집기를 이용하여 만든 것입니다. ㉠에 알맞은 모양은 어느 것인지 번호를 쓰시오.

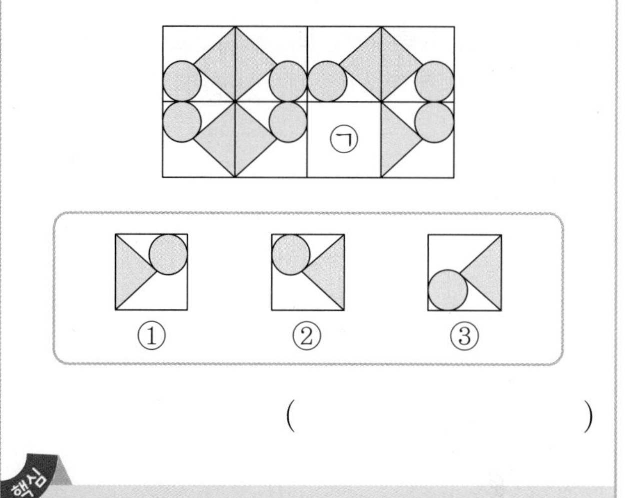

(　　　　　　　　　)

핵심
모양을 오른쪽(왼쪽) 또는 아래쪽(위쪽)으로 뒤집는 규칙입니다.

13 다음 무늬는 어떤 모양을 돌리기를 이용하여 만든 것입니다. ㉠에 알맞은 모양은 어느 것인지 번호를 쓰시오.

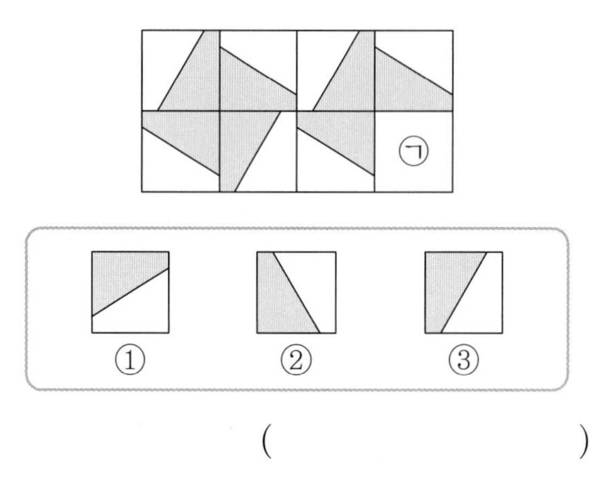

(　　　　　　　　　)

4 단원

4단원 기출 유형

정답률 55% 이상

정답률 68%

유형 11 식이 쓰여진 카드 뒤집기

다음은 어떤 식을 위쪽으로 뒤집었을 때의 모양입니다. 뒤집기 전의 식을 계산한 값은 얼마입니까?

21×15

(　　　　　　　　)

핵심

이동하기 전의 모양을 찾아 계산 결과를 구합니다.

정답률 61.8%

유형 12 수 카드를 여러 방향으로 뒤집기

3개의 세 자리 수를 투명 종이에 쓴 것입니다. 여러 방향으로 한 번씩만 뒤집었을 때 나올 수 있는 가장 큰 수와 가장 작은 수의 차를 구하시오.

805　281　528

(　　　　　　　　)

핵심

위쪽, 아래쪽으로 뒤집은 도형과 왼쪽, 오른쪽으로 뒤집은 도형은 각각 같습니다.

14 다음은 어떤 식을 위쪽으로 뒤집었을 때의 모양입니다. 뒤집기 전의 식을 계산한 값은 얼마입니까?

11×35

(　　　　　　　　)

15 다음은 어떤 식을 시계 방향으로 180°만큼 돌렸을 때의 모양입니다. 돌리기 전의 식을 계산한 값은 얼마입니까?

21+99

(　　　　　　　　)

16 2개의 세 자리 수를 투명 종이에 쓴 것입니다. 여러 방향으로 한 번씩만 뒤집었을 때 나올 수 있는 가장 큰 수와 가장 작은 수의 차를 구하시오.

208　185

(　　　　　　　　)

17 3개의 세 자리 수를 투명 종이에 쓴 것입니다. 여러 방향으로 한 번씩만 뒤집었을 때 나올 수 있는 가장 큰 수와 가장 작은 수의 합을 구하시오.

122　818　501

(　　　　　　　　)

정답률 56%

유형 13 평면도형의 이동 활용하기

왼쪽 종이를 오른쪽으로 5번 뒤집은 후 두 종이를 밀어서 꼭 맞게 겹쳐 놓았을 때 색칠된 칸의 점의 수는 모두 몇 개입니까?

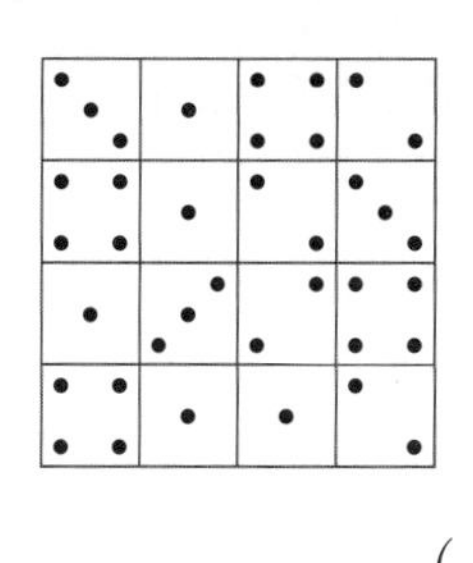

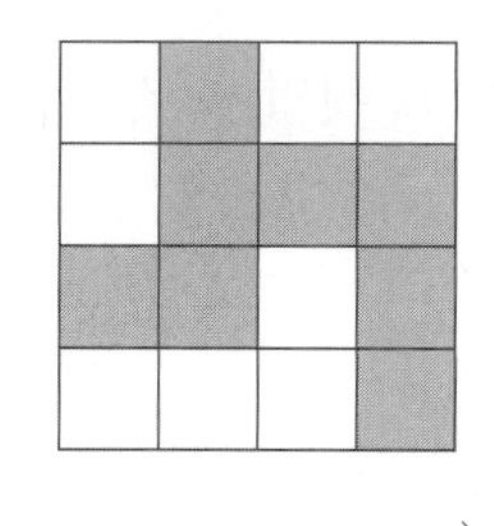

(　　　　　　　　)개

핵심

오른쪽(왼쪽) 또는 위쪽(아래쪽)으로 2번 뒤집으면 처음 도형과 같습니다.

정답률 55%

유형 14 수 카드로 수 만들고 뒤집기

5장의 수 카드 중에서 3장을 뽑아 한 번씩만 사용하여 세 자리 수를 만들려고 합니다. 이때 만들 수 있는 가장 큰 세 자리 수와 가장 작은 세 자리 수를 각각 아래쪽으로 뒤집었을 때 만들어지는 두 수의 차는 얼마입니까?

(　　　　　　　　)

핵심

위쪽, 아래쪽 모양이 같은 수는 아래쪽으로 뒤집어도 같은 수가 만들어집니다.

예 0 —아래쪽으로 뒤집기→ 0

18 왼쪽 종이를 아래쪽으로 7번 뒤집고, 오른쪽 종이를 오른쪽으로 4번 뒤집었습니다. 이 두 종이를 밀어서 꼭 맞게 겹쳐 놓았을 때 색칠된 칸의 점의 수는 모두 몇 개입니까?

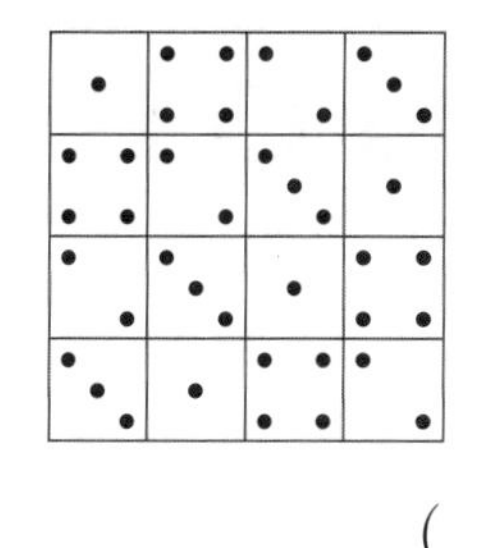

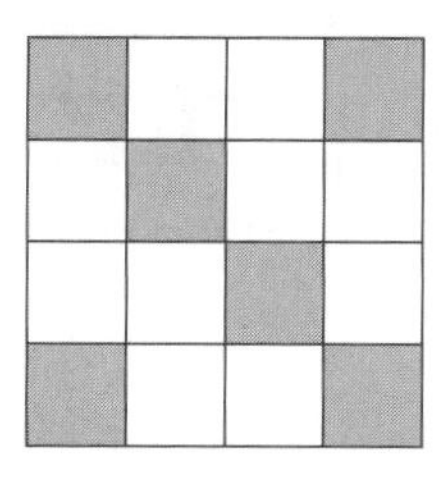

(　　　　　　　　)개

19 5장의 수 카드 중에서 3장을 뽑아 한 번씩만 사용하여 세 자리 수를 만들려고 합니다. 이때 만들 수 있는 두 번째로 큰 세 자리 수와 두 번째로 작은 세 자리 수를 각각 아래쪽으로 뒤집었을 때 만들어지는 두 수의 차는 얼마입니까?

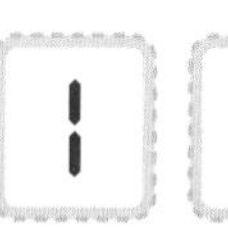

(　　　　　　　　)

4단원 종합

유형 1

1 주어진 도형을 왼쪽으로 밀었을 때의 도형은 어느 것입니까? ·························(   )

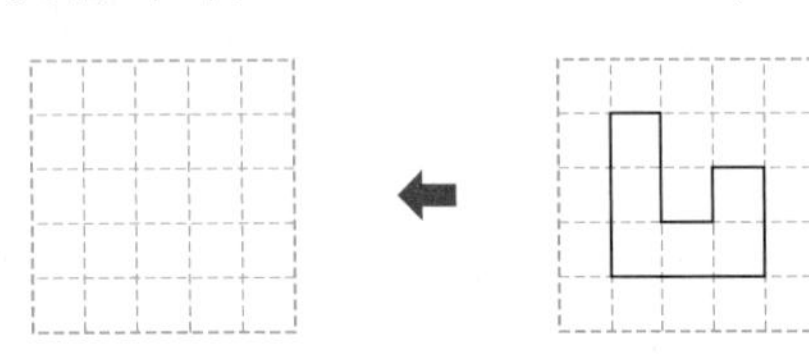

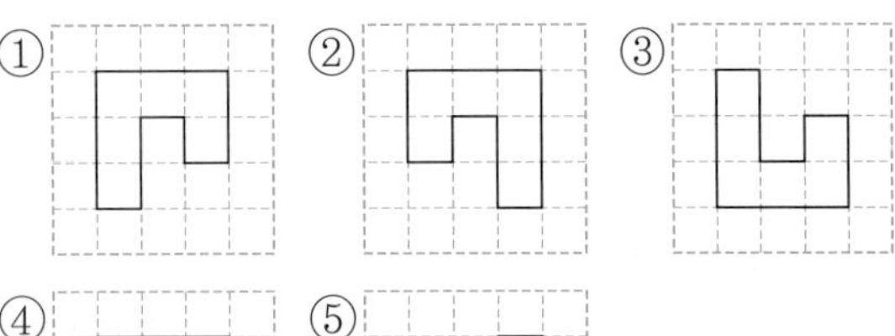

유형 2

2 오른쪽 도형을 오른쪽으로 3번 뒤집었을 때의 도형은 어느 것입니까? ················(   )

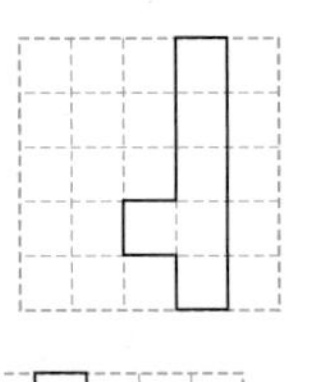

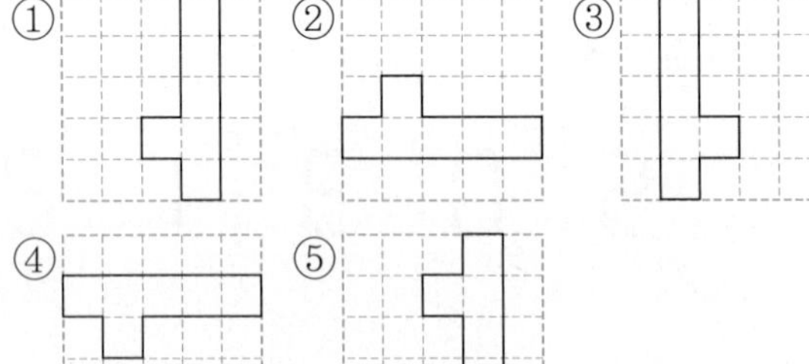

유형 5

3 왼쪽 도형을 돌렸더니 오른쪽 도형이 되었습니다. 어떻게 돌렸는지 ? 에 알맞은 것은 어느 것입니까? ···························(   )

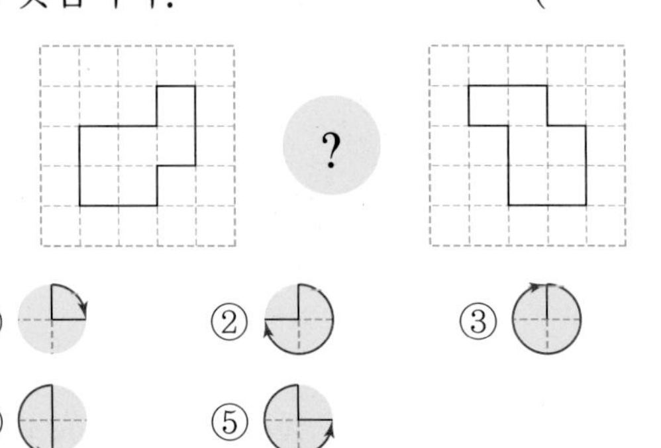

유형 3

4 위쪽이나 아래쪽으로 뒤집어도 처음과 같은 글자는 모두 몇 개입니까?

ㄱ ㄷ ㄹ ㅂ ㅇ ㅌ ㅋ

(   )개

유형 4

5 오른쪽 도형을 여러 방향으로 돌렸을 때 나올 수 없는 도형을 모두 고르시오. ···· (　　　　)

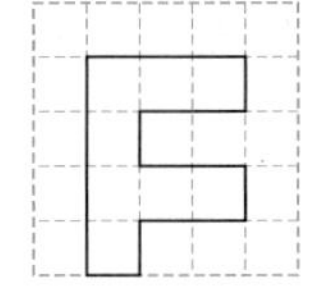

① 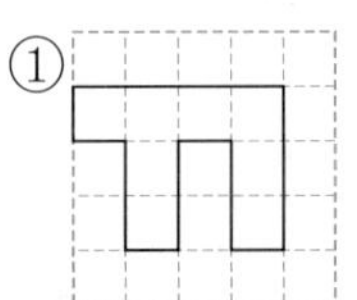 ② 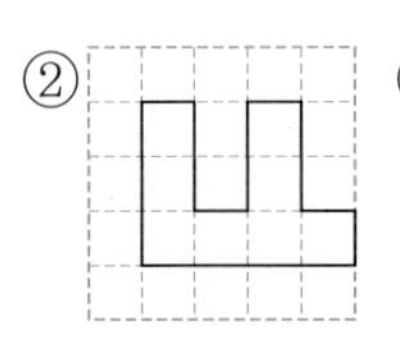 ③ 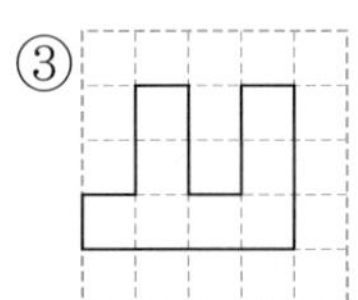

④ 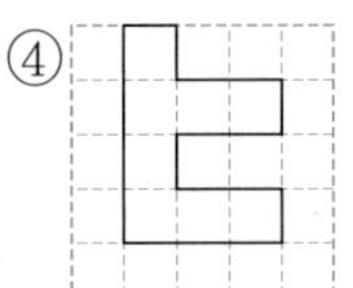 ⑤ 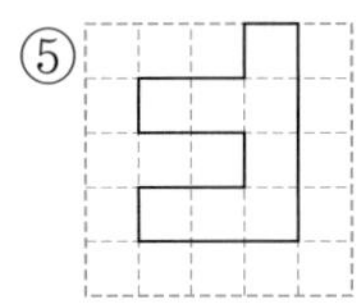

유형 10

6 한 가지 모양으로 규칙적인 무늬를 만들었습니다. 만든 규칙이 다른 하나는 어느 것입니까? ······································ (　　　　)

① 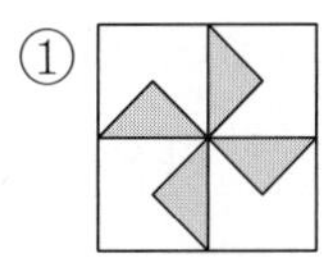 ② 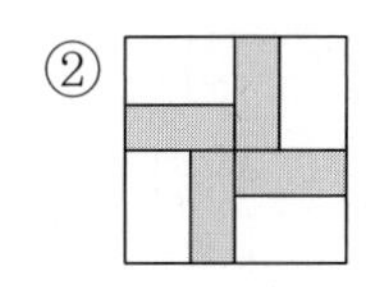 ③ 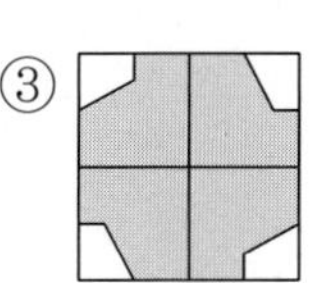

④ 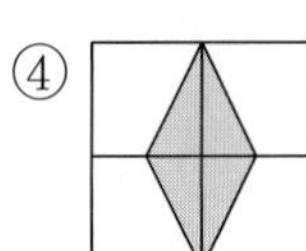 ⑤ 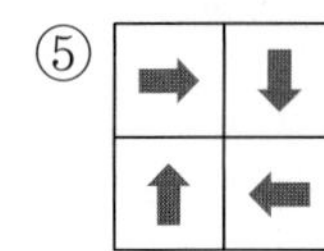

유형 7

7 오른쪽은 어떤 도형을 시계 방향으로 270°만큼 돌렸을 때의 도형입니다. 어떤 도형을 찾아 기호를 쓰시오.

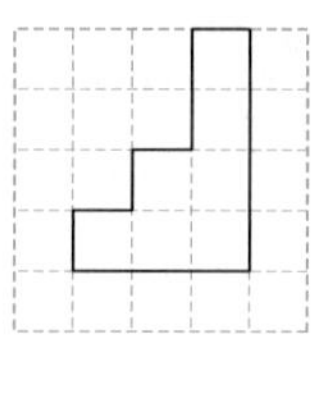

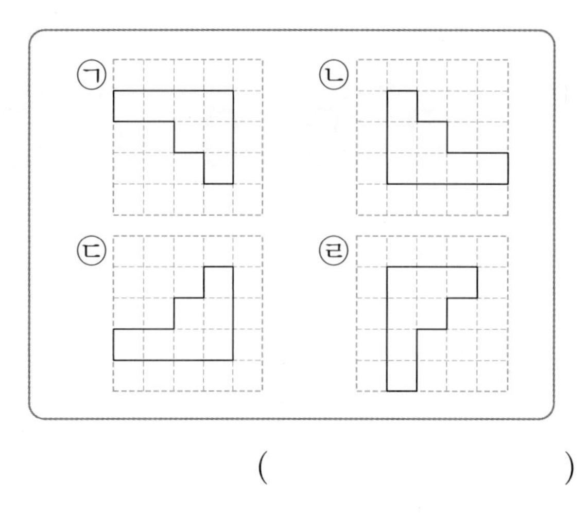

(　　　　　　　　)

유형 8

8 왼쪽 도형이 오른쪽 도형이 되도록 움직이는 방법을 찾아 기호를 쓰시오.

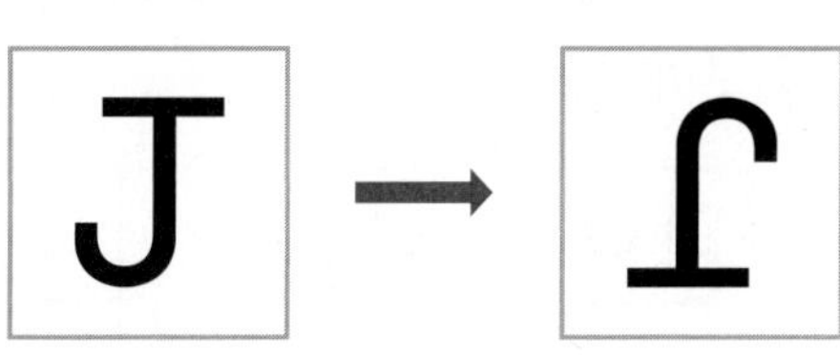

㉠ 왼쪽 도형을 아래쪽으로 1번 뒤집기 한 것입니다.
㉡ 왼쪽 도형을 오른쪽으로 3번 뒤집기 한 것입니다.
㉢ 왼쪽 도형을 시계 방향으로 180°만큼 돌리기 한 것입니다.
㉣ 왼쪽 도형을 시계 방향으로 90°만큼 돌리기 한 것입니다.

(　　　　　　　　)

유형 14

9 수 카드 중에서 3장을 뽑아 한 번씩 사용하여 가장 큰 세 자리 수를 만든 다음 시계 반대 방향으로 180°만큼 돌렸을 때 나오는 수를 구하시오. (단, 수 카드는 한 장씩 돌리지 않습니다.)

(　　　　　　　　)

유형 12

10 3개의 세 자리 수를 투명 종이에 쓴 것입니다. 여러 방향으로 5번씩 뒤집었을 때 나올 수 있는 두 번째로 큰 수와 두 번째로 작은 수의 차를 구하시오.

(　　　　　　　　)

유형 9

11 수 카드를 시계 방향으로 180°만큼 돌려서 생긴 수에서 어떤 수를 뺐더니 993이 되었습니다. 어떤 수는 얼마입니까?

1681

(　　　　　　　　)

유형 13

12 모눈종이 위에 그려진 그림 ㉮가 있습니다. ㉮를 위쪽으로 1번 뒤집었을 때의 그림을 ㉯, ㉯를 시계 방향으로 90°만큼 돌렸을 때의 그림을 ㉰라고 합니다. ㉮, ㉯, ㉰를 모양과 크기가 같은 하나의 모눈종이 위에 그렸을 때 한 번도 색칠되지 않은 칸은 모두 몇 칸입니까?

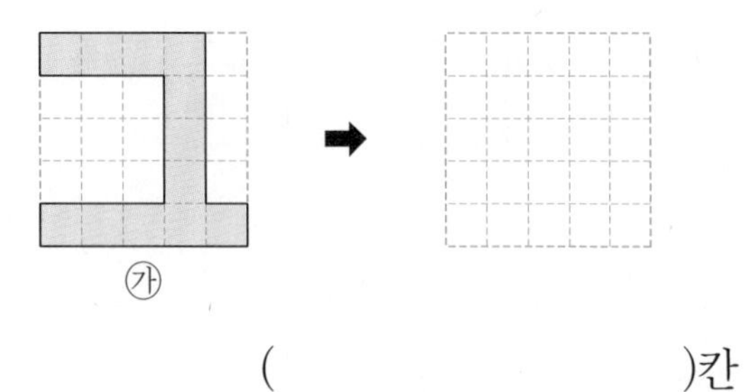

(　　　　　　　　)칸

5단원 기출 유형

정답률 75% 이상

정답률 99.2%

유형 1 눈금 한 칸의 크기 구하기

막대그래프의 세로 눈금 한 칸은 몇 명을 나타냅니까?

좋아하는 음식별 학생 수

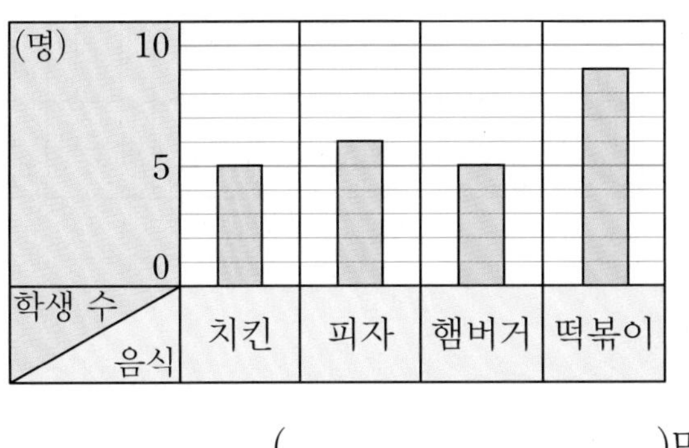

( )명

핵심

세로 눈금 5칸이 몇 명을 나타내는지 찾아 세로 눈금 한 칸은 몇 명을 나타내는지 구합니다.

1 막대그래프의 세로 눈금 한 칸은 몇 명을 나타냅니까?

태어난 계절별 학생 수

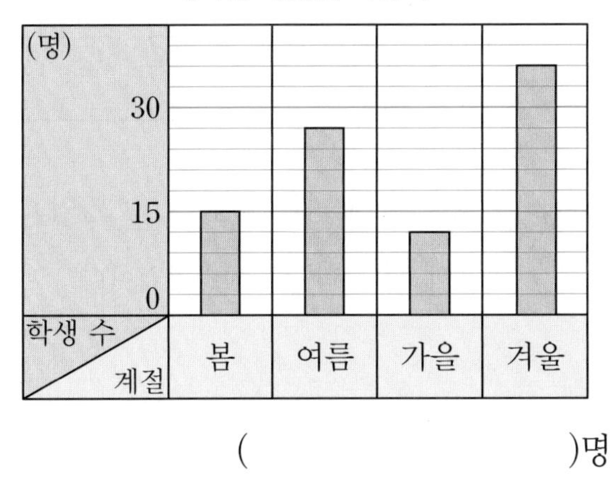

( )명

2 막대그래프의 가로 눈금 한 칸은 몇 명을 나타냅니까?

좋아하는 과일별 학생 수

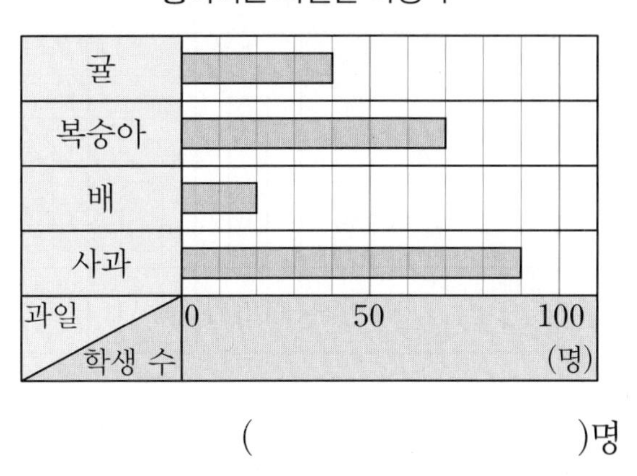

( )명

3 찬우네 모둠 학생들의 줄넘기 기록을 조사하여 나타낸 막대그래프입니다. 찬우의 줄넘기 기록이 56회일 때 막대그래프의 세로 눈금 한 칸은 몇 회를 나타냅니까?

학생별 줄넘기 기록

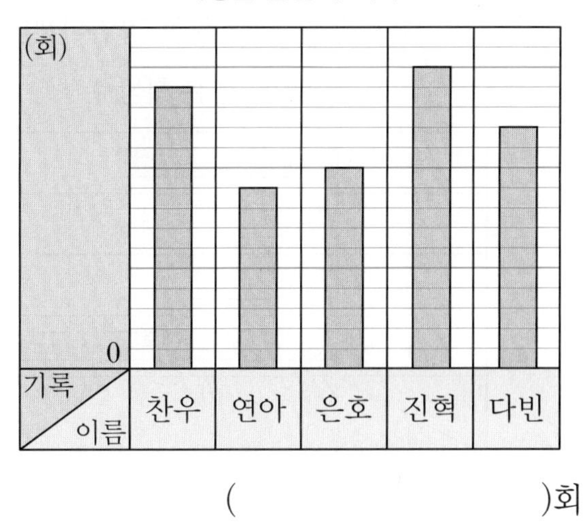

( )회

5 단원

정답률 98.3%

유형 2 자료의 수 구하기

수현이네 가족이 농장에서 딴 사과의 수를 조사하여 나타낸 막대그래프입니다. 수현이가 딴 사과는 몇 개입니까?

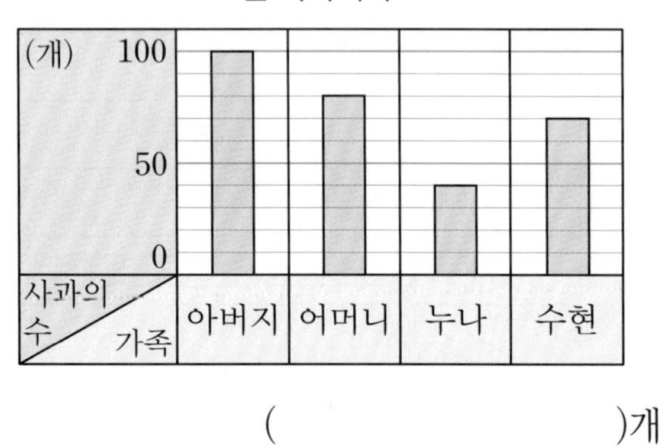

( )개

핵심

막대의 칸수와 세로 눈금 한 칸의 크기를 곱하여 구합니다.

4 하린이네 학교 4학년 반별 안경을 쓴 학생 수를 조사하여 나타낸 막대그래프입니다. 1반의 안경을 쓴 학생은 몇 명입니까?

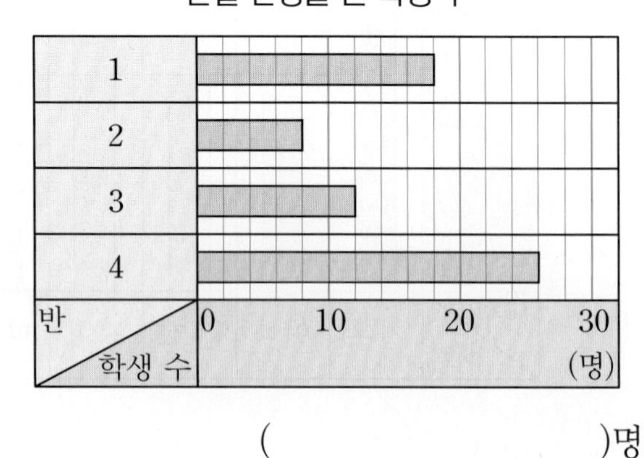

( )명

5 현지네 반에서 체험 학습으로 가고 싶은 장소를 조사하여 나타낸 막대그래프입니다. 가장 많은 학생들이 가고 싶어 하는 장소의 학생 수는 몇 명입니까?

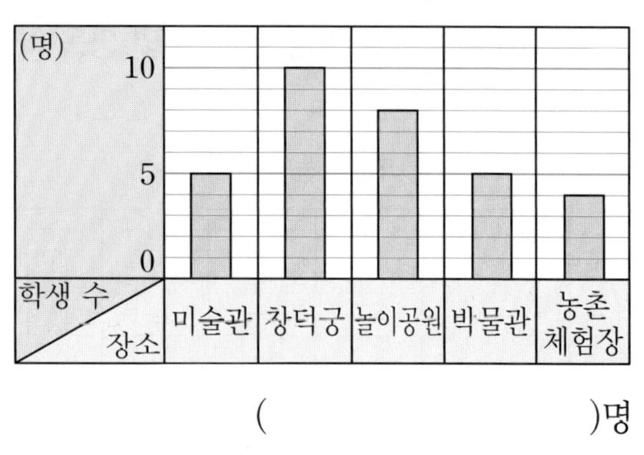

( )명

6 영준이네 학교 4학년 학생들이 사는 마을을 조사하여 나타낸 막대그래프입니다. ㉠과 ㉡에 알맞은 수의 합을 구하시오.

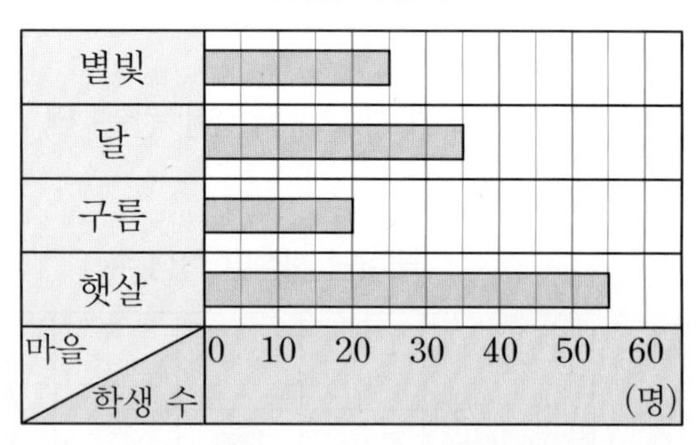

별빛 마을에 사는 학생은 ㉠명이고 햇살 마을에 사는 학생은 ㉡명입니다.

( )

정답률 97.8%

유형 3 항목의 수량 비교하기

수진이네 반 학생들의 혈액형을 조사하여 나타낸 막대그래프입니다. 학생 수가 가장 많은 혈액형과 가장 적은 혈액형의 학생 수의 차는 몇 명입니까?

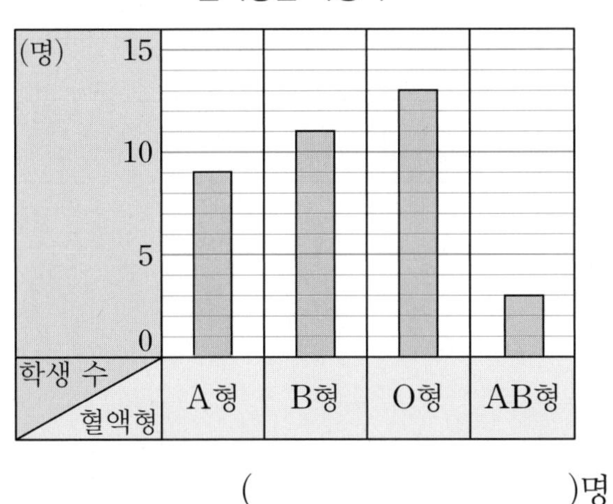

( )명

핵심
- 수량이 가장 많은 항목: 막대의 길이가 가장 긴 것
- 수량이 가장 적은 항목: 막대의 길이가 가장 짧은 것

7 지유네 반 학생들의 모둠별 한 달 동안 읽은 책 수를 조사하여 나타낸 막대그래프입니다. 책을 가장 많이 읽은 모둠은 가장 적게 읽은 모둠보다 책을 몇 권 더 많이 읽었습니까?

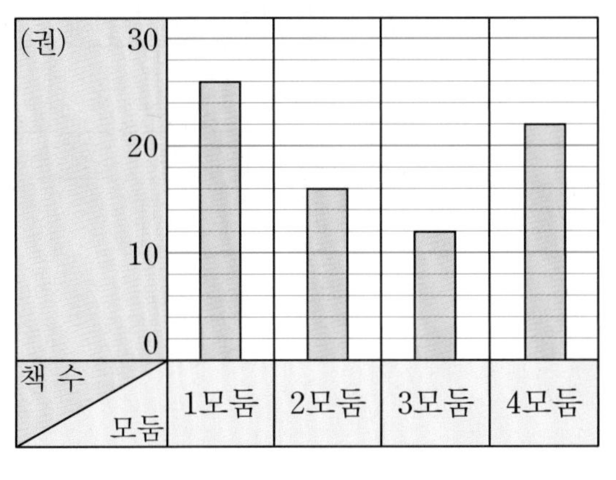

( )권

8 영재의 과목별 단원 평가 점수를 조사하여 나타낸 막대그래프입니다. 점수가 가장 높은 과목은 점수가 가장 낮은 과목보다 몇 점 더 높습니까?

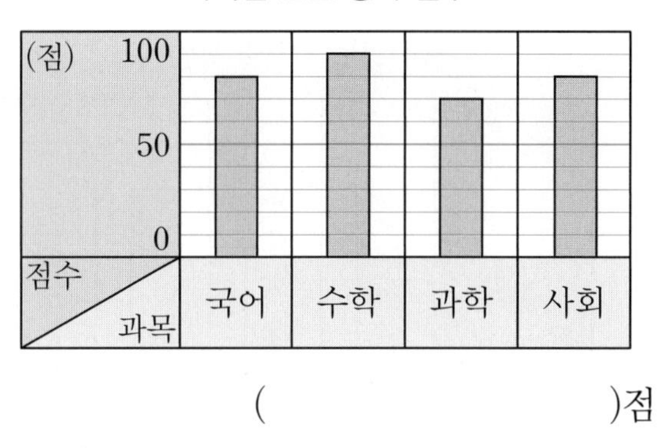

( )점

9 주영이네 모둠 학생들의 줄넘기 기록을 조사하여 나타낸 막대그래프입니다. 줄넘기를 가장 많이 한 학생과 두 번째로 많이 한 학생의 줄넘기 기록의 차는 몇 회입니까?

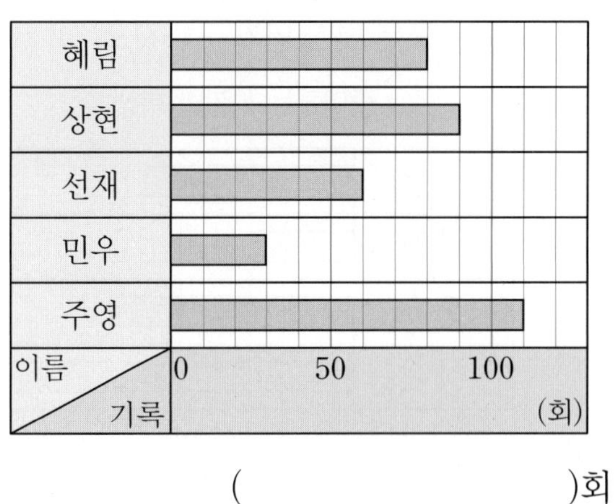

( )회

정답률 90.1%

유형 4 전체 수 구하기

지은이네 반 학생들이 좋아하는 악기를 조사하여 나타낸 막대그래프입니다. 지은이네 반 학생은 모두 몇 명인지 구하시오.

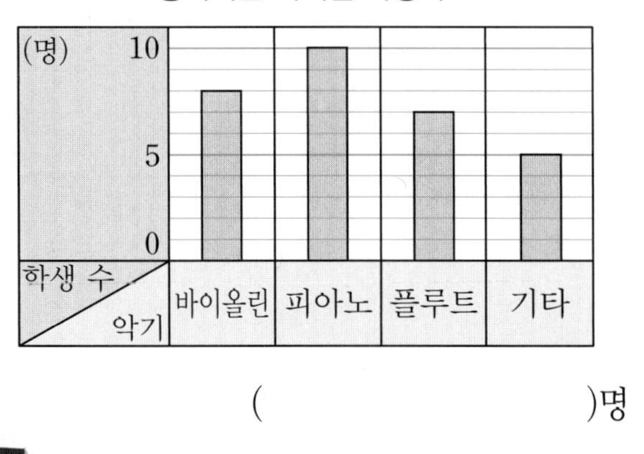

( )명

핵심

좋아하는 악기별 학생 수를 각각 구하여 합을 구합니다.

10 주혁이네 반 학생들이 좋아하는 색깔을 조사하여 나타낸 막대그래프입니다. 주혁이네 반 학생은 모두 몇 명인지 구하시오.

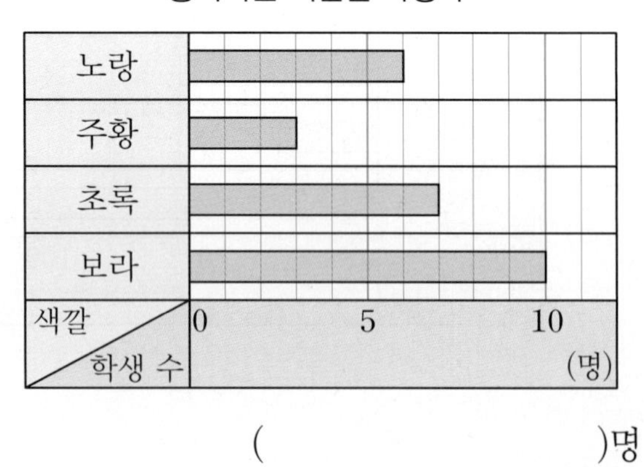

( )명

11 현석이네 학교 4학년 학생들이 좋아하는 간식을 조사하여 나타낸 막대그래프입니다. 조사한 학생은 모두 몇 명인지 구하시오.

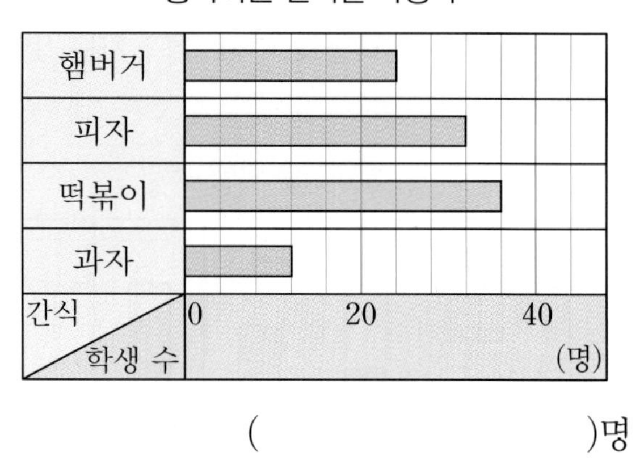

( )명

12 은영이네 학교 합창대회에 참가한 4학년 학생 수를 반별로 조사하여 나타낸 막대그래프입니다. 합창대회에 참가한 4학년 학생은 모두 몇 명인지 구하시오.

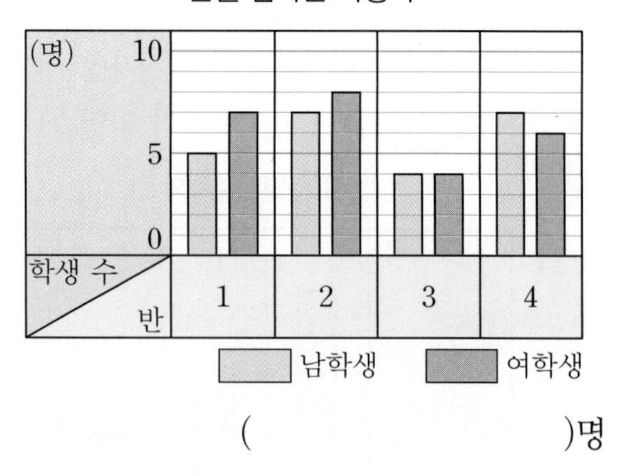

( )명

정답률 78.6%

유형 5 몇 배인지 구하기

많은 사람들이 도시로 이동하면서 촌락에는 고령화, 소득 감소, 시설 부족과 같은 문제가 발생하고 있습니다. 1980년 농촌의 가구 수는 2010년 농촌의 가구 수의 몇 배입니까?

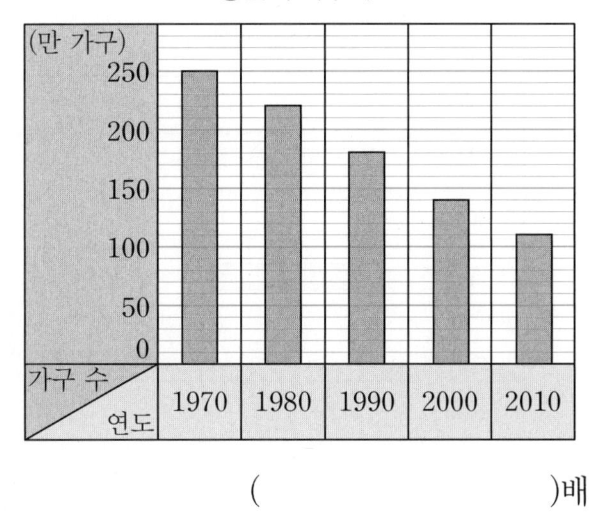

( )배

핵심
(1980년의 농촌의 가구 수)÷(2010년의 농촌의 가구 수)

13 마을별로 생산한 감을 조사하여 나타낸 막대그래프입니다. 가 마을의 감 생산량은 다 마을의 감 생산량의 몇 배입니까?

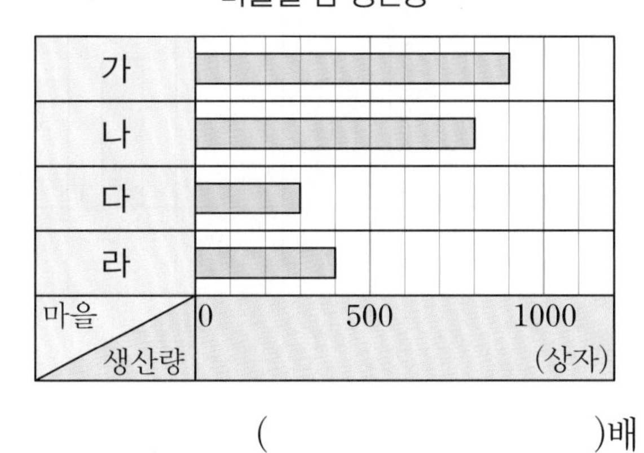

( )배

14 어느 지역의 월별 강수량을 조사하여 나타낸 막대그래프입니다. 강수량이 가장 많은 달은 가장 적은 달의 몇 배입니까?

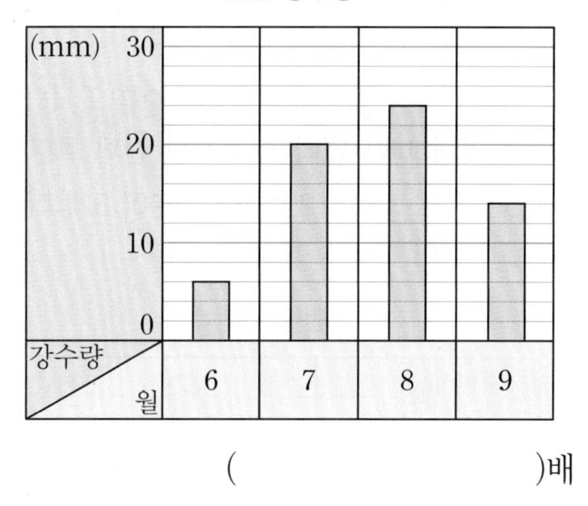

( )배

15 유빈이네 학교 4학년의 반별 심은 나무 수를 조사하여 나타낸 막대그래프입니다. 1반과 2반이 심은 나무의 수의 합은 4반이 심은 나무의 수의 몇 배입니까?

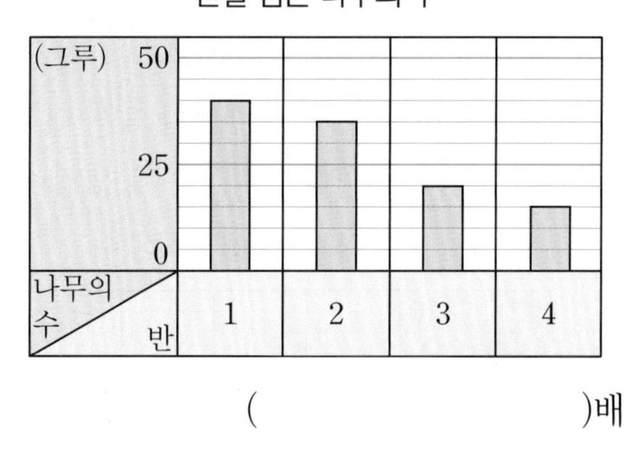

( )배

5 단원

5단원 기출 유형

정답률 58.3%

유형 6 모르는 항목의 수 구하기

현아네 학교 4학년의 반별 화분 수를 조사하여 나타낸 막대그래프입니다. 조사한 전체 화분 수는 225개이고, 5반이 2반보다 화분이 5개 더 많습니다. 2반의 화분은 몇 개입니까?

반별 화분 수

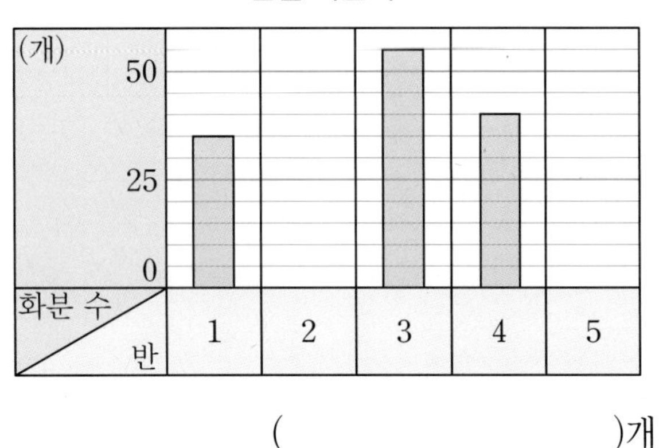

(　　　　　　　　)개

핵심

먼저 2반과 5반의 화분 수의 합을 구합니다.

16 영미네 반 학생들이 좋아하는 동물을 조사하여 나타낸 막대그래프입니다. 조사한 학생은 25명이고, 강아지를 좋아하는 학생 수가 토끼를 좋아하는 학생 수보다 3명 더 많습니다. 토끼를 좋아하는 학생은 몇 명입니까?

좋아하는 동물별 학생 수

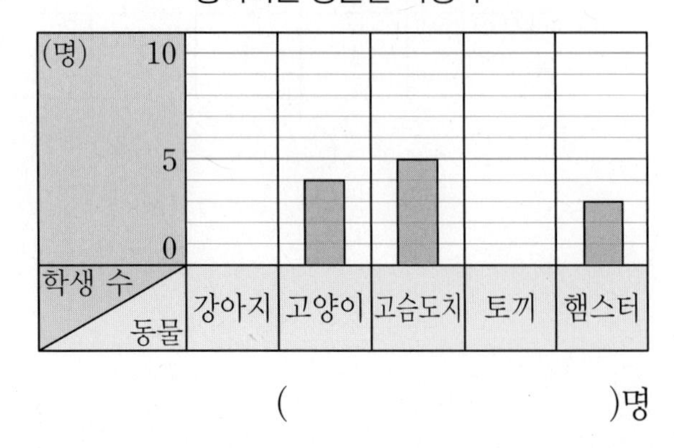

(　　　　　　　　)명

17 윤재네 학교 4학년 학생들의 혈액형을 조사하여 나타낸 막대그래프입니다. 조사한 학생은 120명이고, A형은 O형보다 15명 더 적습니다. A형인 학생은 몇 명입니까?

혈액형별 학생 수

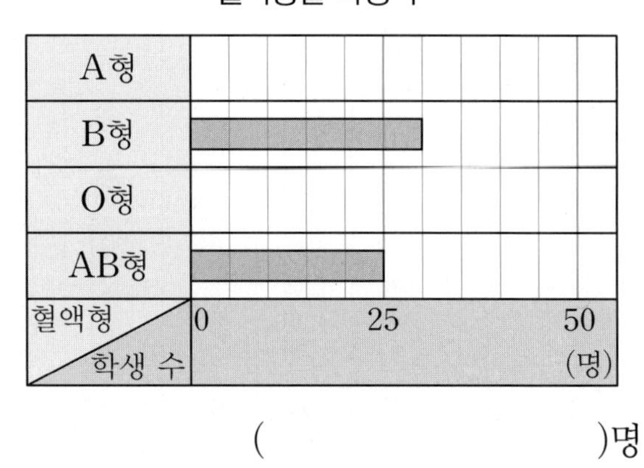

(　　　　　　　　)명

18 어느 빵집에서 하루 동안 팔린 빵 100개의 종류를 조사하여 나타낸 막대그래프입니다. 팔린 크림빵의 수가 팔린 야채빵의 수의 3배일 때 팔린 야채빵은 몇 개입니까?

팔린 종류별 빵의 수

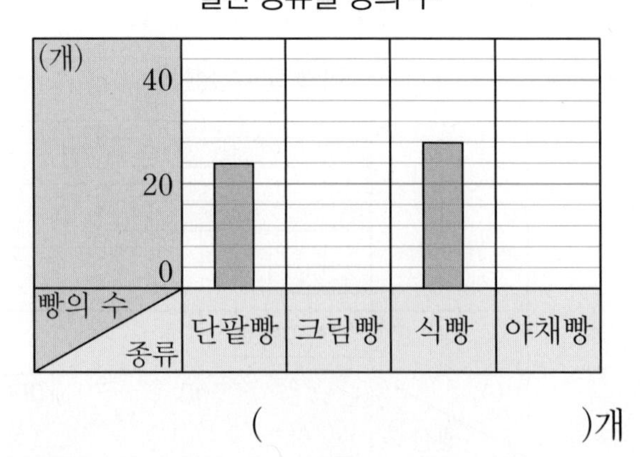

(　　　　　　　　)개

정답률 55%

유형 7 막대그래프의 활용

체육 대회 종목별로 한 팀당 필요한 인원수를 조사하여 나타낸 막대그래프입니다. 수영이네 반에서 한 팀이 이어달리기에 나가고 두 팀이 단체 줄넘기에 나갔다면 이어달리기와 단체 줄넘기에 나간 학생은 모두 몇 명입니까?

(단, 두 종목에 동시에 나간 학생은 없습니다.)

종목별 한 팀당 필요한 인원수

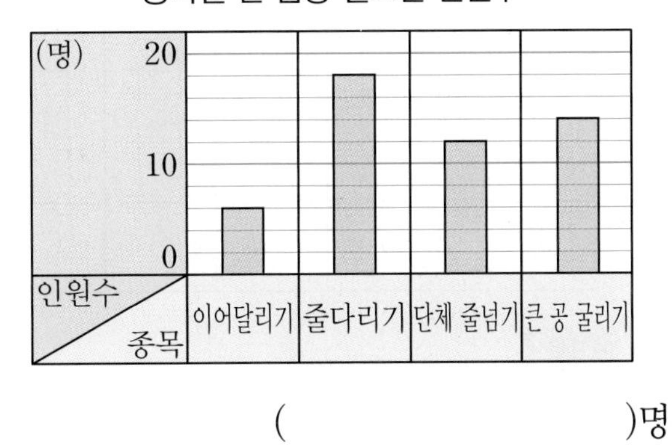

( )명

핵심

먼저 세로 눈금 한 칸이 몇 명을 나타내는지 알아봅니다.

19 운동 경기 종목별로 한 팀당 필요한 인원수를 조사하여 나타낸 막대그래프입니다. 배구 세 팀과 축구 두 팀을 만들 때 필요한 사람은 모두 몇 명입니까?

종목별 한 팀당 필요한 인원수

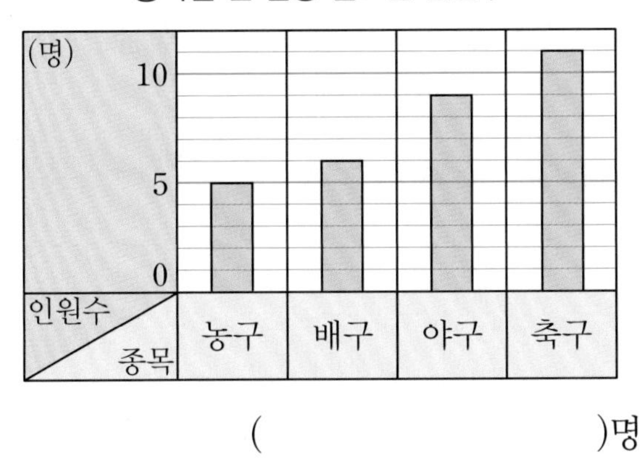

( )명

20 유정이네 학교 한 학급당 교실에 있는 청소 도구 수를 조사하여 나타낸 막대그래프입니다. 4개 학급에 있는 대걸레와 빗자루는 모두 몇 개입니까?

한 학급당 교실에 있는 청소 도구 수

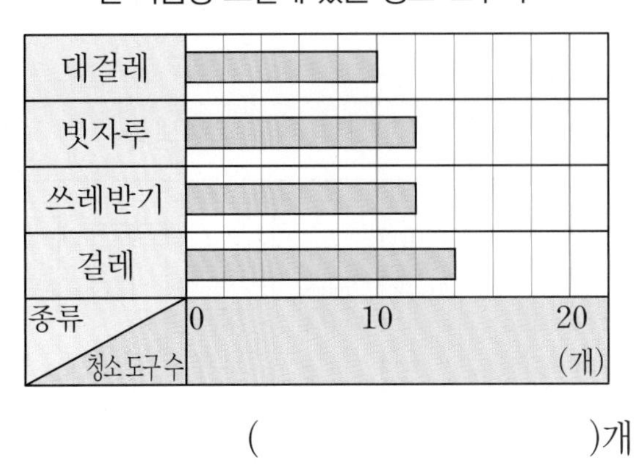

( )개

21 과일 가게에서 과일 바구니를 포장하려고 합니다. 과일 바구니 한 개에 담을 과일 수를 정하여 나타낸 막대그래프입니다. 사과가 120개 있을 때 과일 바구니는 몇 개까지 만들 수 있습니까? (단, 다른 과일의 수는 충분합니다.)

과일 바구니 한 개당 담을 과일 수

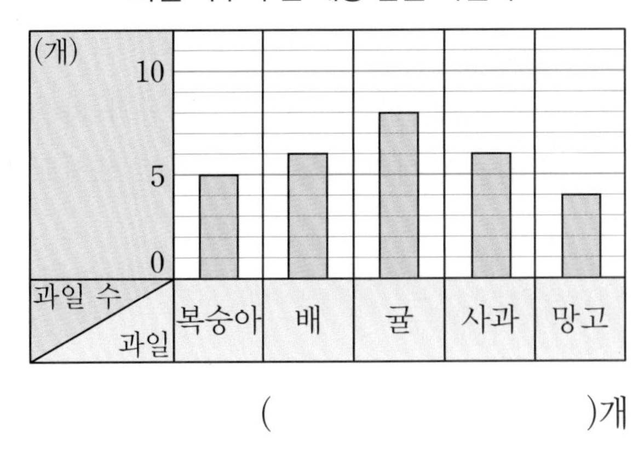

( )개

5
단원

5단원 종합

[1~2] 우람이네 학교 4학년 학생들의 취미 활동을 조사하여 나타낸 막대그래프입니다. 물음에 답하시오.

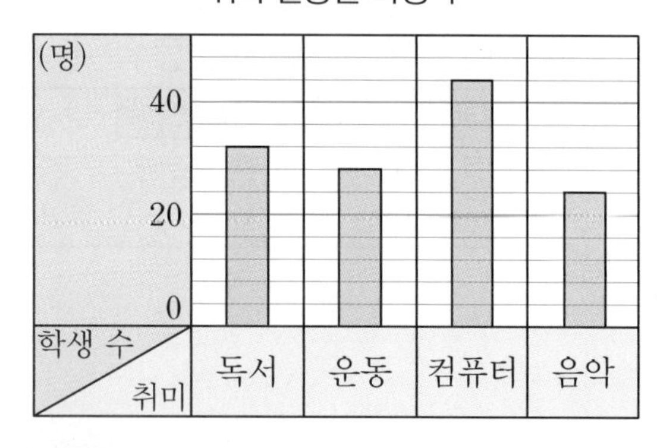

유형 2

1 취미 활동이 독서인 학생은 몇 명입니까?

( )명

유형 3

2 가장 많은 학생들의 취미 활동과 가장 적은 학생들의 취미 활동을 차례대로 쓰시오.

( ), ( )

[3~4] 민정이네 반 학생들이 생일에 받고 싶은 선물을 조사하여 나타낸 막대그래프입니다. 물음에 답하시오.

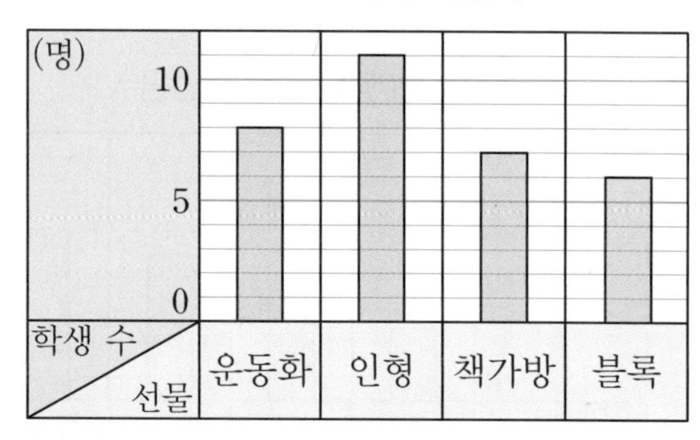

유형 2

3 받고 싶은 선물의 학생 수가 6명보다 많은 선물은 무엇인지 모두 찾아 쓰시오.

( )

유형 3

4 가장 많은 학생들이 받고 싶은 선물과 가장 적은 학생들이 받고 싶은 선물의 학생 수의 차는 몇 명입니까?

( )명

유형 5

5 유림이네 학교 학생들이 가고 싶은 나라를 조사하여 나타낸 막대그래프입니다. 이탈리아에 가고 싶어 하는 학생 수는 독일에 가고 싶어 하는 학생 수의 몇 배입니까?

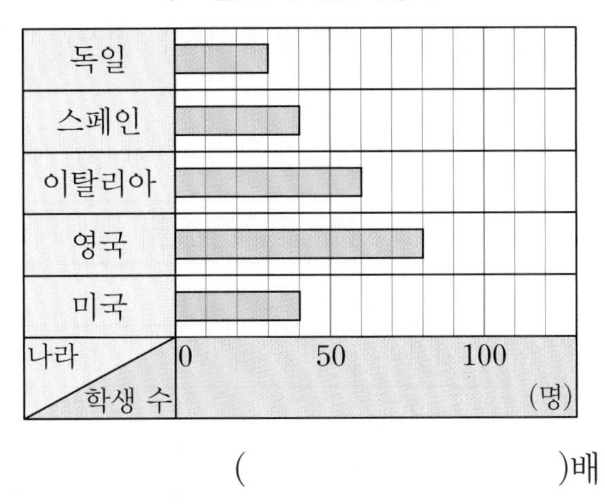

( )배

유형 3

6 경수네 집에서 일주일 동안 버려진 쓰레기 양을 조사하여 나타낸 막대그래프입니다. 빈 병은 종이류보다 몇 kg 더 많습니까?

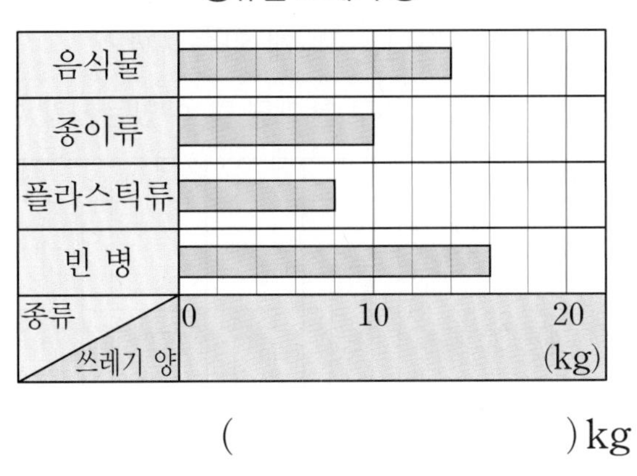

( ) kg

유형 4

7 학생들이 좋아하는 민속놀이를 조사하여 나타낸 막대그래프입니다. 조사한 학생은 모두 몇 명인지 구하시오.

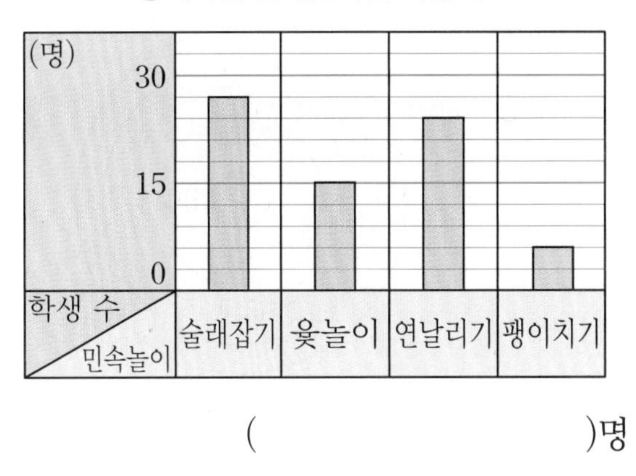

( )명

유형 2

8 현경이네 학교에서 학년별 봉사활동에 참여한 학생 수를 조사하여 나타낸 막대그래프입니다. 봉사활동에 참여한 남학생은 모두 몇 명입니까?

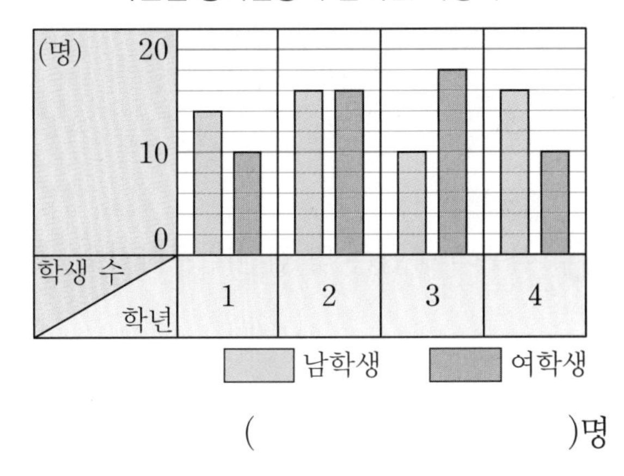

( )명

[9～10] 다음과 같은 과녁을 40번 맞혀서 각각의 점수가 나온 횟수를 조사하여 나타낸 막대그래프입니다. 2점에 맞힌 횟수가 4점에 맞힌 횟수보다 6번 많을 때 물음에 답하시오.

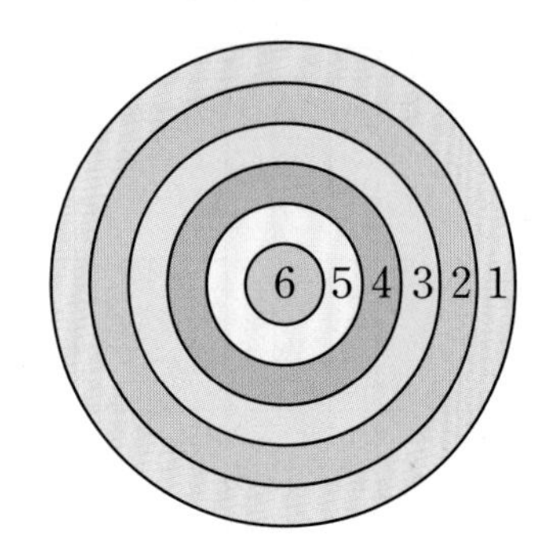

점수가 나온 횟수

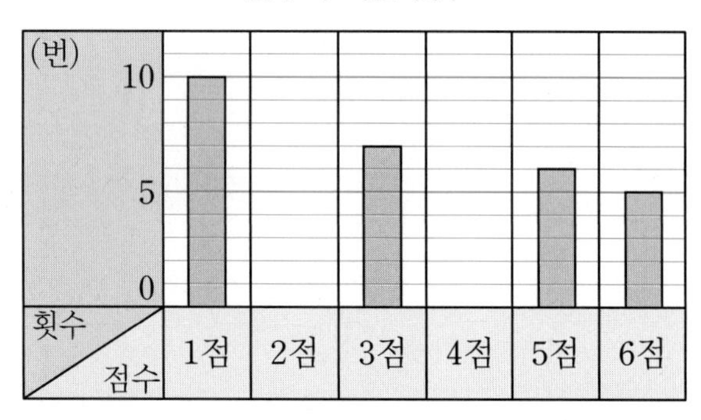

유형 6

9 2점과 4점에 맞힌 횟수를 각각 구하시오.

2점 (　　　　　　　　)번

4점 (　　　　　　　　)번

유형 4

10 점수의 총합은 몇 점인지 구하시오.

(　　　　　　　　)점

유형 6

11 윤지네 반 학생들이 좋아하는 계절을 조사하여 나타낸 막대그래프입니다. 전체 학생 수가 28명이고, 여름을 좋아하는 학생 수와 겨울을 좋아하는 학생 수가 같고, 가을을 좋아하는 학생 수는 여름을 좋아하는 학생 수의 2배입니다. 가을을 좋아하는 학생은 몇 명입니까?

좋아하는 계절별 학생 수

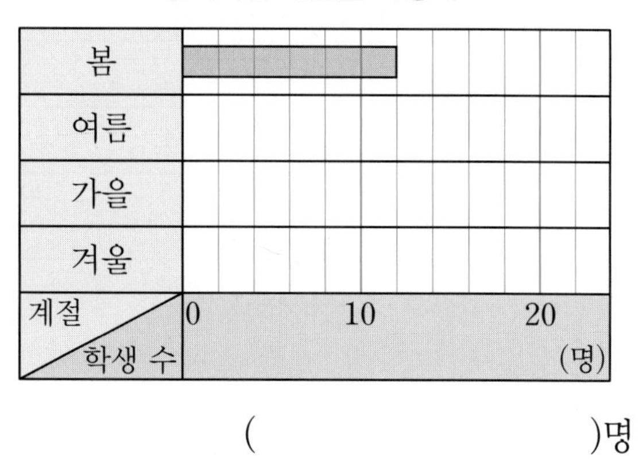

(　　　　　　　　)명

유형 7

12 놀이 기구 한 개당 탈 수 있는 사람 수를 조사하여 나타낸 막대그래프입니다. 꼬마 자동차와 회전컵은 한 번 운행할 때 탈 수 있는 전체 사람 수가 같습니다. 꼬마 자동차가 16개 있다면 회전컵은 몇 개 있습니까?

놀이 기구 한 개당 탈 수 있는 사람 수

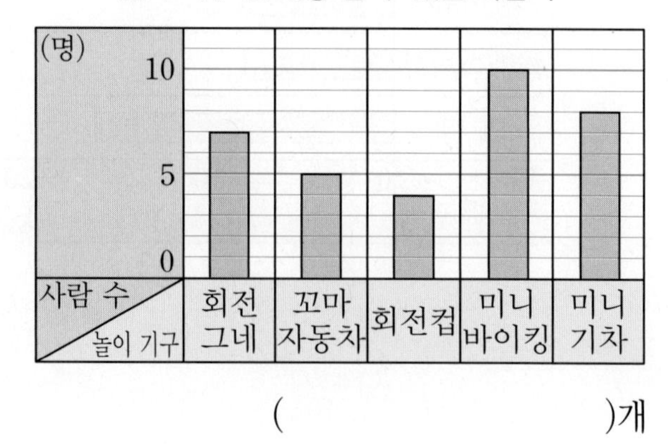

(　　　　　　　　)개

실전 모의고사 1회

점수

1 다음 수에서 백억의 자리 숫자는 무엇입니까?

524798010063

(　　　　　　　　)

2 다음 각도는 몇 도입니까?

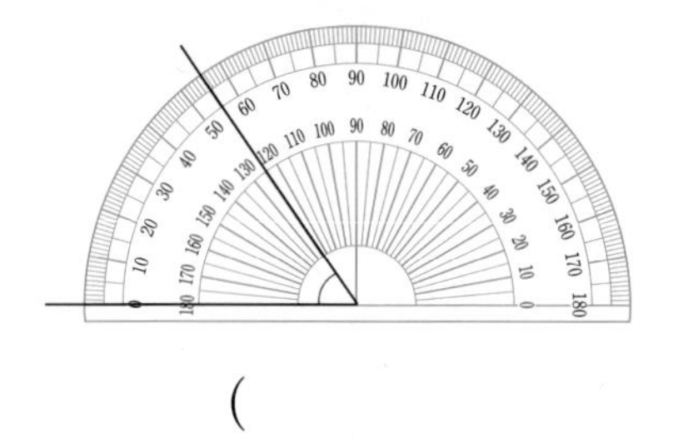

(　　　　　　　　)도

3 □ 안에 알맞은 수를 구하시오.

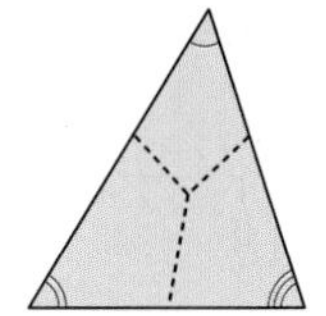  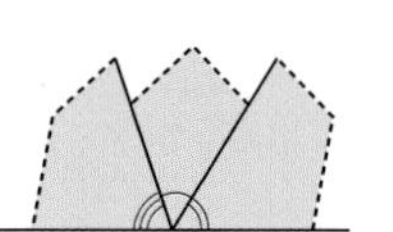

삼각형을 그림과 같이 잘라 세 각의 꼭짓점을 한 점에 모이도록 겹치지 않게 이어 붙이면 직선 위에 꼭 맞추어집니다.
⇨ 삼각형의 세 각의 크기의 합은 □°입니다.

(　　　　　　　　)

4 나눗셈을 하여 몫과 나머지의 합을 구하시오.

$531 \div 42$

(　　　　　　　　)

5 주어진 도형을 오른쪽으로 밀었을 때의 도형은 어느 것입니까? ·····················(　　　)

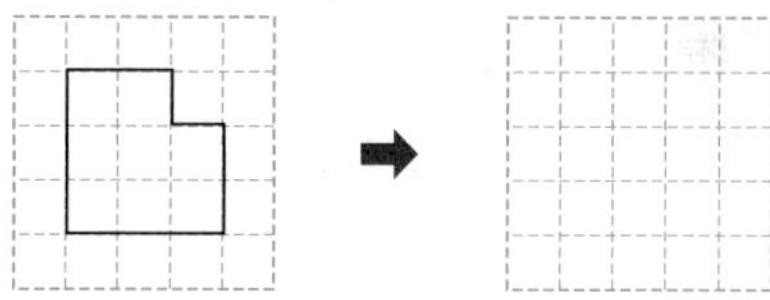

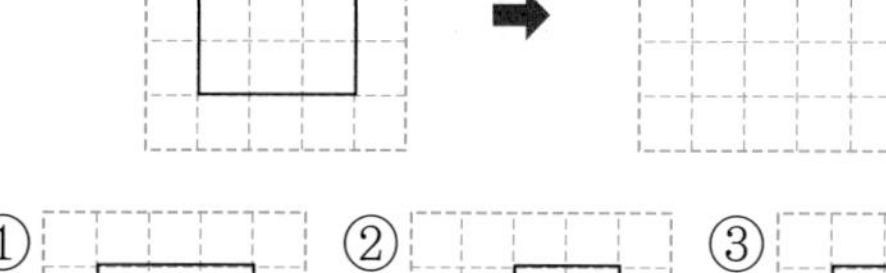 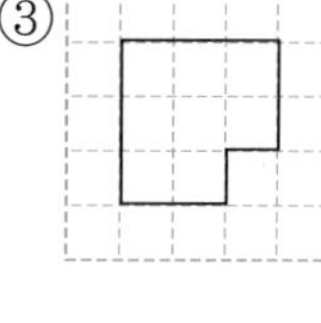

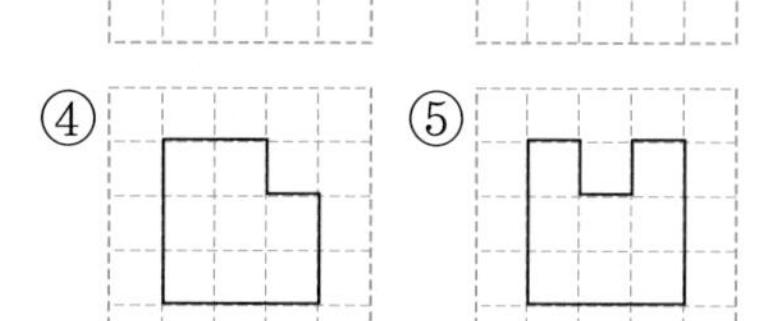

6 예각은 모두 몇 개입니까?

90°	20°	130°
76°	84°	180°

( )개

7 다음은 현우네 반 학생들의 혈액형을 조사하여 나타낸 표입니다. 표를 막대그래프로 나타낼 때 세로 눈금 한 칸을 학생 1명으로 나타낸다면 AB형의 학생 수는 세로 눈금 몇 칸으로 나타내어야 합니까?

혈액형별 학생 수

혈액형	A형	B형	O형	AB형	합계
학생 수(명)	7	4	6	8	25

( )칸

8 □ 안에 알맞은 수를 구하시오.

□÷23=11…16

( )

9 다음 조각을 여러 방향으로 돌렸을 때 ㉠에 들어갈 수 있는 조각은 어느 것입니까? ……………………………………………( )

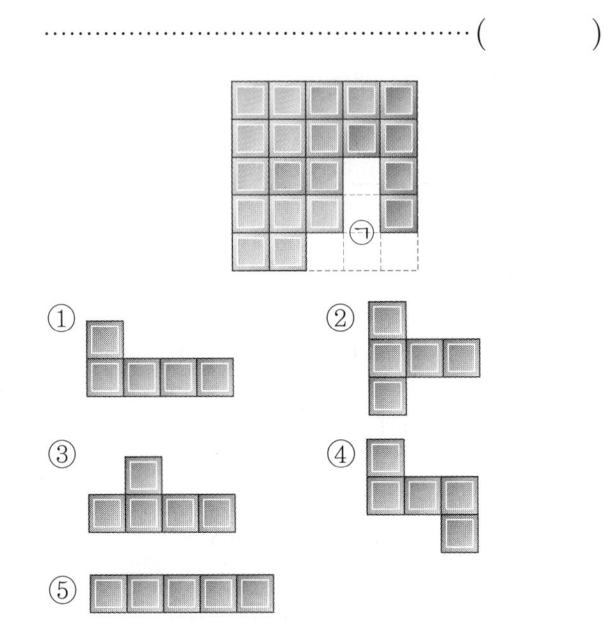

10 ㉠이 나타내는 값은 ㉡이 나타내는 값의 몇 배입니까?

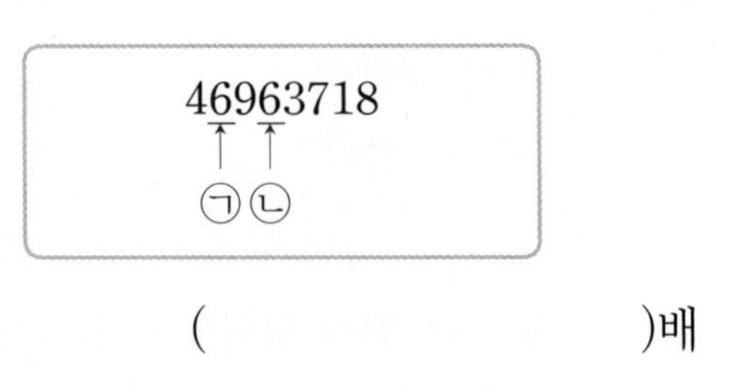

( )배

11 제31회 리우데자네이루 올림픽에서 나라별 딴 금메달 수를 조사하여 나타낸 막대그래프입니다. 금메달을 가장 많이 딴 나라는 가장 적게 딴 나라보다 몇 개 더 많이 땄습니까?

나라별 딴 금메달 수

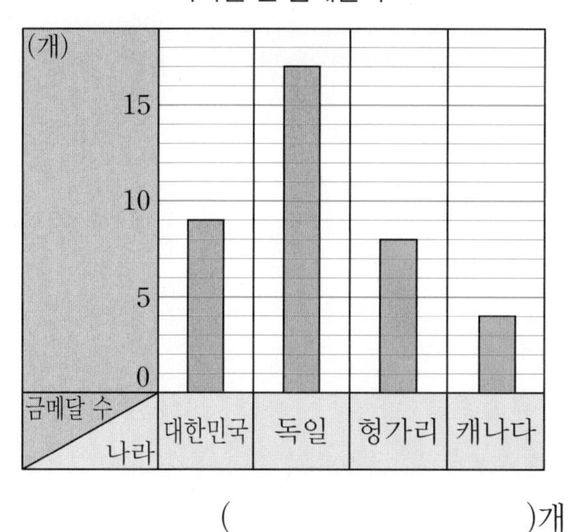

( )개

12 우리나라의 돈의 단위는 원이고 태국은 밧입니다. 은행에서 우리나라 돈을 태국 돈으로 바꾸려고 합니다. 39원을 1밧으로 바꿀 수 있을 때 900원은 몇 밧까지 바꿀 수 있습니까?

( )밧

13 0부터 9까지의 수 중에서 □ 안에 들어갈 수 있는 수는 모두 몇 개입니까?

847296318 < 84□405893

( )개

14 □ 안에 알맞은 수를 구하시오.

1억 23만에서 6000만씩 □번 뛰어 센 수는 4억 6023만입니다.

( )

15 굴비를 짚으로 20마리씩 엮은 것을 한 두름이라고 합니다. 굴비 36두름을 한 바구니에 11마리씩 담아 바구니에 담긴 것을 모두 팔았다면 남은 굴비는 몇 마리입니까?

( )마리

실전 모의고사

16 다음은 연정이네 반 학생들이 좋아하는 운동을 조사하여 나타낸 막대그래프입니다. 연정이네 반 학생 수가 32명일 때 야구를 좋아하는 학생은 몇 명입니까?

좋아하는 운동별 학생 수

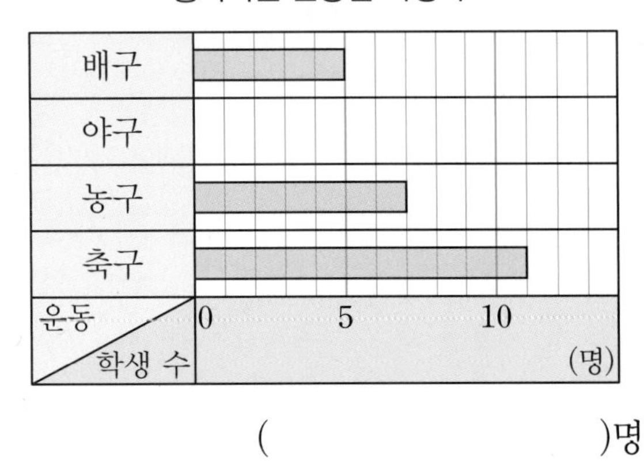

( )명

17 □ 안에 들어갈 수 있는 자연수 중에서 가장 작은 수를 구하시오.

$25 \times \square > 362$

( )

18 가은이는 1000원짜리 지폐 8장에 500원짜리 동전과 100원짜리 동전을 더해 10000원을 만들려고 합니다. 가은이가 가지고 있는 동전이 다음과 같을 때, 만들 수 있는 경우는 모두 몇 가지입니까?

500원짜리 동전	100원짜리 동전
3개	15개

( )가지

19 수 카드를 시계 방향으로 180°만큼 돌렸을 때 만들어지는 수와 처음 수의 차를 구하시오.

( )

20 도형에서 ㉠과 ㉡의 각도의 합을 구하시오.

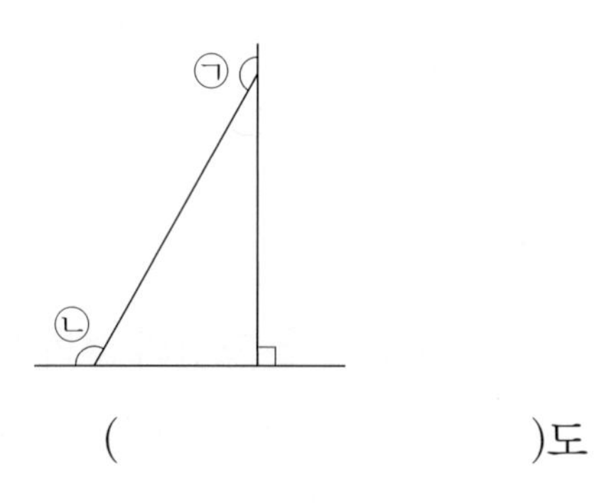

( )도

21 직사각형 모양의 종이를 그림과 같이 접었습니다. 각 ㄱㅅㅂ의 크기를 구하시오.

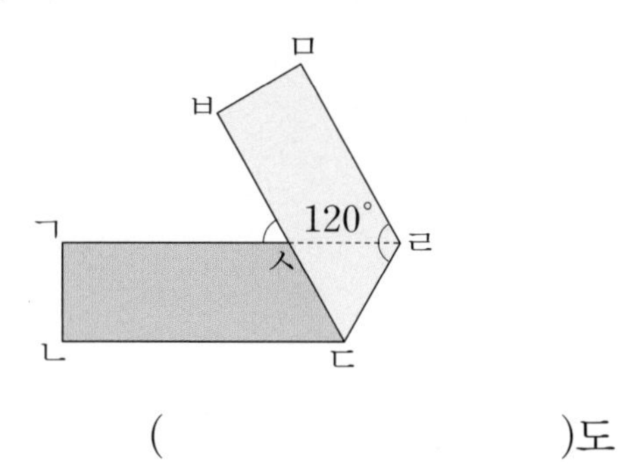

( )도

22 서로 다른 2개의 삼각자를 이용하여 다음과 같은 모양을 만들었습니다. 각 ㄱㅂㄹ의 크기를 구하시오.

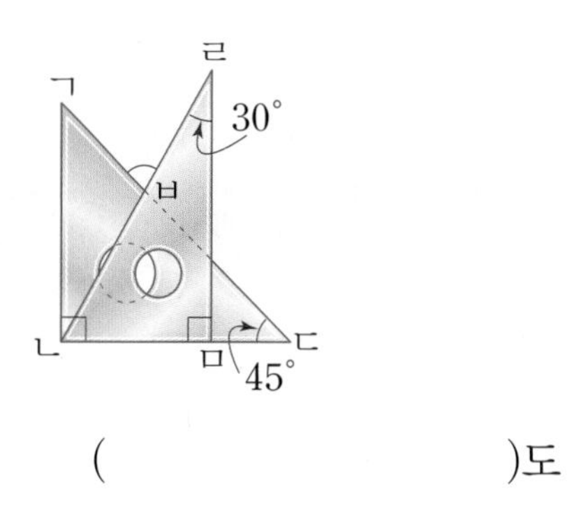

( )도

23 아홉 자리 수 71㉠384㉡90에 대한 설명입니다. ㉠에 알맞은 수를 구하시오.

- ㉠이 나타내는 값은 ㉡이 나타내는 값의 30000배입니다.
- 각 자리 숫자의 합은 40입니다.

( )

24 두 시계에서 긴바늘과 짧은바늘이 이루는 작은 쪽의 각도의 차를 구하시오.

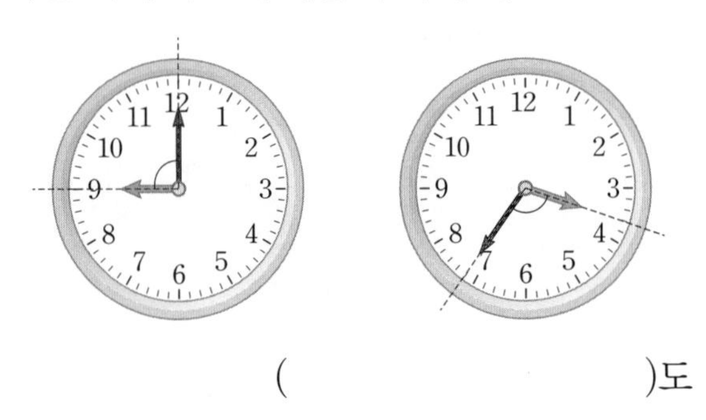

( )도

25 투명 종이에 붙임 딱지가 다음과 같이 붙어 있습니다. 이 투명 종이를 오른쪽으로 뒤집고 시계 방향으로 270°만큼 돌렸더니 붙임 딱지가 몇 개 떨어져 오른쪽 그림의 색칠한 곳에만 남았습니다. 남은 붙임 딱지 중에서 ◯ 모양과 ◇ 모양의 수의 차는 몇 개입니까?

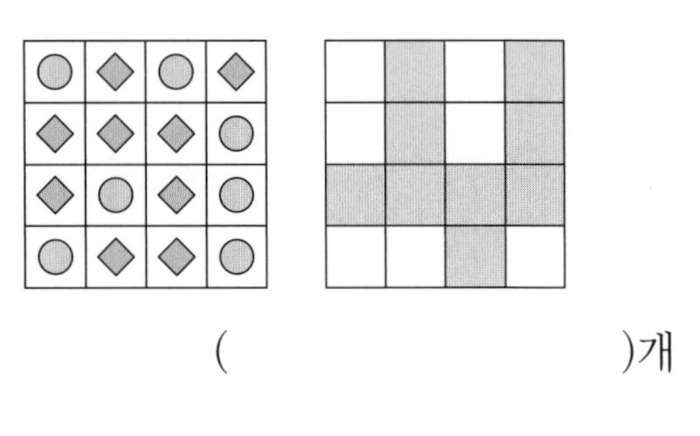

( )개

실전 모의고사 2회

점수

1 □ 안에 알맞은 수를 구하시오.

$500 \times 90 = \square 000$

(　　　　　　　)

2 다음 나눗셈의 나머지가 될 수 없는 것은 어느 것입니까? ………………………… (　　　)

$\square \div 38$

① 29　② 4　③ 37
④ 38　⑤ 13

3 나눗셈의 몫을 구하시오.

$945 \div 27$

(　　　　　　　)

4 십억의 자리 숫자와 백만의 자리 숫자의 합을 구하시오.

293714561074

(　　　　　　　)

5 민지네 반 학생들이 좋아하는 색깔을 조사하여 나타낸 막대그래프입니다. 파랑을 좋아하는 학생은 몇 명입니까?

좋아하는 색깔별 학생 수

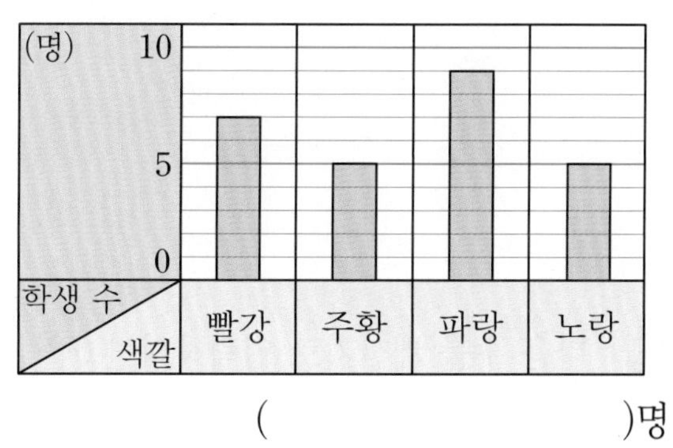

(　　　　　　　)명

실전 모의고사

6 오른쪽 도형을 시계 반대 방향으로 90°만큼 돌렸을 때의 도형은 어느 것입니까? ···· (   )

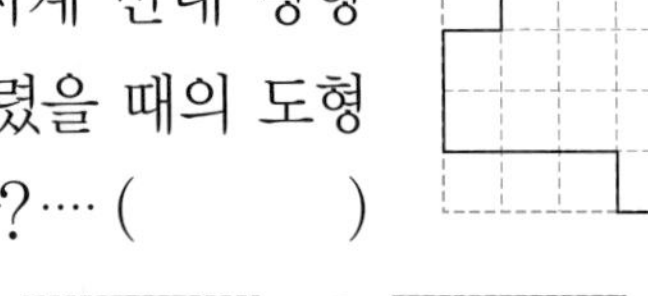

① 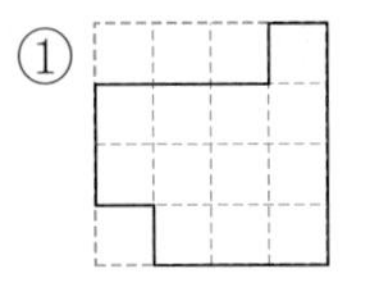 ② ③ 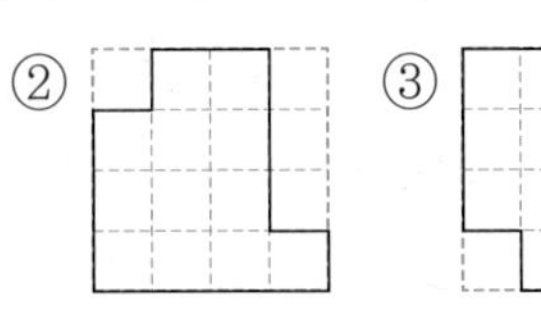

④ 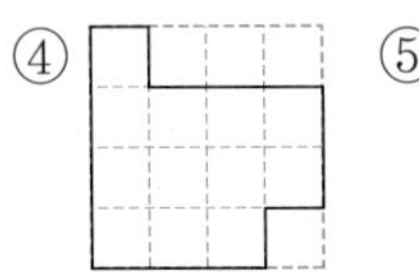 ⑤ 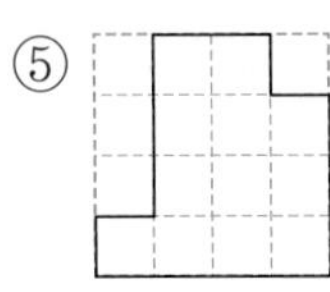

7 □ 안에 알맞은 두 수의 차를 구하시오.

1억은 ┌ 9000만보다 □만만큼 더 큰 수
      └ 9990만보다 □만만큼 더 큰 수

(   )

8 다음 수를 계산기로 입력하려면 0을 모두 몇 번 눌러야 합니까?

칠천이억 십만 구백삼

(   )번

9 도형에서 ㉠의 각도를 구하시오.

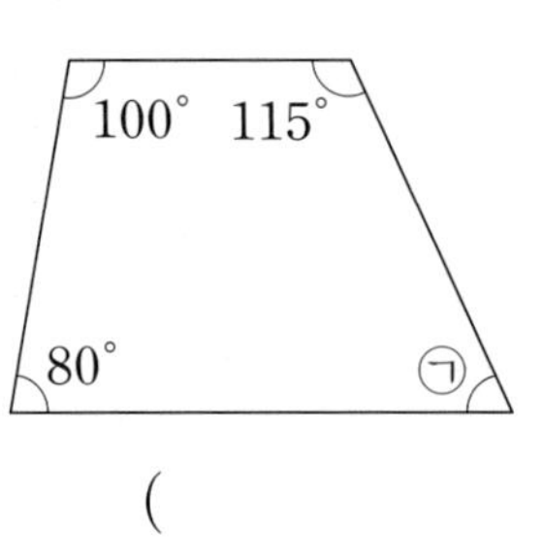

(   )도

10 각 ㄱㄷㅁ의 크기는 135°이고, 각 ㄴㄷㄹ의 크기는 120°입니다. 각 ㄹㄷㅁ의 크기를 구하시오.

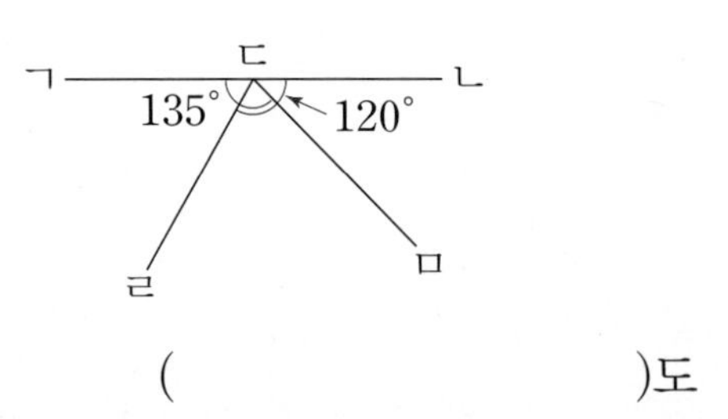

(   )도

11 □ 안에 알맞은 수를 구하시오.

$453 \div \square = 19 \cdots 16$

(　　　　　　　)

12 지구와 각 행성 사이의 거리를 나타낸 것입니다. 지구와 더 가까운 행성을 찾아 지구와의 거리에서 백만의 자리 숫자를 쓰시오.

금성: 42000000 km, 화성: 7800만 km

(　　　　　　　)

13 초콜릿 456개를 32명의 학생들에게 남김없이 똑같이 나누어 주려고 하였더니 몇 개가 모자랐습니다. 초콜릿은 적어도 몇 개가 더 필요합니까?

(　　　　　　　)개

14 왼쪽 도형을 한 번 돌렸더니 오른쪽 도형이 되었습니다. ?에 들어갈 수 없는 것은 어느 것입니까? ……………………………… (　　　)

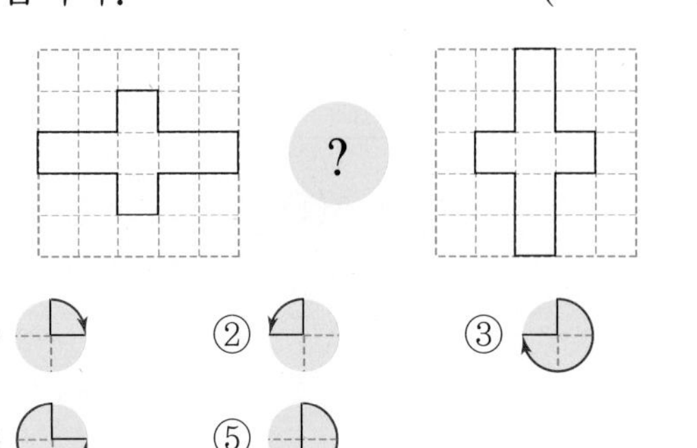

① ② ③ ④ ⑤

15 수 카드를 아래쪽으로 뒤집었을 때 만들어지는 수를 쓰시오.

(　　　　　　　)

실전 모의고사

16 도형에서 ㉡과 ㉣의 각도의 합을 구하시오.

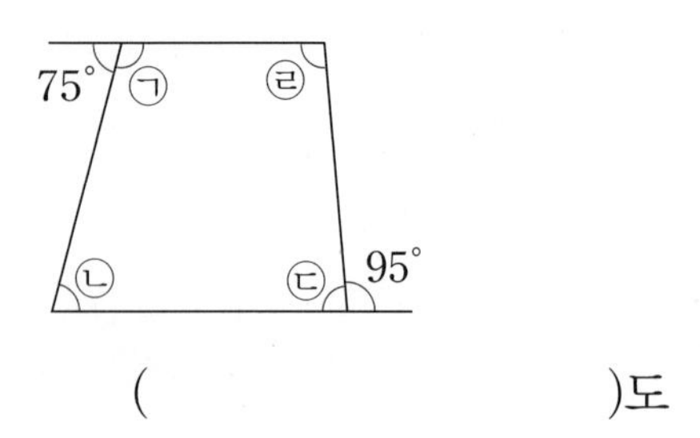

( )도

17 다음 나눗셈은 나누어떨어집니다. ㉠과 ㉡에 알맞은 수의 합을 구하시오. (단, ㉠과 ㉡은 한 자리 수입니다.)

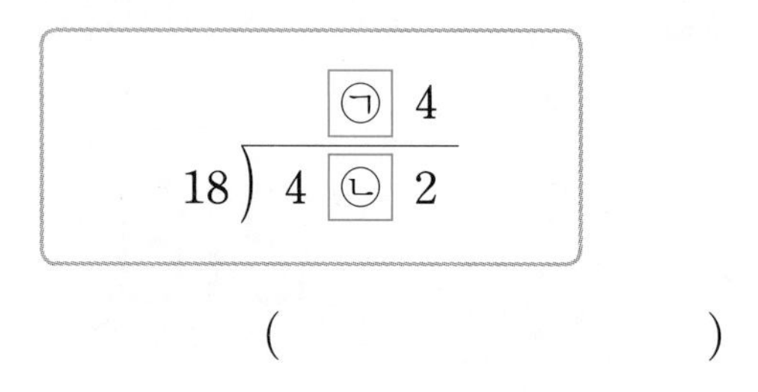

( )

18 도형에서 각 ㅂㄷㅁ의 크기를 구하시오.

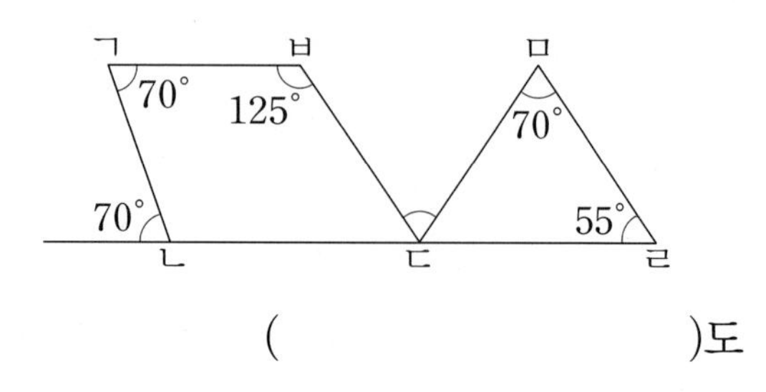

( )도

19 수호가 윗몸 일으키기를 한 횟수를 조사하여 나타낸 막대그래프입니다. 5일 동안 윗몸 일으키기를 한 횟수가 모두 238회일 때, 금요일에는 윗몸 일으키기를 몇 회 하였습니까?

요일별 윗몸 일으키기 횟수

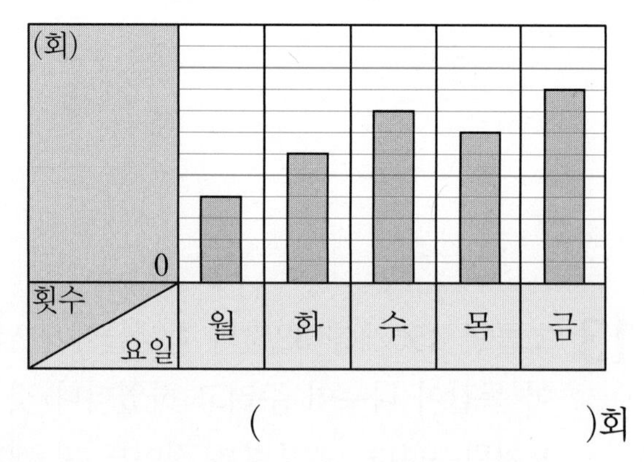

( )회

20 □ 안에 0부터 9까지 어느 수를 넣어도 됩니다. 가장 큰 수를 찾아 그 수의 천의 자리 숫자를 쓰시오.

㉠ 6937240□1 ㉡ 6938□25□4
㉢ 9□8□5976 ㉣ 6□2873905

( )

21 혜미네 모둠 학생들의 100 m 달리기 기록을 조사하여 나타낸 표입니다. 은주는 혜미보다 2초 더 빨리 달렸습니다. 표를 막대그래프로 나타낼 때 세로 눈금 한 칸을 2초로 나타낸다면 동훈이의 달리기 기록은 세로 눈금 몇 칸으로 나타내어야 합니까?

학생별 100 m 달리기 기록

이름	유미	연식	은주	혜미	동훈	합계
기록(초)	18	16		20		94

( )칸

22 다음은 직사각형 모양의 종이를 접은 것입니다. 선분 ㄱㅂ과 선분 ㄷㄹ을 연장하여 만나는 점을 점 ㅅ이라고 할 때 각 ㅂㅅㄷ의 크기를 구하시오.

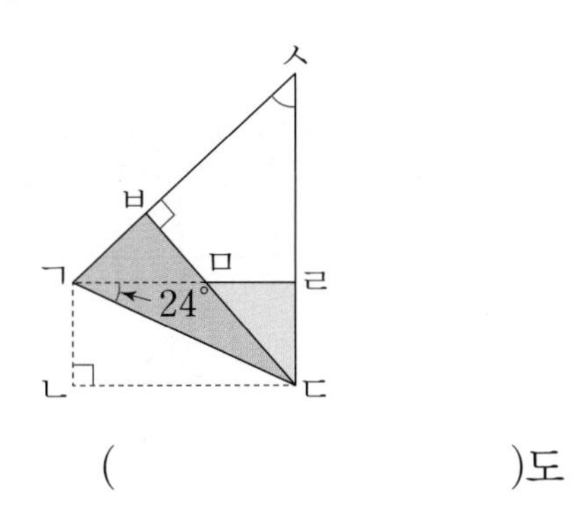

( )도

23 자두가 716개 있습니다. 자두를 한 상자에 28개씩 담고, 남은 자두는 바구니에 담았습니다. 다시 상자에 담은 자두를 모두 모아 한 봉지에 15개씩 담고, 남은 자두는 바구니에 담았습니다. 바구니에 담은 자두를 한 사람에게 2개씩 나누어 준다면 몇 명에게 나누어 줄 수 있습니까?

( )명

실전 모의고사

24 도형에서 각 ㄱㄴㅁ과 각 ㅁㄴㄷ의 크기가 같고, 각 ㄹㄷㅁ과 각 ㅁㄷㄴ의 크기가 같습니다. 각 ㄴㅁㄷ의 크기는 몇 도입니까?

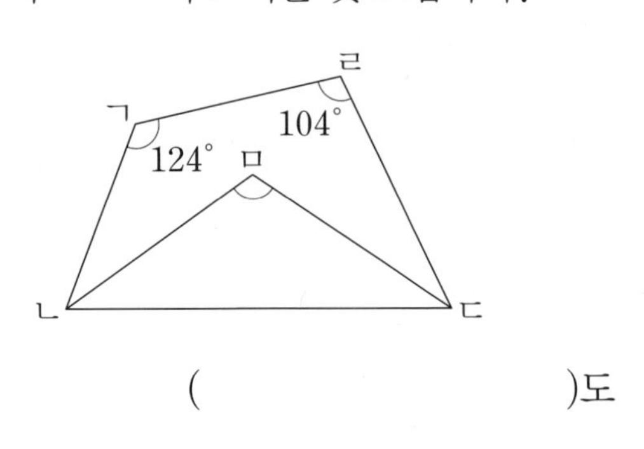

( )도

25 다음과 같은 수 카드가 한 장씩 있습니다. 이 수 카드 중 3장을 골라 한 번씩만 사용하여 만든 세 자리 수를 가라고 하고, 가를 종이에 붙여 시계 방향으로 180°만큼 돌려서 생기는 수를 나라고 합니다. 가와 나의 합이 가장 작을 때의 합을 구하시오.

( )

실전 모의고사 3회

점수

1 각도의 차를 구하시오.

$80° - 35°$

( )도

2 다음 나눗셈의 몫을 구하는 곱셈식으로 알맞은 것은 어느 것입니까? .... ( )

$32\overline{)261}$

① $32 \times 5 = 160$　② $32 \times 6 = 192$
③ $32 \times 7 = 224$　④ $32 \times 8 = 256$
⑤ $32 \times 9 = 288$

3 두 수의 곱에서 백의 자리 숫자를 구하시오.

978　35

( )

4 설명하는 수의 만의 자리 숫자를 쓰시오.

1만이 260개, 1이 7453개인 수

( )

5 주어진 도형을 오른쪽으로 뒤집었을 때의 도형은 어느 것입니까? .... ( )

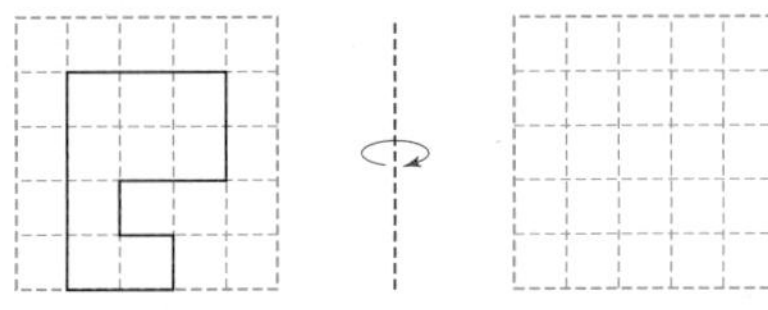

① 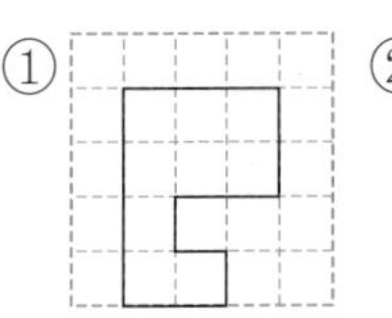 ② 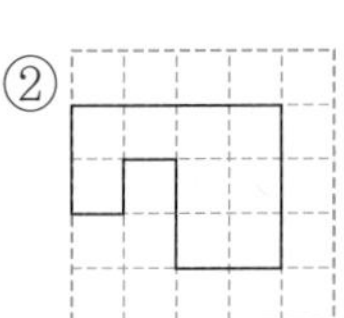 ③ 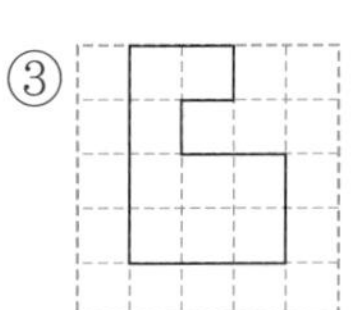

④ ⑤ 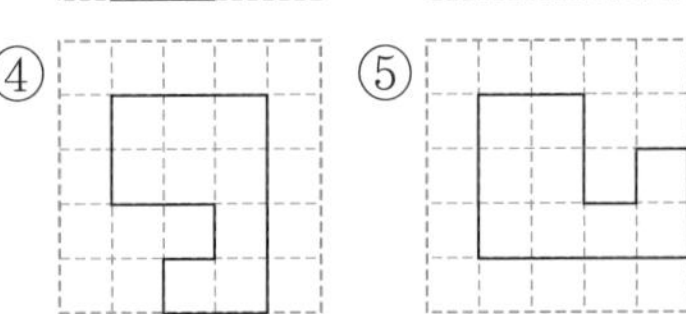

6 어떤 수를 29로 나누었을 때 나머지가 될 수 없는 수는 어느 것입니까? ·········· (　　　)

① 19　② 27　③ 1
④ 32　⑤ 20

7 도형에서 ㉠의 각도를 구하시오.

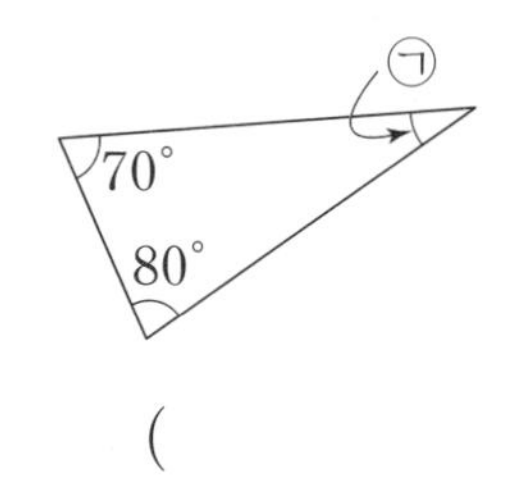

(　　　　　　　)도

8 ㉠에 알맞은 수를 구하시오.

10배　10배　10배

300만 → [　] → [　] → ㉠억

(　　　　　　　)

9 2024년 멕시코의 인구는 일억 삼천팔십육만 천칠 명입니다. 멕시코의 인구를 계산기로 입력하려면 0을 모두 몇 번 눌러야 합니까?

▲ 멕시코의 국기

(　　　　　　　)번

10 왼쪽 도형을 한 번 돌렸더니 오른쪽 도형이 되었습니다. 어떻게 돌렸는지 ?에 알맞은 것은 어느 것입니까? ····················· (　　　)

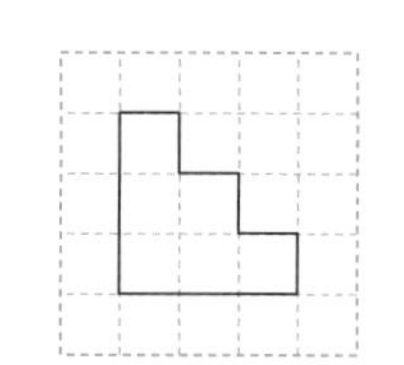

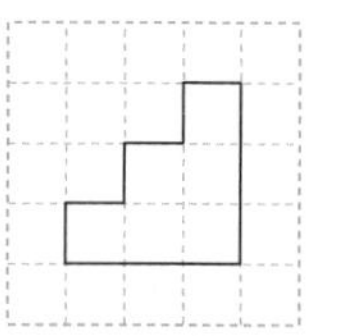

①　② 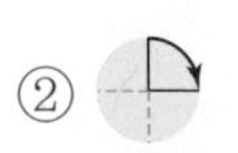　③
④ 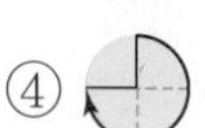　⑤ 

11 그림에서 ㉠의 각도를 구하시오.

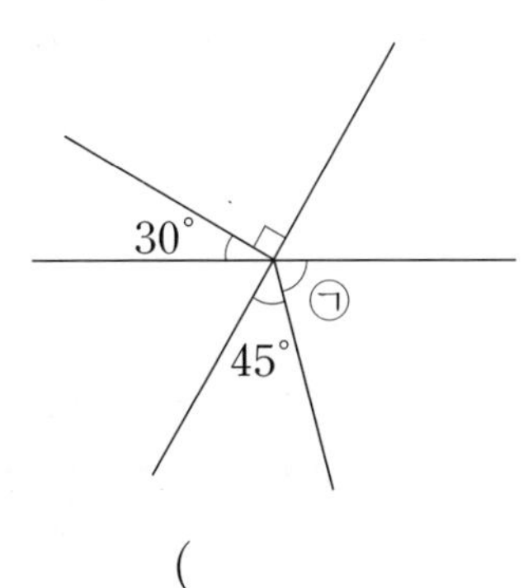

( )도

12 희정이네 학교 4학년 학생들이 반별로 모은 책 수를 조사하여 나타낸 막대그래프입니다. 모은 책 수가 가장 많은 반과 두 번째로 적은 반의 책 수의 차는 몇 권입니까?

반별 모은 책 수

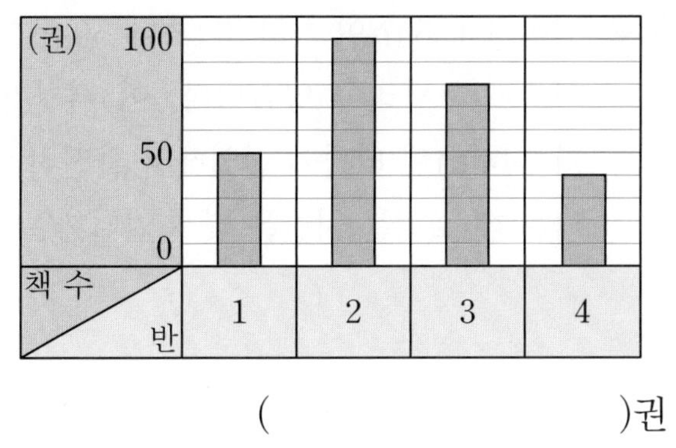

( )권

13 다음 나눗셈은 나누어떨어집니다. ㉠과 ㉡에 알맞은 수의 합을 구하시오.

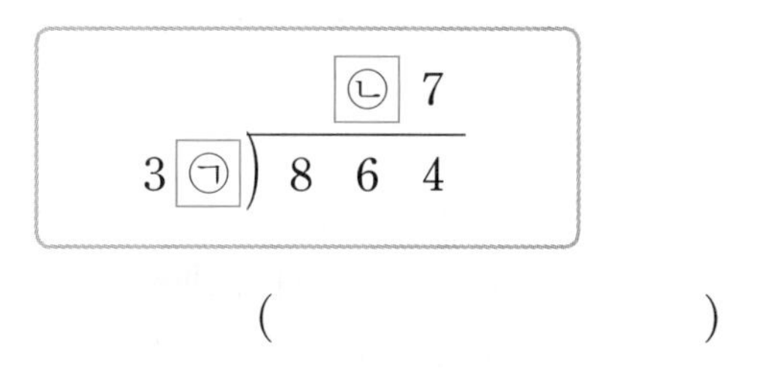

( )

14 나눗셈의 몫의 크기를 비교하려고 합니다. □ 안에 들어갈 수 있는 가장 작은 두 자리 수를 구하시오.

$455 \div 35 > 671 \div \square$

( )

15 지영이는 전체가 192쪽인 동화책을 하루에 20쪽씩 읽으려고 합니다. 책을 모두 읽으려면 적어도 며칠이 걸리겠습니까?

( )일

16 수아가 체육대회 종목별로 한 팀당 필요한 인원수를 조사하여 나타낸 막대그래프입니다. 수아네 반에서 한 팀이 축구 경기에 나가고 두 팀이 배구 경기에 나갔다면 축구 경기와 배구 경기에 나간 학생은 모두 몇 명입니까? (단, 축구 경기와 배구 경기에 동시에 나간 학생은 없습니다.)

종목별 한 팀당 필요한 인원수

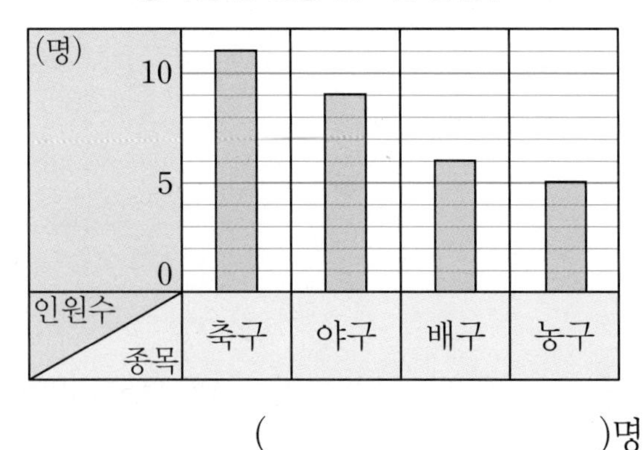

( )명

17 시계의 긴바늘과 짧은바늘이 이루는 작은 쪽의 각이 둔각인 시각은 어느 것입니까? .... ( )

① 2시 ② 9시
③ 7시 15분 ④ 4시 30분
⑤ 11시 45분

18 한글은 ㄱ, ㄴ, ㄷ, ...의 자음자와 ㅏ, ㅑ, ㅓ, ...의 모음자로 이루어져 있습니다. 다음 자음자 중에서 시계 방향으로 180°만큼 돌렸을 때의 모양이 처음 글자와 같은 것은 모두 몇 개입니까?

ㄱ ㄴ ㄷ ㄹ ㅁ ㅂ ㅅ
ㅇ ㅈ ㅊ ㅋ ㅌ ㅍ ㅎ

( )개

19 길이가 156 m인 기차가 1초에 50 m를 가는 빠르기로 달리고 있습니다. 이 기차가 길이가 744 m인 터널에 진입해서 완전히 빠져나가는 데 걸리는 시간은 몇 초입니까?

( )초

20 5장의 수 카드 [2], [3], [5], [7], [8]을 □ 안에 모두 한 번씩 써넣어 몫이 가장 크게 되는 나눗셈을 만들었습니다. 만든 나눗셈의 나머지를 구하시오.

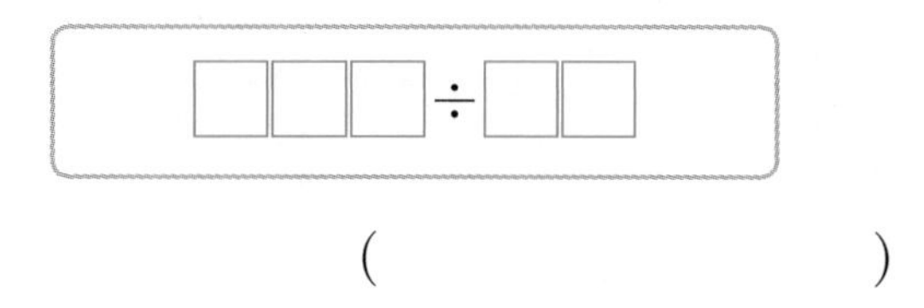

(　　　　　　　　)

21 민주네 학교 4학년 반별 학생 수를 조사하여 나타낸 막대그래프입니다. 남학생 수의 합이 여학생 수의 합보다 6명 더 많다면 2반의 남학생은 몇 명입니까?

4학년 반별 학생 수

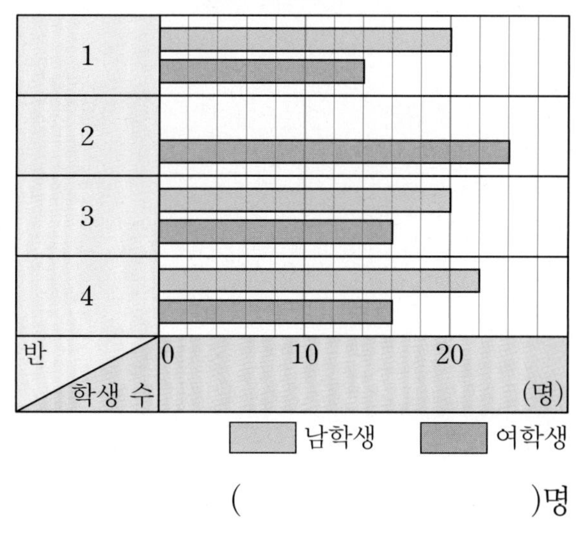

(　　　　　　　　)명

22 직사각형 모양의 색종이 2장을 그림과 같이 겹쳐 놓았습니다. ㉠의 각도를 구하시오.

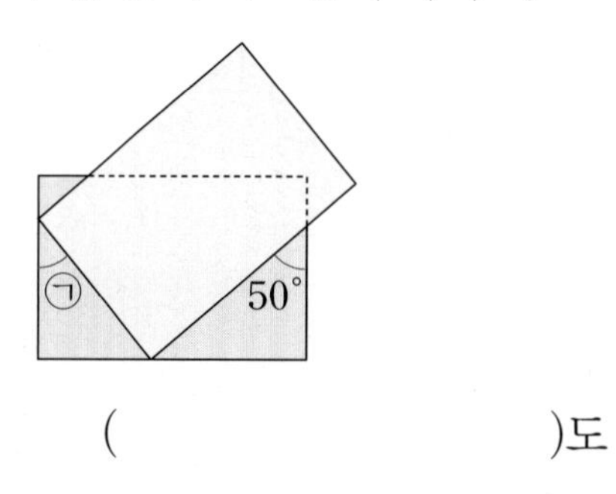

(　　　　　　　　)도

23 6장의 수 카드 중 3장을 골라 한 번씩만 사용하여 세 자리 수를 만들었습니다. 만든 수를 27로 나누었을 때 몫이 32이고 나머지가 생기는 세 자리 수는 모두 몇 개입니까?

(　　　　　　　　)개

24 변 ㄱㄴ과 변 ㄱㄷ의 길이가 같고 각 ㄱㄴㄷ과 각 ㄱㄷㄴ의 크기가 같은 삼각형 모양의 종이를 그림과 같이 2번 접었습니다. ㉠의 각도를 구하시오.

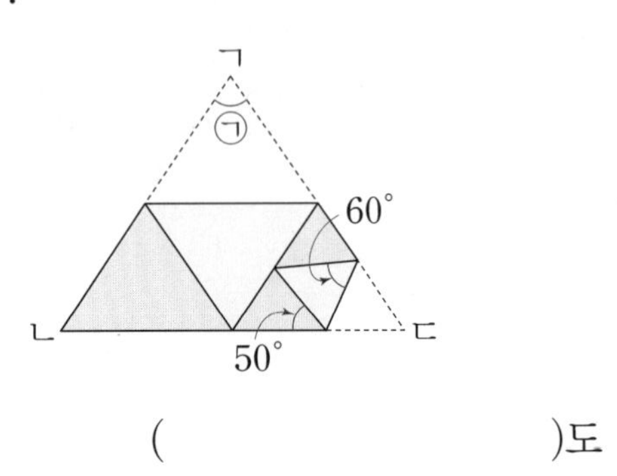

( )도

25 오른쪽 칸부터 일의 자리 숫자, 십의 자리 숫자, ... , 천억의 자리 숫자를 차례대로 써넣어 12자리 수를 만들려고 합니다. 서로 이웃한 세 숫자의 합이 항상 20일 때 천만의 자리 숫자를 구하시오.

7											5

( )

실전 모의고사 4회

점수

1 □ 안에 알맞은 수를 구하시오.

82073=80000+2000+□+3

(　　　　　)

2 □ 안에 알맞은 수를 구하시오.

400×□0=20000

(　　　　　)

3 다음 중 백만의 자리 숫자가 3인 수는 어느 것입니까? ·································· (　　　)

① 39287504　② 48371692
③ 103856926　④ 295437810
⑤ 241835074

4 367×40을 계산하려고 합니다. ㉡에 알맞은 숫자를 구하시오.

	3	6	7
×		4	0
㉠ ㉡	㉢	㉣	㉤

(　　　　　)

5 둔각은 모두 몇 개입니까?

180°	90°	75°	40°
125°	155°	85°	110°

(　　　　　)개

6 빈칸에 알맞은 수를 구하시오.

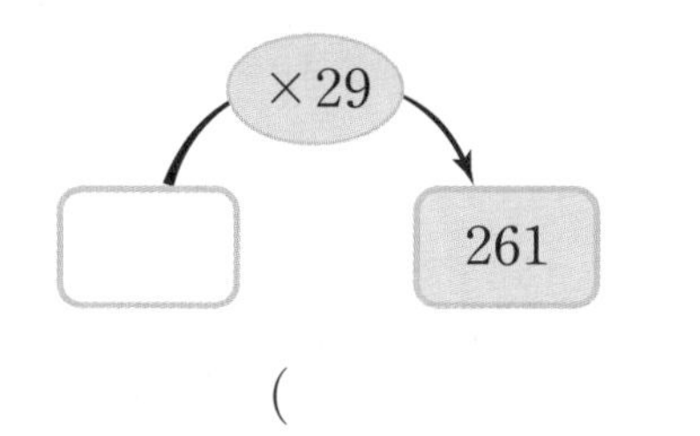

(　　　　　)

실전 모의고사

7 왼쪽 또는 오른쪽으로 뒤집었을 때의 도형이 처음 도형과 같은 것은 어느 것입니까?

.... (　　　　)

①　　②

③　　④

⑤

8 도형에서 ㉠과 ㉡의 각도의 합을 구하시오.

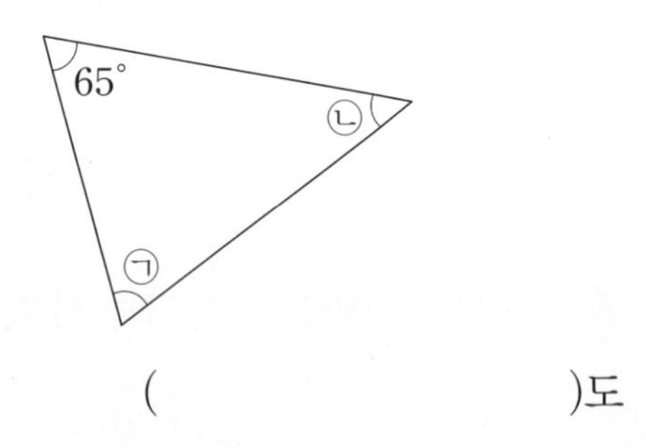

(　　　　　　　　)도

9 유진이네 반 학생들이 좋아하는 음식을 조사하여 나타낸 막대그래프입니다. 떡볶이를 좋아하는 학생은 김밥을 좋아하는 학생보다 몇 명 더 많습니까?

좋아하는 음식별 학생 수

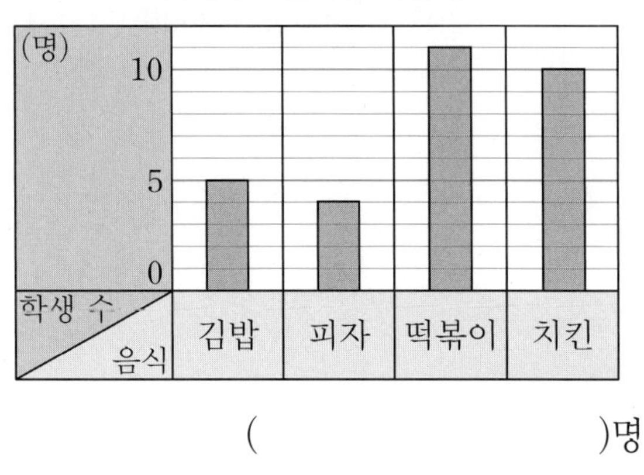

(　　　　　　　　)명

10 10000이 4개, 1000이 13개, 100이 7개, 10이 65개, 1이 29개인 수의 백의 자리 숫자를 구하시오.

(　　　　　　　　)

11 '내 코가 석 자'라는 속담에서 '석'은 3을 나타내며 석 자는 약 909 mm입니다. 윤영이네 집에 있는 장롱의 길이가 10자라면 장롱의 길이는 약 몇 cm입니까?

약 (　　　　　　　　) cm

12 양희네 학교의 남학생과 여학생이 태어난 계절을 조사하여 나타낸 막대그래프입니다. 남학생 수와 여학생 수의 차가 가장 큰 계절에는 몇 명 차이가 납니까?

태어난 계절별 학생 수

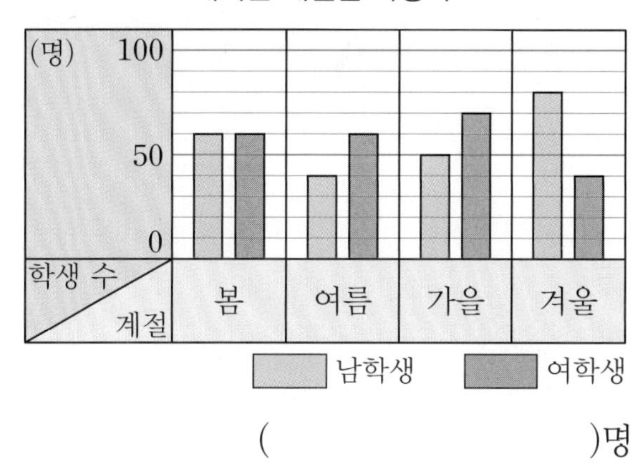

( )명

13 나눗셈식의 일부분이 찢어져 나머지가 보이지 않습니다. □ 안에 들어갈 수 있는 가장 큰 수는 얼마입니까?

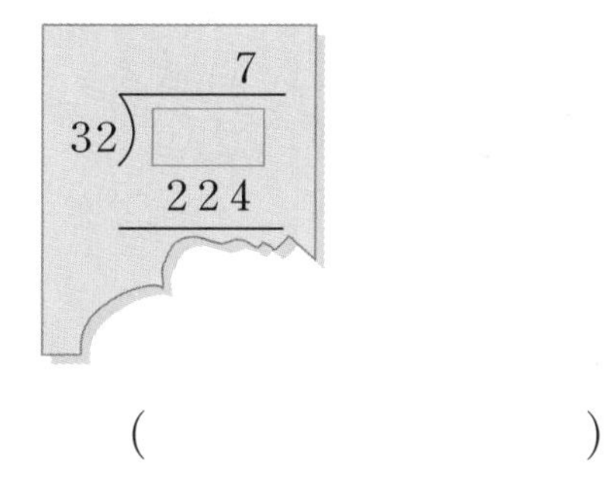

( )

14 어떤 수에서 400억씩 3번 뛰어 센 수가 5200억이었습니다. 어떤 수는 얼마입니까? ········· ( )

① 4000억 ② 4400억 ③ 4800억
④ 5600억 ⑤ 6000억

15 뒤집기를 이용하여 다음과 같은 무늬를 만들 수 있는 모양은 어느 것입니까? ···· ( )

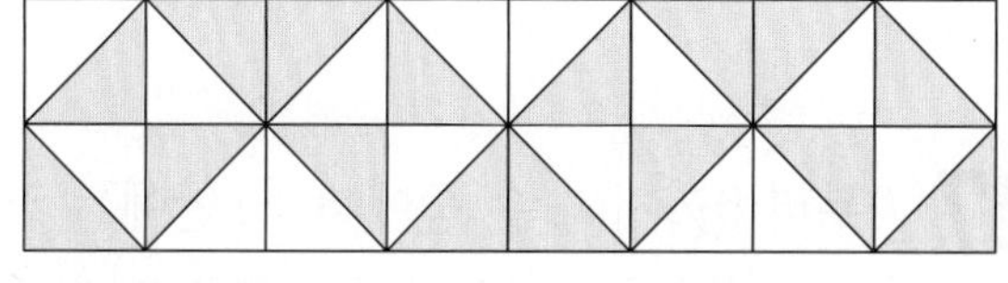

① 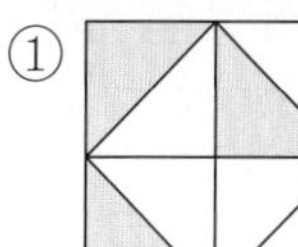
② 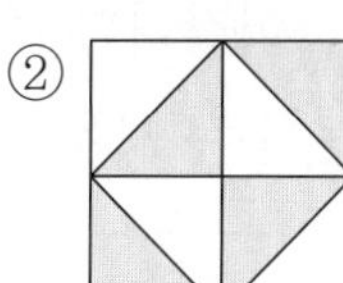
③ 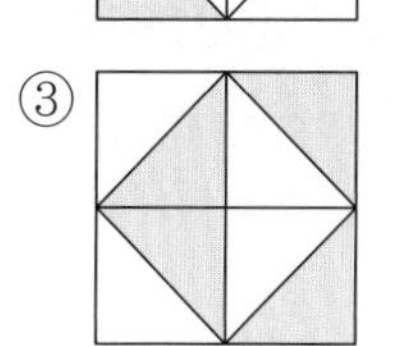
④ 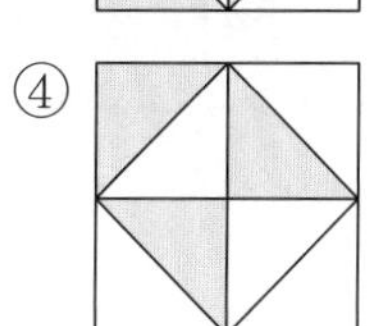
⑤ 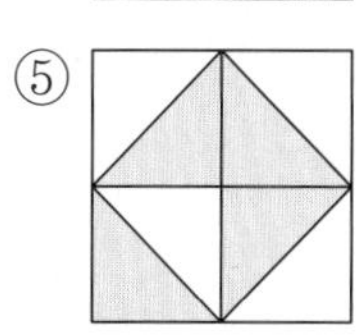

실전 모의고사

16 연필 1타는 12자루입니다. 연필 173자루를 한 타씩 포장하려고 합니다. 연필을 남김없이 모두 포장하려면 적어도 몇 자루가 더 필요합니까?

( )자루

17 0부터 9까지의 수 중에서 □ 안에는 같은 수가 들어갑니다. □ 안에 공통으로 들어갈 수 있는 수는 모두 몇 개입니까?

54□9381927 < 5□49278169

( )개

18 도형에서 각 ㄱㄷㄴ의 크기를 구하시오.

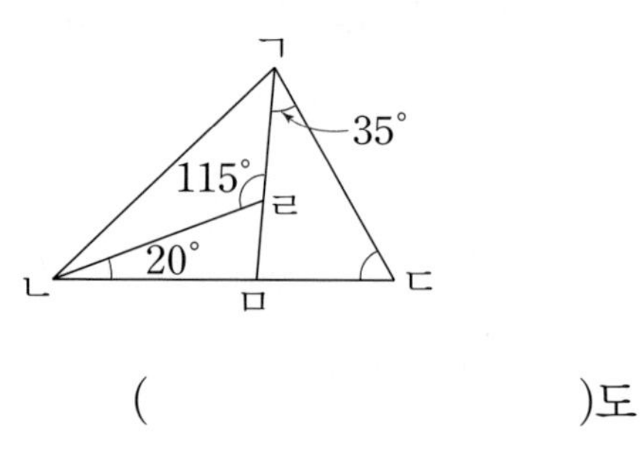

( )도

19 도형에서 각 ㄱㄴㄷ의 크기를 구하시오.

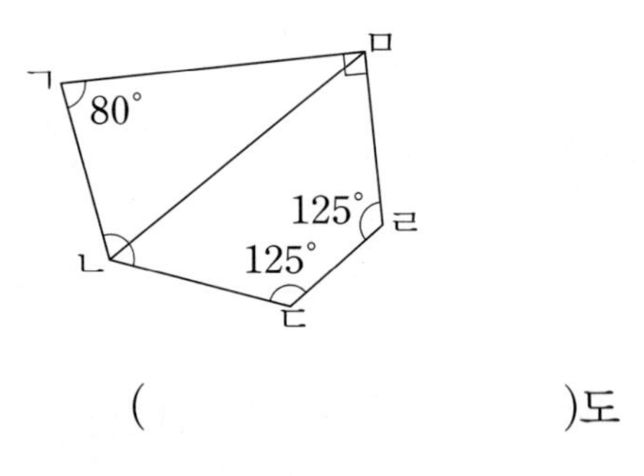

( )도

20 나눗셈의 몫이 17일 때 0부터 9까지의 수 중에서 □ 안에 들어갈 수 있는 모든 수의 합을 구하시오.

4□2÷27

(　　　　　　　　)

21 정효의 저금통에는 100원짜리 동전 250개와 500원짜리 동전 100개가 들어 있습니다. 정효의 저금통에 들어 있는 돈은 1000원짜리 지폐 몇 장과 같습니까?

(　　　　　　　　)장

22 수연이가 오후에 공부를 시작한 시각과 끝낸 시각입니다. 수연이가 공부를 하는 동안 짧은바늘은 몇 도 움직였습니까?

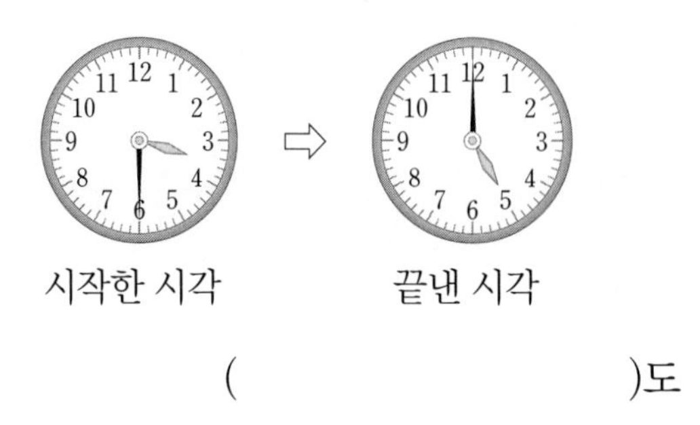

(　　　　　　　　)도

23 조건을 모두 만족하는 세 자리 수를 구하시오.

㉠ 각 자리 숫자의 합은 19입니다.
㉡ 40으로 나누면 나머지가 28입니다.
㉢ 백의 자리 숫자는 십의 자리 숫자보다 큽니다.

(　　　　　　　　)

실전 모의고사

24 두 팀이 배구를 하고 있습니다. A 선수가 상대편 지역으로 공을 보냈는데 상대편 팀 B 선수가 잘못 받아서 그림과 같이 공이 경기장 밖으로 나갔습니다. 배구 경기장이 직사각형일 때 ㉠의 각도는 몇 도입니까?

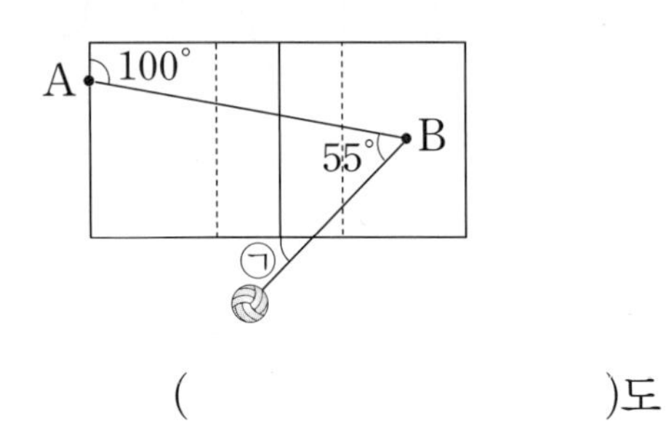

( )도

25 다음과 같이 수 카드가 한 장씩 있습니다. 이 수 카드 중 3장을 골라 한 번씩만 사용하여 만든 세 자리 수를 ㉠이라 하고, ㉠을 시계 방향으로 180°만큼 돌렸을 때 만들어지는 수를 ㉡이라고 합니다. ㉠과 ㉡의 차가 가장 작을 때의 차를 구하시오. (단, ㉠ > ㉡입니다.)

( )

실전 모의고사 5회

점수

1 다음 수에서 백만의 자리 숫자는 무엇입니까?

1728394650

(　　　　　　　　　　)

2 각 ㄱㅇㄴ의 크기를 구하시오.

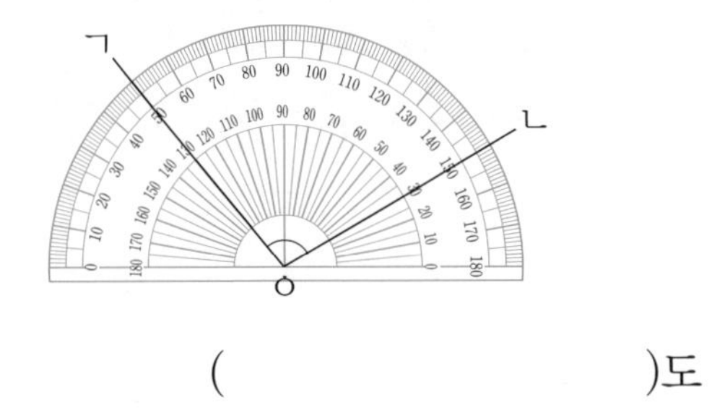

(　　　　　　　　　　)도

3 다음 두 수의 곱에서 0은 모두 몇 개입니까?

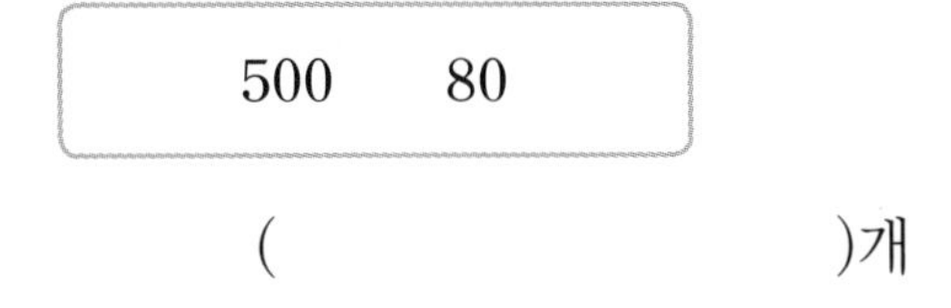

(　　　　　　　　　　)개

4 왼쪽 도형을 돌렸더니 오른쪽 도형이 되었습니다. 어떻게 돌렸는지 ?에 알맞은 것은 어느 것입니까? .... (　　　　)

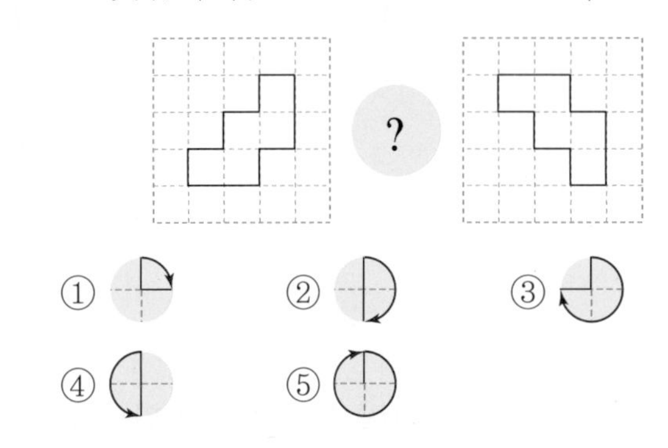

5 수현이네 반 학생들이 가장 좋아하는 동물을 조사하여 나타낸 막대그래프입니다. 수현이네 반 학생은 모두 몇 명인지 구하시오.

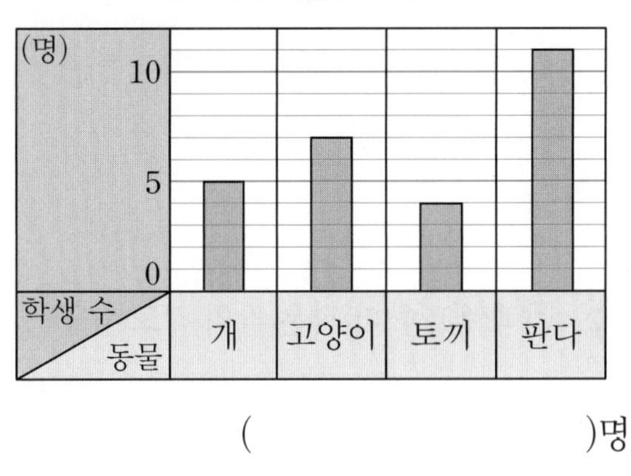

(　　　　　　　　　　)명

6 뛰어 세는 규칙을 찾아 ㉠에 알맞은 수는 몇 만인지 구하시오.

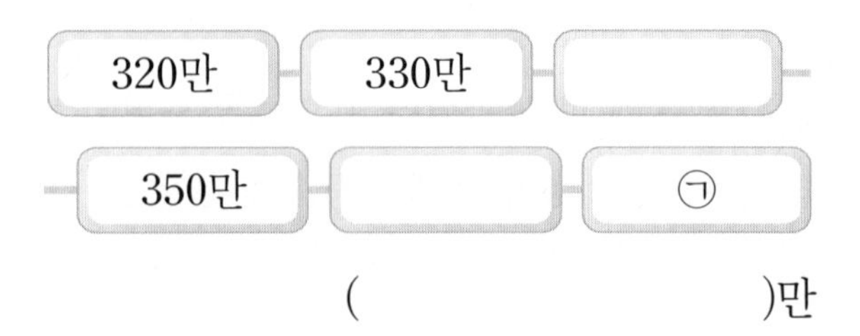

( )만

7 마을별 사과 생산량을 조사하여 나타낸 막대 그래프입니다. 라 마을의 사과 생산량은 나 마을의 사과 생산량의 몇 배입니까?

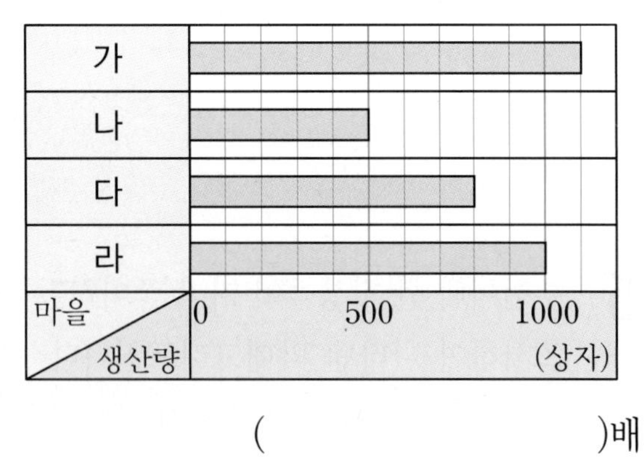

( )배

8 ㉠과 ㉡ 중 더 작은 각의 각도를 구하시오.

㉠ $75° + 85°$
㉡ $190° - 23°$

( )도

9 선물 한 개를 포장하는 데 끈이 40 cm 필요합니다. 끈 594 cm로는 선물을 몇 개까지 포장할 수 있습니까?

( )개

10 다음 알파벳 중에서 왼쪽이나 오른쪽으로 뒤집었을 때의 모양이 처음 모양과 같은 것은 모두 몇 개입니까?

A B C D H L N O
P Q R S T V X Y

( )개

11 다음을 계산기로 입력하려면 0을 모두 몇 번 눌러야 합니까?

칠천십이억 오백삼만

( )번

12 다음은 어떤 식을 시계 반대 방향으로 180° 만큼 돌렸을 때의 모양입니다. 돌리기 전의 식을 계산한 값은 얼마입니까?

25×91

( )

13 도형에서 ㉠과 ㉡의 각도의 합을 구하시오.

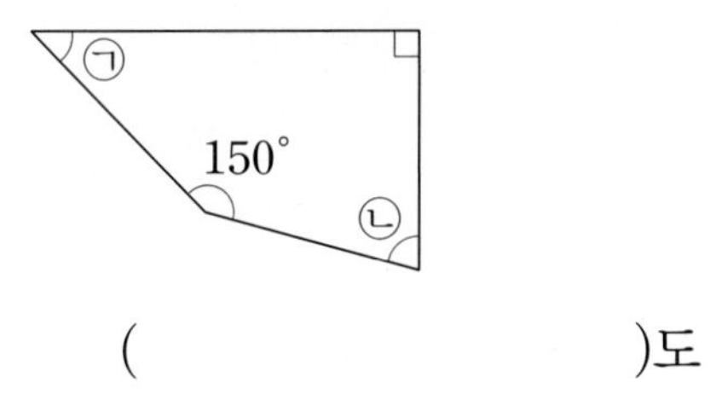

( )도

14 어떤 수를 29로 나누었더니 몫이 24이고 나머지가 있었습니다. 어떤 수 중에서 가장 큰 자연수를 구하시오.

( )

15 몫이 한 자리 수인 나눗셈은 모두 몇 개입니까?

$348 \div 25$	$513 \div 52$	$410 \div 40$
$237 \div 23$	$130 \div 36$	$374 \div 92$

( )개

16 운동장 한 바퀴는 240 m입니다. 지우가 매일 운동장을 한 바퀴씩 걸었다면 지우가 25일 동안 운동장을 걸은 거리는 모두 몇 km입니까?

(　　　　　　　　) km

17 시계가 4시를 가리키고 있습니다. 이때 시계의 긴바늘과 짧은바늘이 이루는 작은 쪽의 각도를 구하시오.

(　　　　　　　　)도

18 크기가 다음과 같은 각 여러 개를 각의 꼭짓점은 한 점에 모이고 각의 한 변은 맞닿도록 이어 붙여 둔각을 만들려고 합니다. 각을 적어도 몇 개 이어 붙여야 합니까?

19°

(　　　　　　　　)개

19 □ 안에 들어갈 수 있는 자연수 중에서 가장 큰 수를 구하시오.

$43 \times \square < 602$

(　　　　　　　　)

20 주연이와 친구들이 한 달 동안 읽은 책 수를 조사하여 나타낸 막대그래프입니다. 네 명이 읽은 전체 책 수는 58권이고, 도운이는 주연이보다 6권 더 많이 읽었습니다. 주연이가 한 달 동안 읽은 책은 몇 권입니까?

학생별 한 달 동안 읽은 책 수

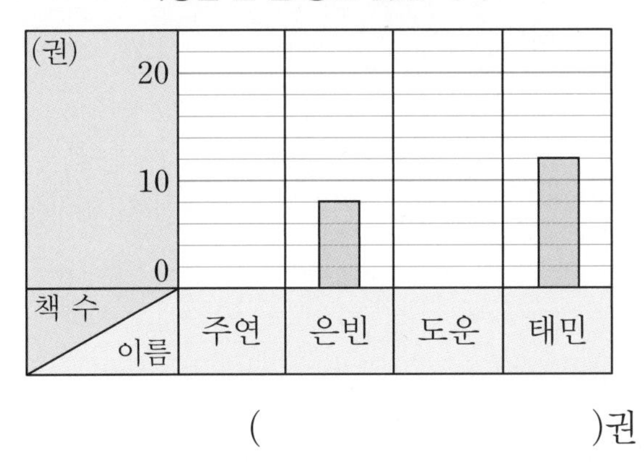

( )권

21 삼각형 ㄱㄴㄷ 안에 선분을 그어 삼각형과 사각형으로 나눈 것입니다. 각 ㄴㄱㄷ의 크기와 각 ㄷㅁㄹ의 크기가 같을 때 각 ㄱㄴㄷ의 크기를 구하시오.

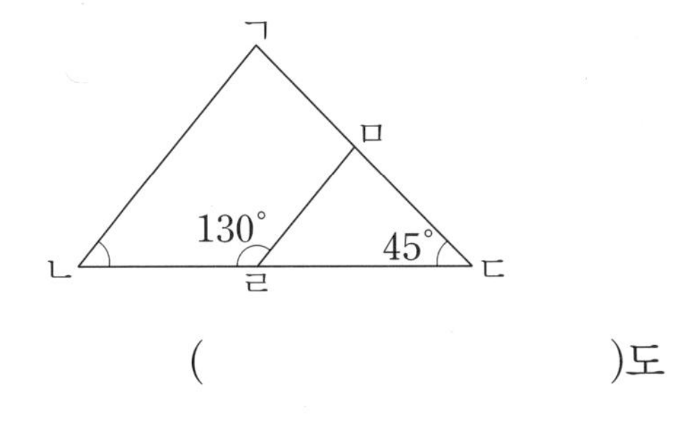

( )도

22 조건 을 모두 만족하는 수 중에서 가장 작은 수의 만의 자리 숫자를 구하시오.

조건
① 2부터 8까지의 수를 한 번씩만 사용하여 만든 7자리 수입니다.
② 백만의 자리 숫자는 백의 자리 숫자의 3배입니다.
③ 십의 자리 숫자는 3입니다.

( )

23 왼쪽 종이를 위쪽으로 7번 뒤집은 후 두 종이를 밀어서 꼭 맞게 겹쳐 놓았을 때 색칠된 칸의 점의 수는 모두 몇 개입니까?

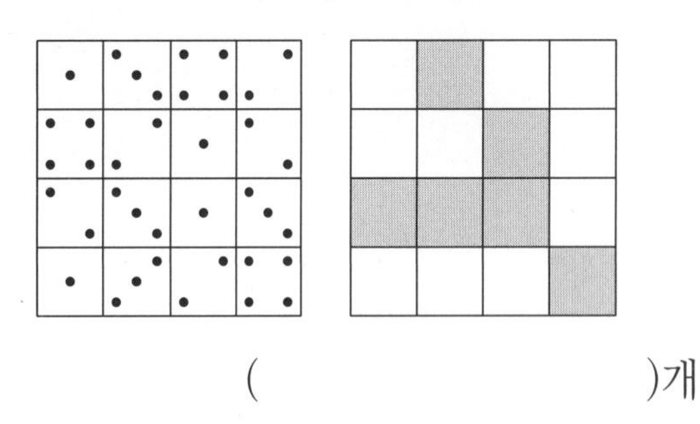

( )개

실전 모의고사

24 도형에서 ㉠, ㉡. ㉢의 각도의 합을 가라고 하고, ㉣, ㉤, ㉥의 각도의 합을 나라고 할 때, 가와 나의 각도의 차를 구하시오.

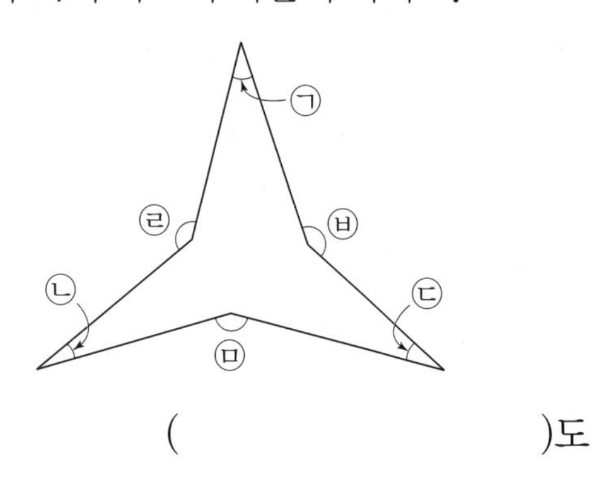

( )도

25 1부터 100까지의 수를 차례대로 써서 큰 수 12345678910111213…9596979899100을 만들었습니다. 이 수에서 50개의 숫자를 지워서 만들 수 있는 가장 작은 수를 ㉠이라 할 때 ㉠에는 숫자 0이 모두 몇 개 있습니까? (단, 0은 가장 높은 자리에 놓을 수 없습니다.)

( )개

최종 모의고사 1회

점수

교재 뒤에 부록으로 있는 OMR 카드와 같이 활용하여 실제 HME 시험에 대비하세요.

1 예각은 모두 몇 개입니까?

90°	20°	130°
76°	84°	180°

( )개

2 다음 수에서 백만의 자리 숫자는 무엇입니까?

754932175

( )

3 □ 안에 알맞은 수를 구하시오.

$700 \times 80 = \square 000$

( )

4 각 ㄱㅇㄴ의 크기를 구하시오.

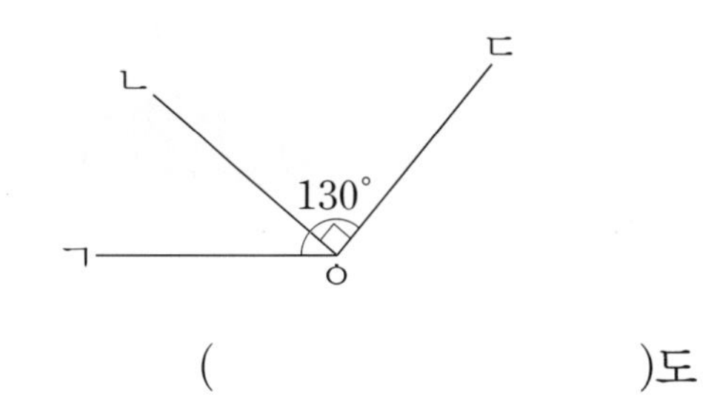

( )도

5 다음 도형을 왼쪽으로 뒤집었을 때의 도형은 어느 것입니까? ························ ( )

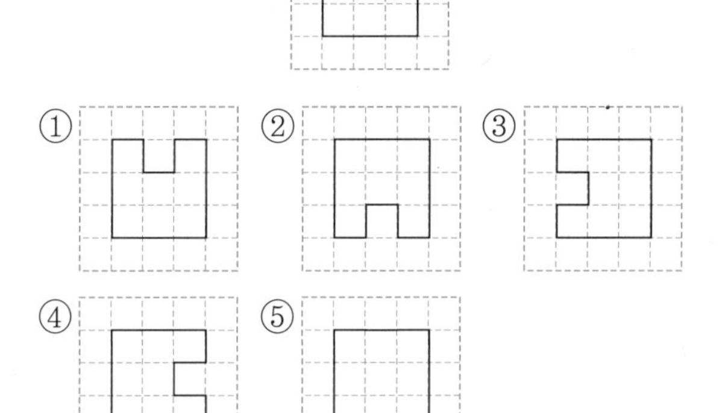

최종 모의고사

6 다음은 어린이 보호구역을 나타내는 교통 표지판입니다. 표시된 세 각의 크기의 합은 몇 도입니까?

(　　　　　　)도

7 도형에서 ㉠과 ㉡의 각도의 합을 구하시오.

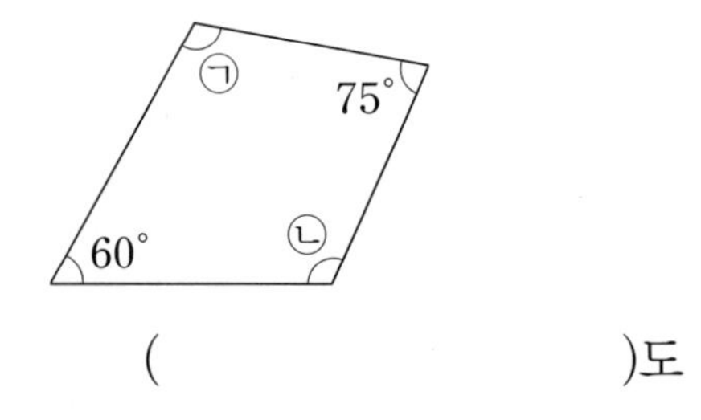

(　　　　　　)도

8 몫이 두 자리 수인 나눗셈은 어느 것입니까? ········· (　　　)

① $512 \div 63$　② $485 \div 79$
③ $374 \div 13$　④ $796 \div 82$
⑤ $408 \div 65$

9 왼쪽 도형을 한 번 돌렸더니 오른쪽 도형이 되었습니다. 어떻게 돌렸는지 ?에 알맞은 것은 어느 것입니까? ········· (　　　)

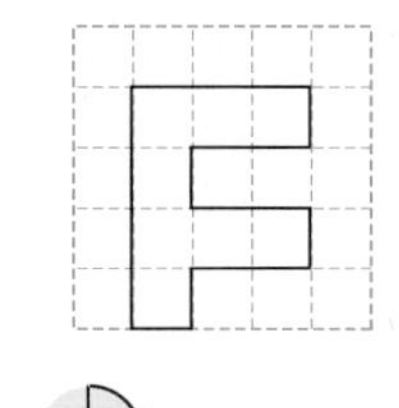

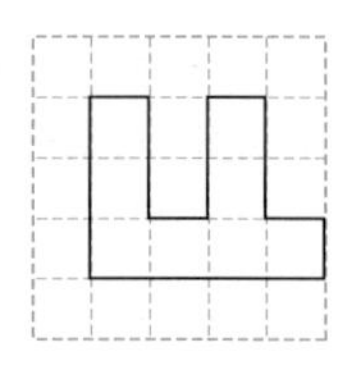

① ② ③ ④ ⑤

10 ㉠과 ㉡의 각도의 합을 구하시오.

㉠ $150° - 75°$
㉡ $40° + 30°$

(　　　　　　)도

11 주영이네 모둠 학생들의 줄넘기 기록을 조사하여 나타낸 막대그래프입니다. 줄넘기를 가장 많이 한 학생과 두 번째로 많이 한 학생의 줄넘기 기록의 차는 몇 회입니까?

학생별 줄넘기 기록

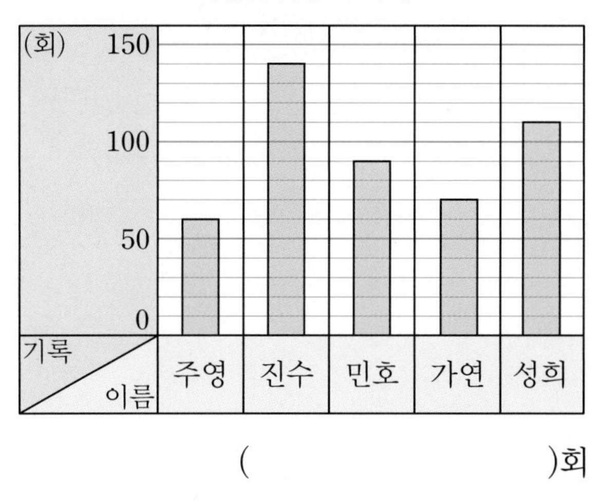

( )회

12 오른쪽으로 뒤집었을 때 처음과 같은 숫자가 되는 것은 모두 몇 개인지 쓰시오.

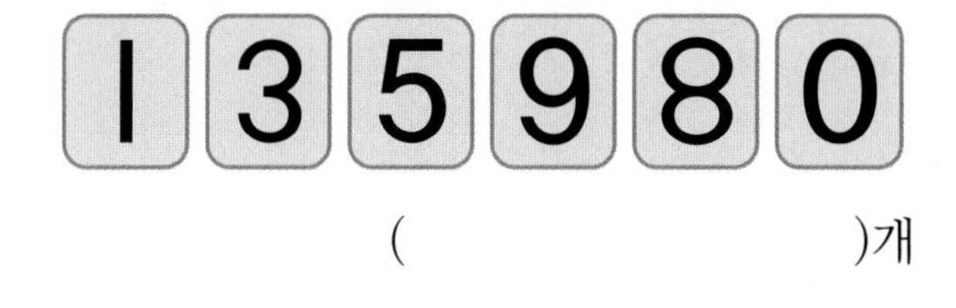

( )개

13 길이가 923 m인 자전거 도로를 건설하려고 합니다. 매일 50 m씩 건설한다면 마지막 날에 건설해야 하는 자전거 도로의 길이는 몇 m입니까?

( )m

14 7700만에서 2000만씩 몇 번 뛰어 세었더니 1억 5700만이 되었습니다. 몇 번 뛰어 센 것입니까?

( )번

15 도형에서 표시된 각의 크기의 합은 몇 도인지 구하시오.

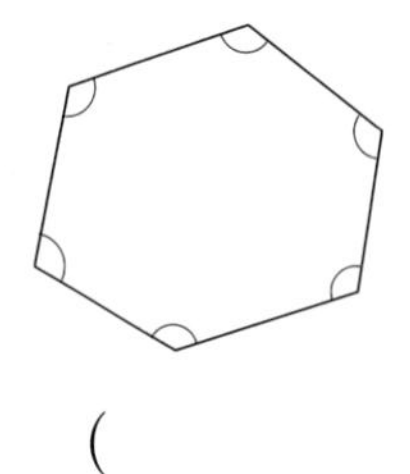

( )도

최종 모의고사

16 4장의 수 카드를 두 번씩 사용하여 백만의 자리 숫자가 3인 8자리 수를 만들려고 합니다. 만들 수 있는 가장 큰 수의 천의 자리 숫자를 쓰시오.

3　5　6　7

(　　　　　　　　)

17 민수의 저금통에는 100원짜리 동전 600개와 50원짜리 동전 280개가 들어 있습니다. 민수의 저금통에 들어 있는 동전을 은행에서 10000원짜리 지폐로 바꾸면 몇 장까지 바꿀 수 있습니까?

(　　　　　　　　)장

18 2개의 세 자리 수를 각각 시계 방향으로 180° 만큼 돌렸을 때 나오는 수의 차를 구하시오.

805　258

(　　　　　　　　)

19 0부터 9까지의 수 중에서 ㉠에 들어갈 수 있는 모든 수들의 곱을 구하시오.

9㉠9÷38=25…♥

(　　　　　　　　)

20 다음 수 카드에 적힌 수에서 어떤 수를 빼어야 할 것을 잘못하여 수 카드를 시계 반대 방향으로 180°만큼 돌렸을 때 만들어지는 수에서 어떤 수를 뺐더니 896이 되었습니다. 바르게 계산한 값은 얼마입니까?

1181

(　　　　　　　　　)

21 1부터 9까지의 수 중에서 □ 안에는 같은 수가 들어갑니다. □ 안에 공통으로 들어갈 수 있는 수는 모두 몇 개입니까?

82□320291 > 823□55934

(　　　　　　　　　)개

22 다음은 주혁이네 마을 학생들이 낸 이웃돕기 성금을 조사하여 나타낸 막대그래프입니다. 이웃돕기 성금으로 모은 금액이 모두 100000원일 때 성금을 낸 학생은 모두 몇 명입니까?

이웃돕기 성금으로 낸 금액별 학생 수

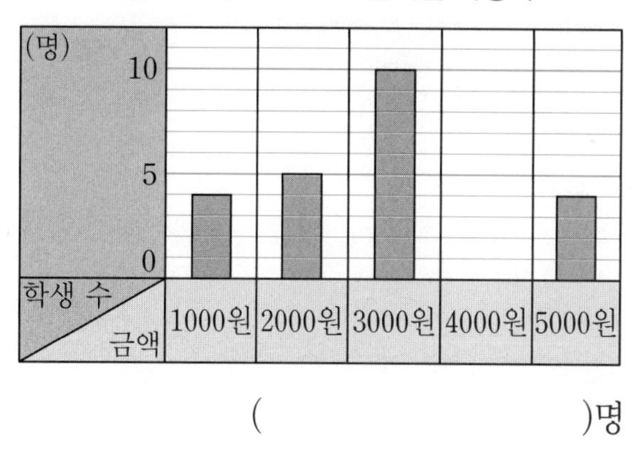

(　　　　　　　　　)명

23 다음 ‖조건‖을 모두 만족하는 가장 큰 수의 각 자리 숫자의 합을 구하시오.

‖조건‖
- 사백육십오만보다 작습니다.
- 46499의 100배보다 큽니다.
- 일의 자리 숫자는 십의 자리 숫자의 3배입니다.

(　　　　　　　　　)

24 270보다 크고 720보다 작은 수 중에서 45로 나누었을 때 몫과 나머지가 같은 수는 모두 몇 개입니까?

( )개

25 다음은 희진이네 반 학생 28명이 가장 좋아하는 채소를 조사하여 나타낸 막대그래프입니다. 주어진 조건 을 모두 만족하는 가지, 상추, 호박을 좋아하는 학생 수가 될 수 있는 경우는 모두 몇 가지입니까?

좋아하는 채소별 학생 수

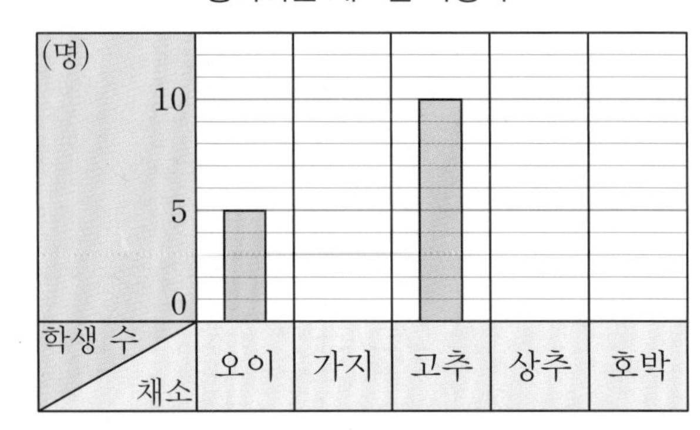

조건

㉠ 호박을 좋아하는 학생은 상추를 좋아하는 학생보다 많습니다.

㉡ 호박을 좋아하는 학생과 상추를 좋아하는 학생 수의 차는 3명보다 적습니다.

㉢ 가지를 좋아하는 학생은 오이를 좋아하는 학생보다 많습니다.

㉣ 고추를 좋아하는 학생은 가지를 좋아하는 학생보다 많습니다.

( )가지

최종 모의고사 2회

점수

교재 뒤에 부록으로 있는 OMR 카드와 같이 활용하여 실제 HME 시험에 대비하세요.

1 각도의 차를 구하시오.

$180° - 139°$

( )도

2 □ 안에 알맞은 수를 구하시오.

5000원짜리 지폐 □장은 50000원입니다.

( )

3 ㉠의 각도를 구하시오.

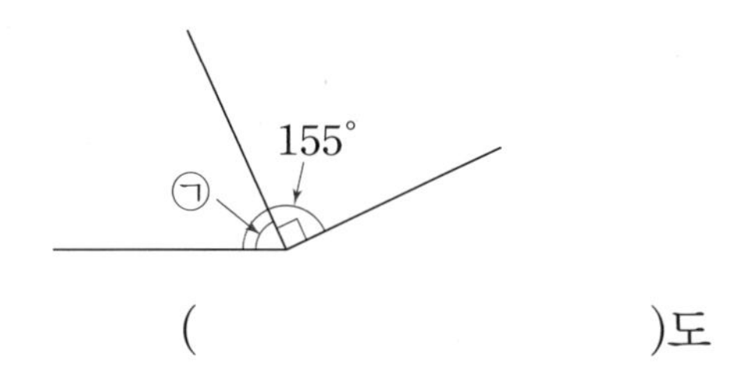

( )도

4 모양 조각을 왼쪽으로 뒤집었을 때 모양이 처음 모양과 같은 것은 어느 것입니까?

.... ( )

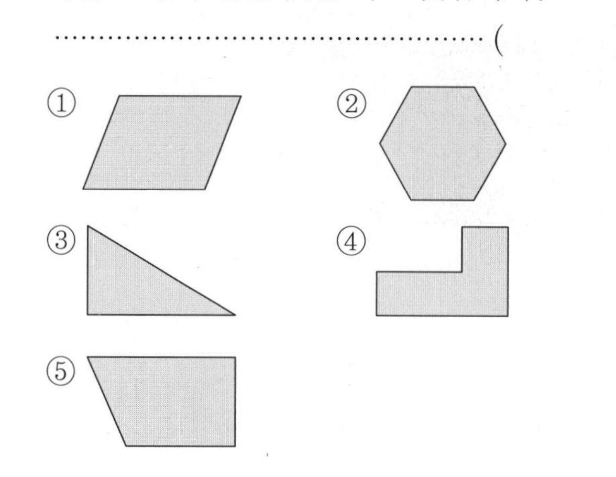

5 다음 수에서 ㉠이 나타내는 값은 ㉡이 나타내는 값의 몇 배입니까?

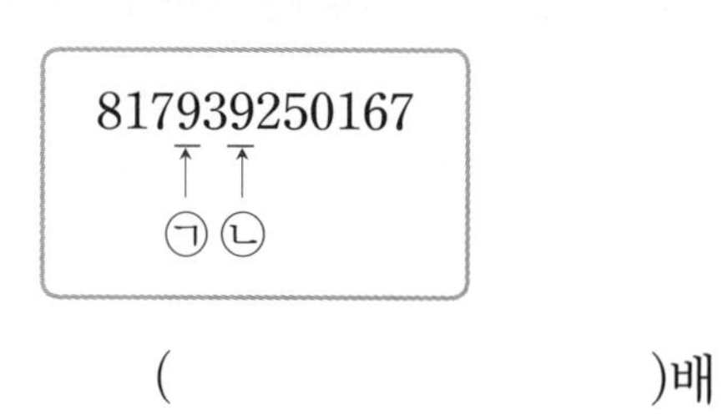

( )배

6 사각형에서 ㉠의 각도는 몇 도입니까?

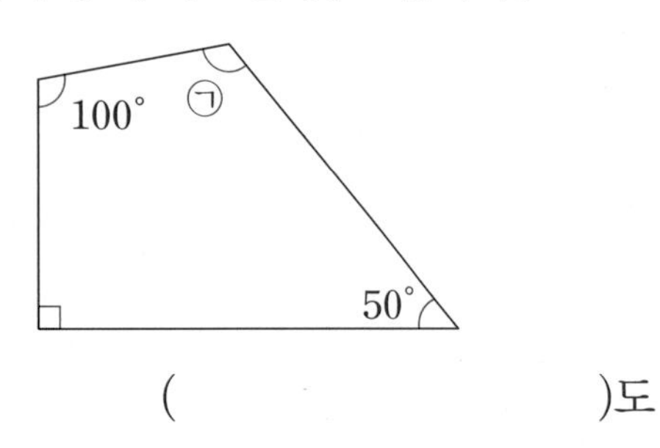

( )도

7 □ 안에 알맞은 수를 구하시오.

$\square \div 28 = 17 \cdots 13$

( )

8 다음은 주원이네 모둠 학생들의 컴퓨터 사용 시간을 조사하여 나타낸 막대그래프입니다. 주원이의 컴퓨터 사용 시간은 몇 분입니까?

학생별 컴퓨터 사용 시간

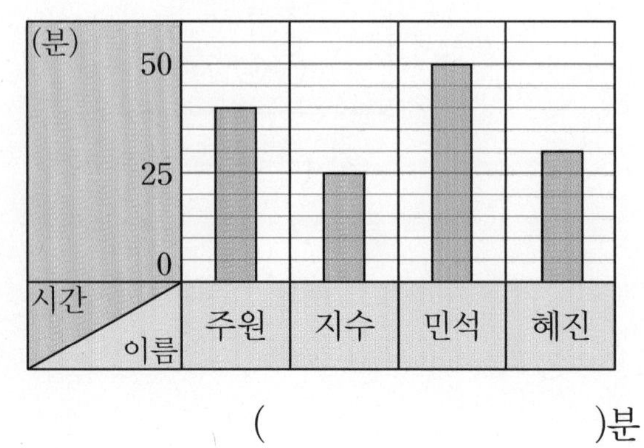

( )분

9 대화를 읽고 흰수염고래의 몸길이는 몇 m인지 구하시오.

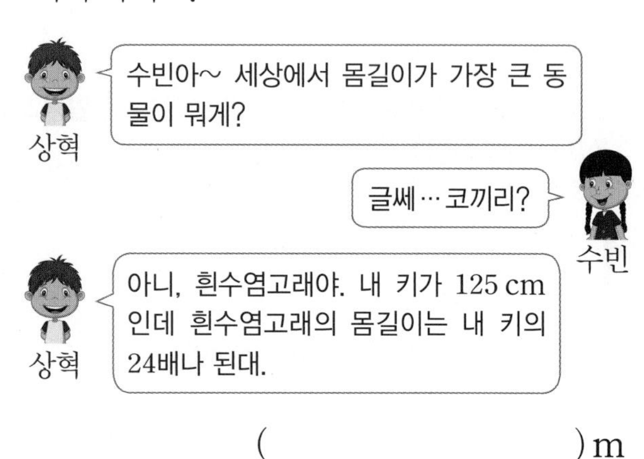

( )m

10 스페인의 부뇰에서는 매년 8월에 토마토 축제가 열립니다. 토마토를 서로에게 던지며 즐기는 축제로 많은 양의 토마토가 사용됩니다. 축제에 사용될 토마토가 트럭 한 대에 280상자씩 실려 있고 트럭은 73대 있었습니다. 이 중에서 20000상자를 사용하였다면 남은 토마토는 몇 상자입니까?

( )상자

11 □ 안에 들어갈 수 있는 자연수 중에서 가장 작은 수를 구하시오.

$600 \times \square 0 > 40000$

(　　　　　　　　)

12 반별 모은 빈 병의 수를 조사하여 나타낸 막대그래프입니다. 빈 병을 가장 많이 모은 반은 몇 반입니까?

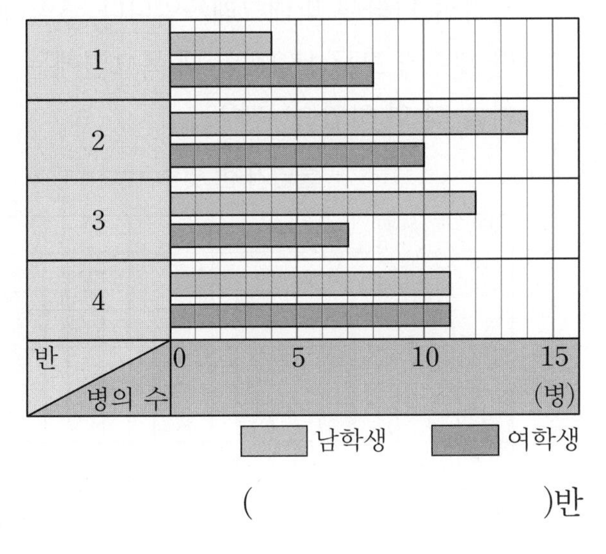

(　　　　　　　　)반

13 구슬이 594개 들어 있는 상자에서 구슬을 한 번에 17개씩 꺼내려고 합니다. 구슬을 모두 꺼내려면 몇 번 꺼내야 합니까?

(　　　　　　　　)번

14 어떤 수에서 30000씩 6번 뛰어 세었더니 5040702가 되었습니다. 어떤 수의 십만의 자리 숫자를 구하시오.

(　　　　　　　　)

15 민아는 50000원짜리 지폐 9장, 1000원짜리 지폐 13장, 100원짜리 동전 68개, 10원짜리 동전 20개를 저금하였습니다. 민아가 저금한 돈을 모두 10000원짜리 지폐로 바꾸면 몇 장까지 바꿀 수 있습니까?

(　　　　　　　　)장

최종 모의고사

16 어떤 수를 78로 나누어야 할 것을 잘못하여 87로 나누었더니 몫이 6이고, 나머지가 49였습니다. 바르게 계산했을 때의 몫과 나머지의 곱을 구하시오.

( )

17 4장의 수 카드 중 3장을 골라 한 번씩만 사용하여 두 번째로 작은 세 자리 수를 만들었습니다. 이 세 자리 수를 시계 방향으로 180° 만큼 돌렸을 때 만들어지는 수를 구하시오.

(단, 수 카드는 한 장씩 돌리지 않습니다.)

( )

18 직사각형 ㄱㄴㄷㄹ에서 각 ㅁㄴㄷ의 크기를 구하시오.

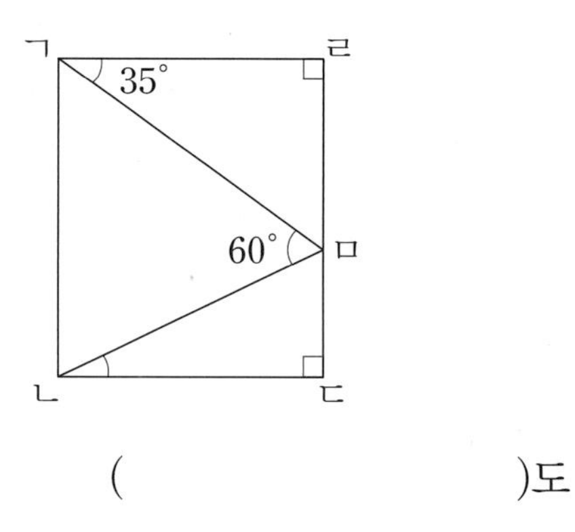

( )도

19 다음은 민석이가 매일 줄넘기 한 횟수를 조사하여 나타낸 막대그래프입니다. 5일 동안 한 횟수가 모두 152회일 때 목요일에는 줄넘기를 몇 회 하였습니까?

줄넘기 한 횟수

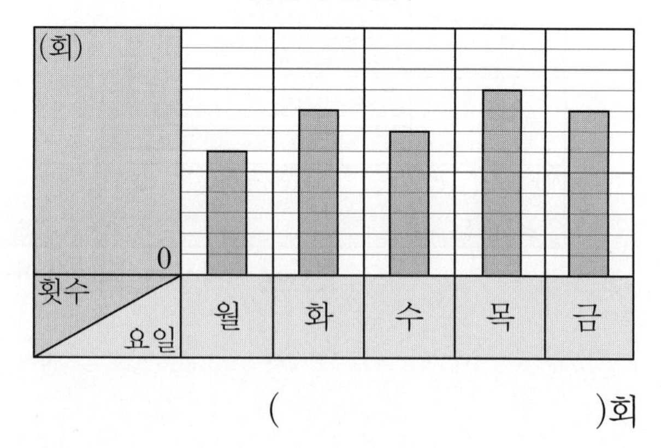

( )회

20 서로 다른 삼각자 2개를 다음과 같이 겹쳐 놓았습니다. 각 ㄷㅂㄹ의 크기를 구하시오.

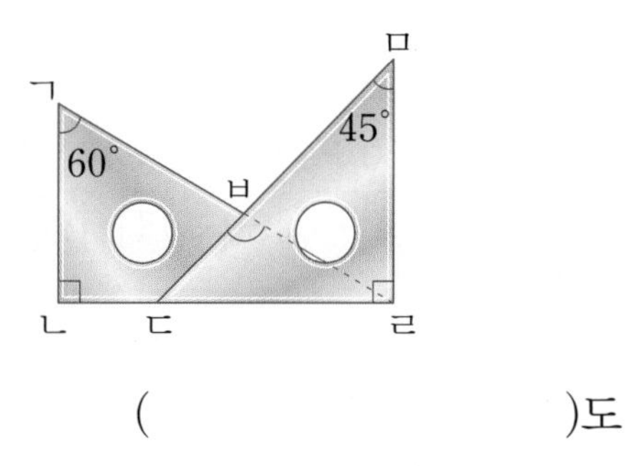

( )도

21 곱이 30000에 가장 가까운 수가 되도록 □ 안에 알맞은 두 자리 수를 구하시오.

758×□

( )

22 다음은 180°를 똑같이 6개의 각으로 나눈 것입니다. 찾을 수 있는 크고 작은 둔각은 모두 몇 개입니까?

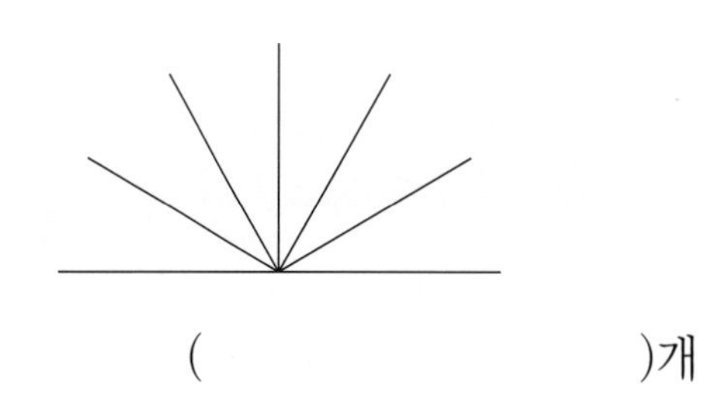

( )개

23 0부터 9까지의 수 중에서 서로 다른 수가 적힌 6장의 수 카드가 있습니다. 이 수 카드를 한 번씩만 사용하여 만들 수 있는 여섯 자리 수 중에서 가장 큰 수와 가장 작은 수의 합이 95만보다 크고 100만보다 작습니다. ㉠에 알맞은 수를 구하시오.

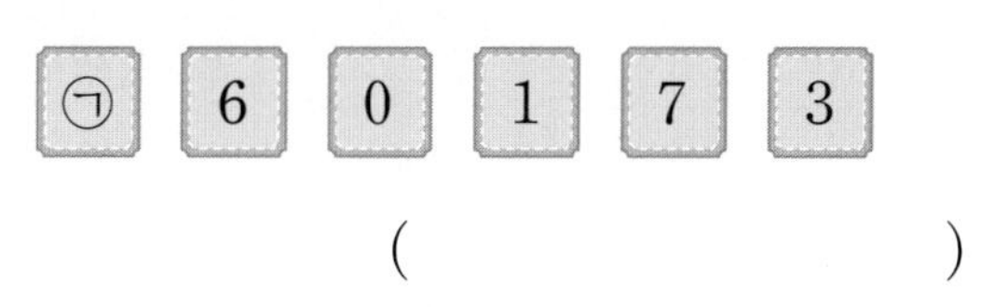

( )

최종 모의고사

24 혜성이는 색 테이프를 왼쪽 그림과 같은 각도로 접어서 오른쪽 모양을 만들었습니다. 각 ㄱㅁㄹ의 크기는 몇 도입니까?

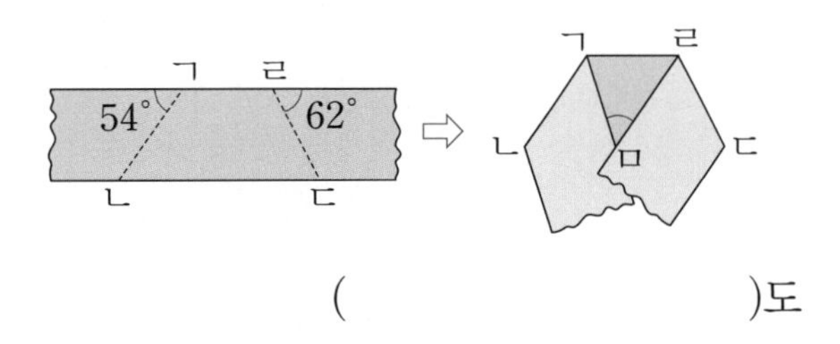

( )도

25 [●÷▲]는 ●÷▲의 몫입니다. 예를 들어 [19÷3]=6입니다. 다음과 같은 규칙으로 늘어놓을 때 늘어놓은 수들의 합을 구하시오.

[50÷11], [51÷11], [52÷11],
…, [89÷11], [90÷11]

( )

최종 모의고사 3회

점수

교재 뒤에 부록으로 있는 OMR 카드와 같이 활용하여 실제 HME 시험에 대비하세요.

1 계산을 하시오.

$870 \div 30$

(　　　　　　　)

2 예각은 모두 몇 개입니까?

102°	180°	89°	117°
61°	183°	270°	90°

(　　　　　　　)개

3 각 ㄴㄷㄹ의 크기를 구하시오.

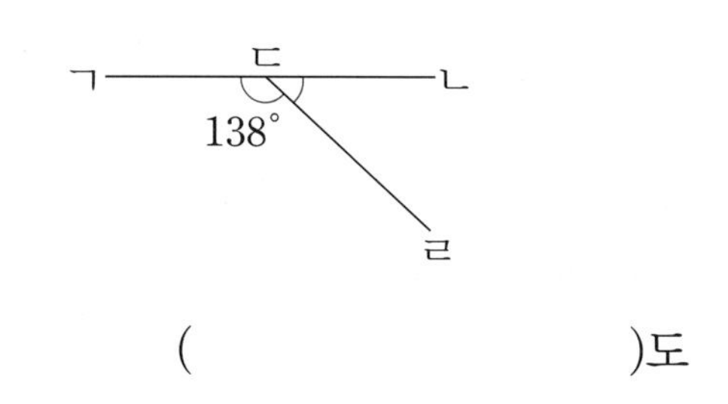

(　　　　　　　)도

4 다음 수를 아래쪽으로 뒤집었을 때 만들어지는 수를 구하시오.

(　　　　　　　)

5 나영이네 반 학생들이 좋아하는 악기를 조사하여 나타낸 막대그래프입니다. 나영이네 반 학생은 모두 몇 명인지 구하시오.

좋아하는 악기별 학생 수

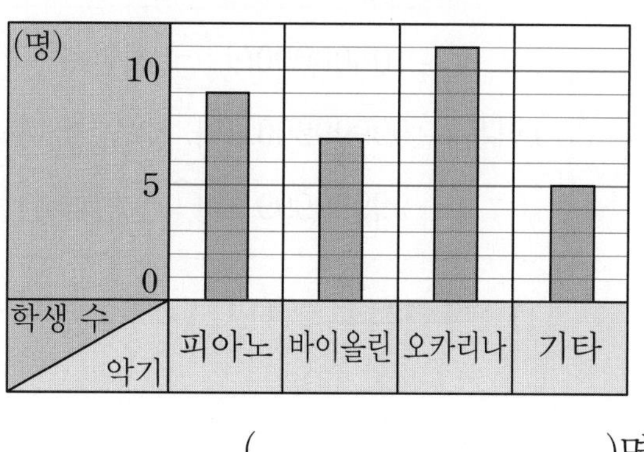

(　　　　　　　)명

최종 모의고사

6 신문 기사를 읽고 밑줄 친 수를 7자리 수로 나타낼 때 0은 모두 몇 개입니까?

천재일보

보령 머드 축제

보령 머드 축제는 1998년부터 시작되어 매년 참가자들이 증가하고 있다. 지난해에는 외국인 24만 명을 포함한 317만여 명의 관광객이 방문할 만큼 세계적인 축제로 성장하였다.

( )개

7 ㉠, ㉡, ㉢에 알맞은 수의 합을 구하시오.

1억은
- 10000000이 ㉠개인 수
- 99999900보다 ㉡만큼 더 큰 수
- 99999999보다 ㉢만큼 더 큰 수

( )

8 별 모양을 한 개 만드는 데 철사가 29 cm 필요합니다. 철사 4 m로는 별 모양을 몇 개까지 만들 수 있습니까?

( )개

9 가장 큰 수를 찾아 그 수의 만의 자리 숫자를 쓰시오.

㉠ 504721380000
㉡ 62억 4597만
㉢ 오천이백억 십사만

( )

10 어떤 수를 38로 나누었더니 몫이 14이고, 나머지가 19였습니다. 어떤 수는 얼마입니까?

( )

11 도형에서 ㉠과 ㉡의 각도의 합을 구하시오.

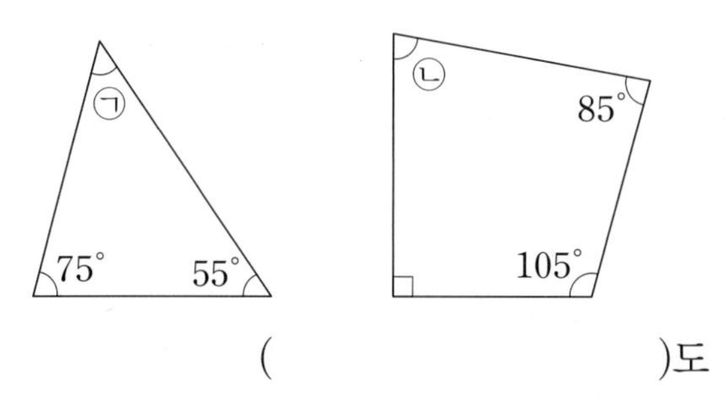

(　　　　　　　　)도

12 ㉠에 알맞은 수는 어느 것입니까? (　　　)

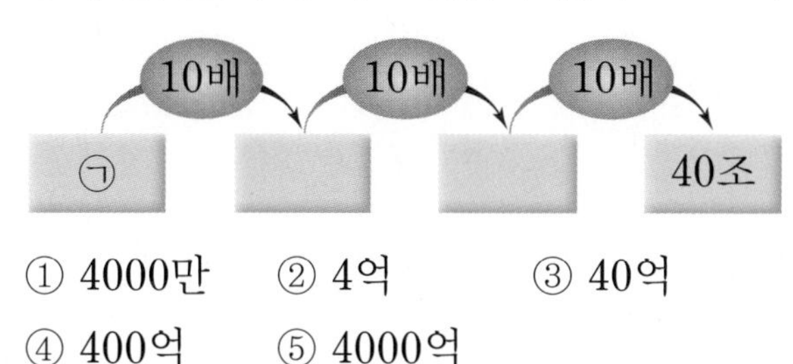

① 4000만　② 4억　③ 40억
④ 400억　⑤ 4000억

13 왼쪽 도형을 한 번 돌렸더니 오른쪽 도형이 되었습니다. 어떻게 돌렸는지 ?에 알맞은 것은 어느 것입니까? ······················ (　　　)

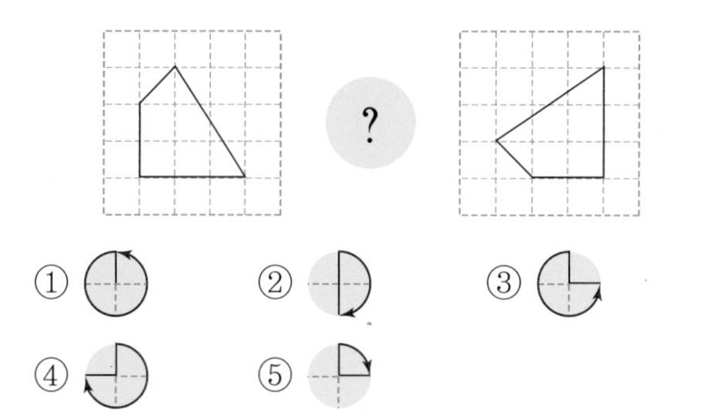

14 지난 한 달 동안 지영이네 학교 4학년의 반별 지각생 수를 조사하여 나타낸 막대그래프입니다. 지각한 남학생 수와 여학생 수의 차는 몇 명입니까?

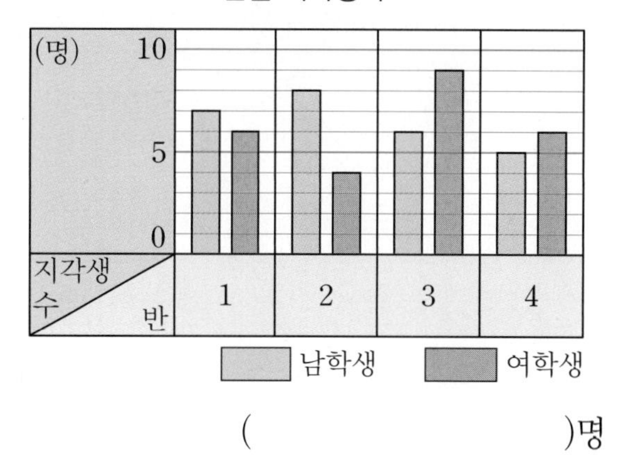

(　　　　　　　　)명

15 근은 옛날에 사용하던 무게의 단위로 고기나 한약재는 한 근에 600 g이고, 과일이나 채소는 한 근에 375 g입니다. 대화를 읽고 수정이 어머니께서 시장에서 사야 하는 돼지고기와 감자는 모두 몇 kg인지 구하시오.

(　　　　　　　　) kg

최종 모의고사

16 각 ㄴㄱㄷ의 크기는 65°입니다. 도형에 표시된 5개의 각의 크기의 합은 몇 도입니까?

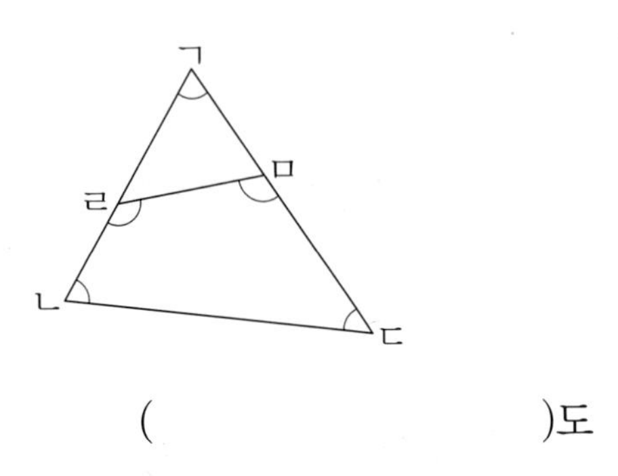

( )도

17 【조건】을 모두 만족하는 수 중에서 가장 큰 수의 천의 자리 숫자와 십의 자리 숫자의 합을 구하시오.

【조건】
① 3부터 8까지의 수를 한 번씩 사용하여 만든 여섯 자리 수입니다.
② 만의 자리 숫자는 일의 자리 숫자의 2배입니다.
③ 백의 자리 숫자는 4입니다.

( )

18 길이가 1 m 75 cm인 색 테이프 36개를 그림과 같이 25 cm, 50 cm씩 번갈아 가며 겹치게 이어 붙였습니다. 이어 붙인 색 테이프의 전체 길이는 몇 m입니까?

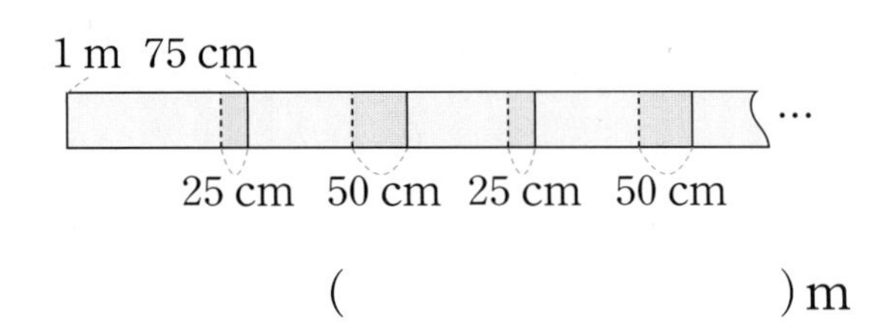

( ) m

19 그림과 같은 직사각형 모양의 종이를 오려서 한 변의 길이가 16 cm인 정사각형 모양을 만들려고 합니다. 정사각형 모양을 몇 개까지 만들 수 있습니까?

373 cm
277 cm

( )개

20 0부터 9까지의 수 중에서 ㉠과 ㉡에 들어갈 수 있는 수를 (㉠, ㉡)으로 나타내면 모두 몇 쌍입니까?

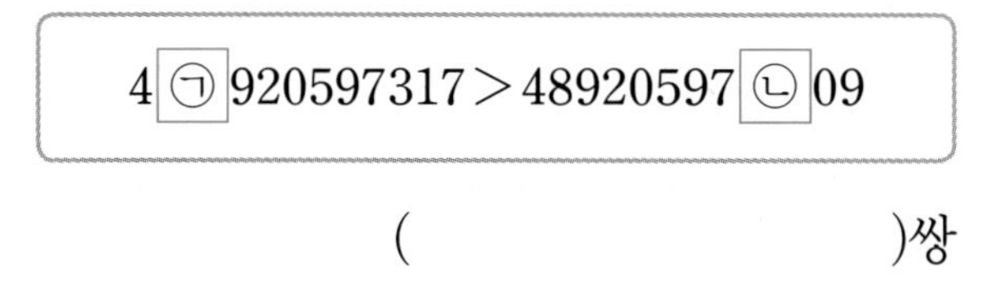
4㉠920597317 > 48920597㉡09

( )쌍

21 모양과 크기가 다른 직각삼각형 ㄱㅁㄷ과 직각삼각형 ㄹㄴㄷ을 그림과 같이 겹쳐 놓았습니다. 각 ㄱㅂㄹ의 크기를 구하시오.

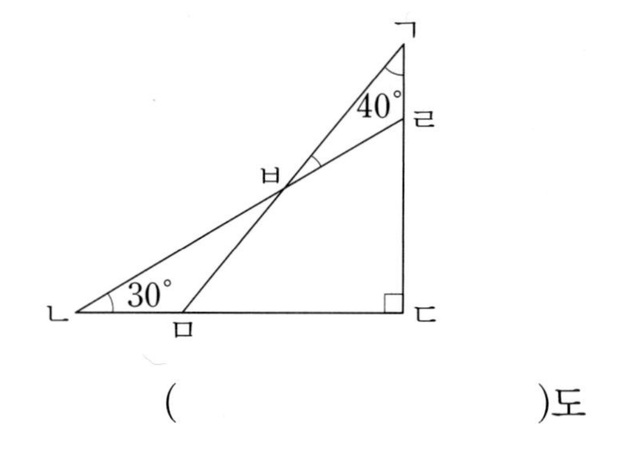

( )도

22 유미네 학교 4학년 반별 안경을 쓴 학생 수를 조사하여 나타낸 막대그래프입니다. 5개 반에서 안경을 쓴 학생이 모두 37명이고, 4반이 1반보다 5명 더 많습니다. 1반의 안경을 쓴 학생은 몇 명입니까?

반별 안경을 쓴 학생 수

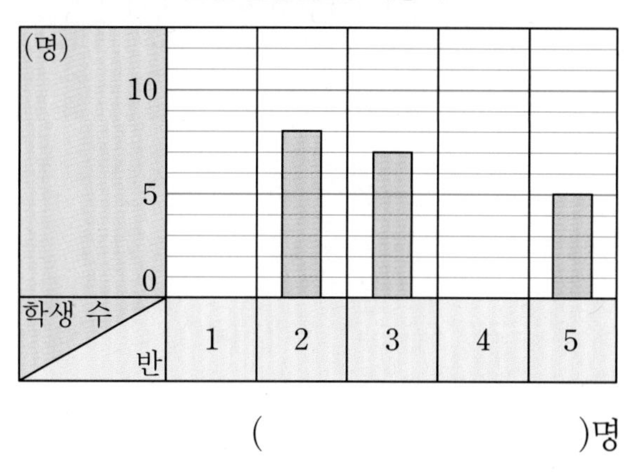

( )명

23 나눗셈식에서 같은 기호는 같은 숫자를 나타냅니다. ㉠+㉡=8일 때, ㉢+㉣+㉤을 구하시오.

```
        7
㉠㉡)㉢㉣㉤
     ㉢4㉡
     -----
       ㉢4
```

( )

24 0부터 9까지의 수 중에서 서로 다른 수가 적힌 7장의 수 카드를 한 번씩 사용하여 만들 수 있는 7자리 수 중에서 가장 큰 수와 가장 작은 수의 차는 6629643입니다. ㉠에 알맞은 수를 구하시오.

(　　　　　　　　)

25 왼쪽 종이를 오른쪽으로 3번 뒤집고 시계 방향으로 90°만큼 9번 돌린 후 두 종이를 밀어서 꼭 맞게 겹쳐 놓았을 때 색칠한 칸의 점의 수와 색칠하지 않은 칸의 점의 수의 차는 몇 개입니까?

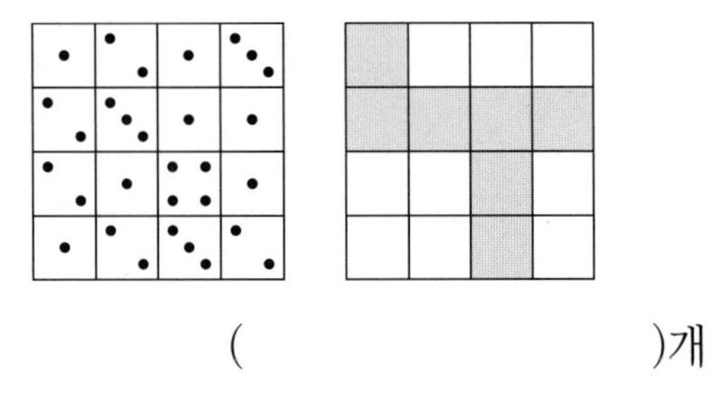

(　　　　　　　　)개

최종 모의고사 4회

점수

교재 뒤에 부록으로 있는 OMR 카드와 같이 활용하여 실제 HME 시험에 대비하세요.

1 다음 수에서 십조의 자리 숫자를 쓰시오.

7481683284965395

( )

2 □ 안에 알맞은 수를 구하시오.

$400 \times 80 = \square 000$

( )

3 시계의 긴바늘과 짧은바늘이 이루는 작은 쪽의 각의 크기가 가장 작은 것을 찾아 시각을 쓰시오.

( )시

4 오른쪽 도형을 아래쪽으로 뒤집었을 때의 도형은 어느 것입니까? ·················· ( )

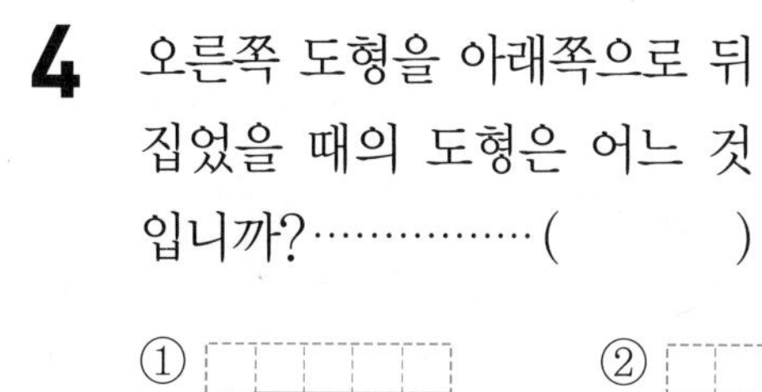

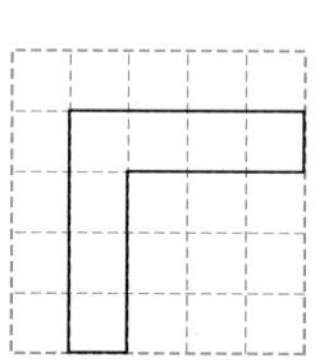

①
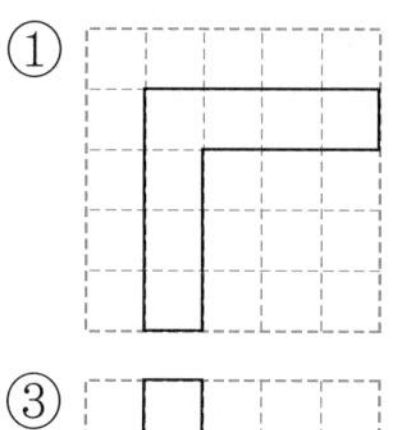

②
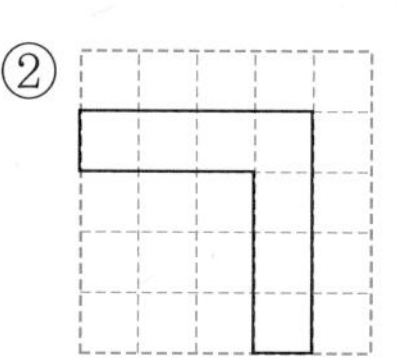

③
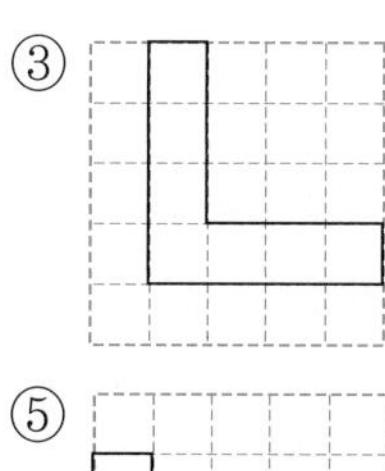

④
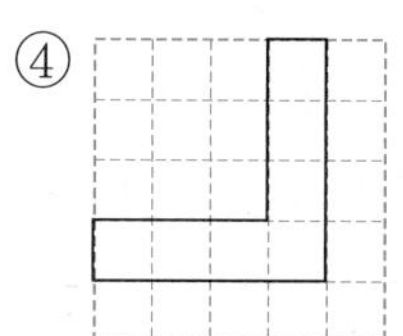

⑤
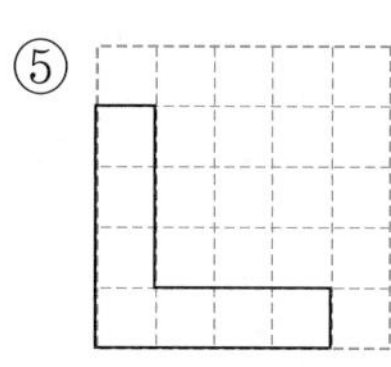

5 스테인드글라스는 여러 가지 색 유리로 창이나 천장을 화려하게 꾸민 장식입니다. 다음 스테인드글라스에 쓰인 유리 조각 중 사각형 ㉠의 네 각의 크기의 합은 몇 도입니까?

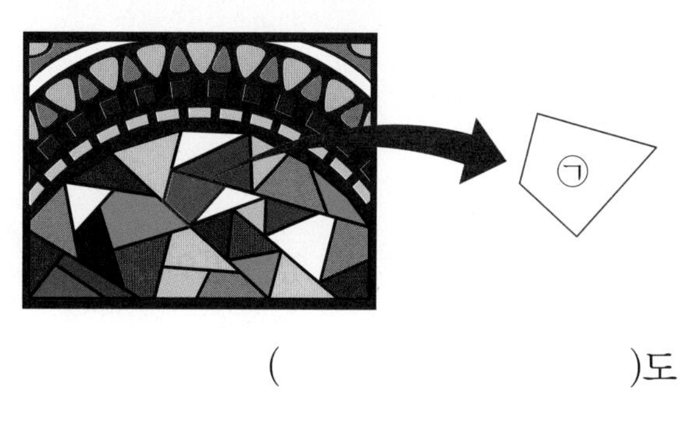

( )도

6 2024년 세계의 인구입니다. 세계의 인구를 10자리 수로 나타낼 때 0은 모두 몇 개입니다까?

팔십일억 육천이백만 명

( )개

7 다음은 영주네 반 학생들이 좋아하는 채소를 조사하여 나타낸 막대그래프입니다. 가장 많은 학생들이 좋아하는 채소는 무엇이며, 학생 수는 몇 명입니까? ……………… ( )

좋아하는 채소별 학생 수

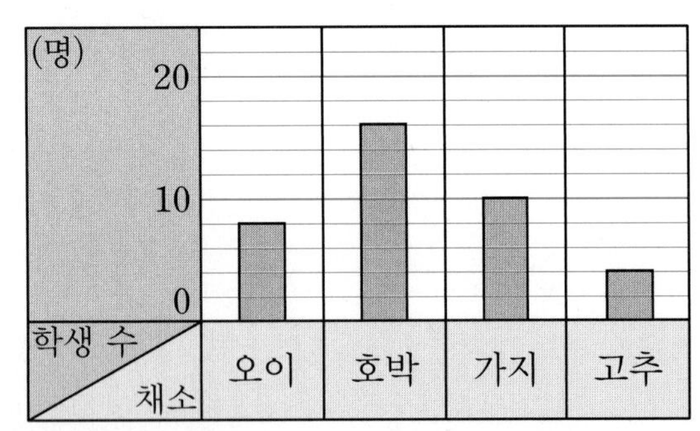

① 호박, 13명
② 가지, 13명
③ 호박, 16명
④ 가지, 16명
⑤ 호박, 8명

8 □ 안에 들어갈 수 있는 자연수는 모두 몇 개입니까?

49076<□<천이 49개, 10이 8개인 수

( )개

9 ▮규칙▮에 따라 ㉠에 알맞은 수는 몇 조입니까?

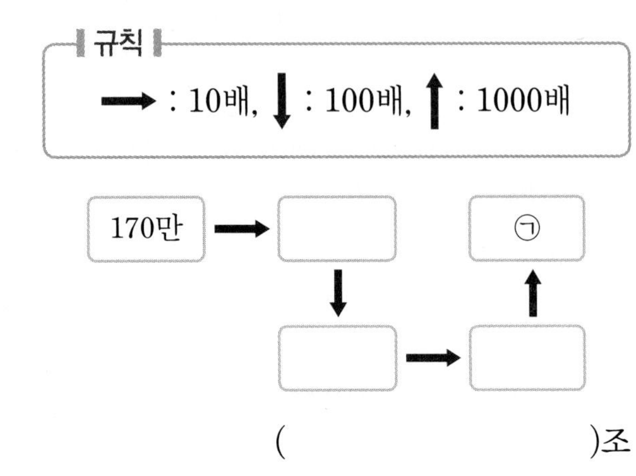

( )조

10 10000원짜리 지폐로 10억 원을 모으려고 합니다. 10000원짜리 지폐 1000장을 한 묶음으로 한다면 모두 몇 묶음을 모아야 합니까?

( )묶음

11 공원 산책로 한 바퀴는 375 m입니다. 은주가 16일 동안 매일 산책로를 한 바퀴씩 걸었다면 걸은 거리는 모두 몇 km입니까?

( ) km

12 도형에서 ㉠과 ㉡의 각도의 합을 구하시오.

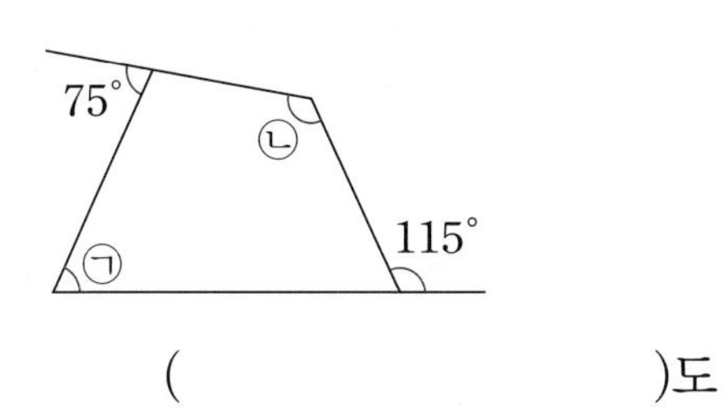

( )도

13 길이가 700 m인 도로의 양쪽에 35 m 간격으로 가로등을 세우려고 합니다. 도로의 처음과 끝에 반드시 가로등을 세운다면 가로등은 모두 몇 개 필요합니까? (단, 가로등의 두께는 생각하지 않습니다.)

( )개

14 대화를 읽고 윤희는 잎이 15장씩 붙어 있는 아카시아 줄기를 몇 개 땄는지 구하시오.

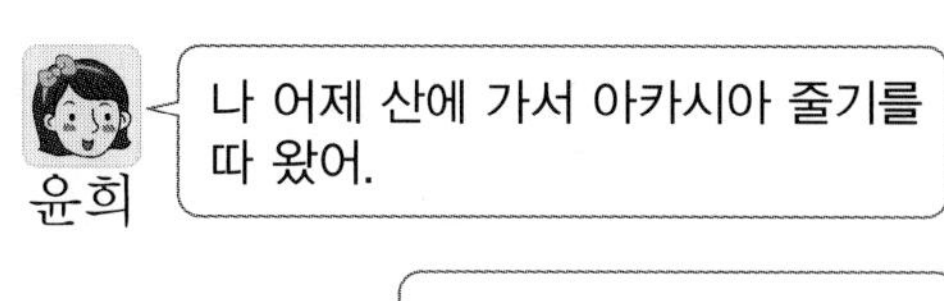

오~ 몇 개나 따 온 거야?

성민

윤희

잎이 13장씩 붙어 있는 줄기를 16개 따고, 잎이 15장씩 붙어 있는 줄기를 몇 개 땄더니 잎이 모두 463장이었어.

( )개

15 2개의 세 자리 수를 투명 종이에 쓴 것입니다. 여러 방향으로 한 번씩만 뒤집었을 때 만들어지는 수 중에서 가장 큰 수와 가장 작은 수의 차를 구하시오.

( )

최종 모의고사

16 나눗셈이 나누어떨어지게 하려고 합니다. 0부터 9까지의 수 중에서 □ 안에 들어갈 수 있는 모든 수들의 합을 구하시오.

5□5÷15

(　　　　　　　　　)

17 서로 다른 두 개의 삼각자를 그림과 같이 겹쳐 놓았습니다. ㉮와 ㉯의 각도의 차를 구하시오.

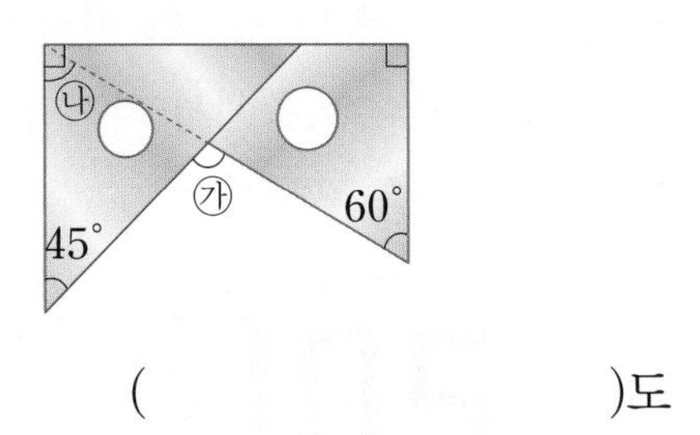

(　　　　　　　　　)도

18 지민이의 저금통에는 100원짜리 동전 70개와 500원짜리 동전 36개가 들어 있습니다. 지민이의 저금통에 들어 있는 동전을 은행에서 1000원짜리 지폐로 바꾸면 몇 장까지 바꿀 수 있습니까?

(　　　　　　　　　)장

19 5장의 수 카드를 한 번씩 모두 사용하여 몫이 가장 큰 (세 자리 수)÷(두 자리 수)를 만들었습니다. 이 나눗셈의 몫과 나머지의 합을 구하시오.

5　2　4　8　3

(　　　　　　　　　)

20 다음은 우현이와 친구들이 고리던지기를 하며 넣은 고리의 수를 조사하여 나타낸 막대그래프입니다. 연정이가 넣은 고리의 수가 12개일 때 가장 많은 고리를 넣은 친구의 고리 수는 몇 개입니까?

넣은 고리 수

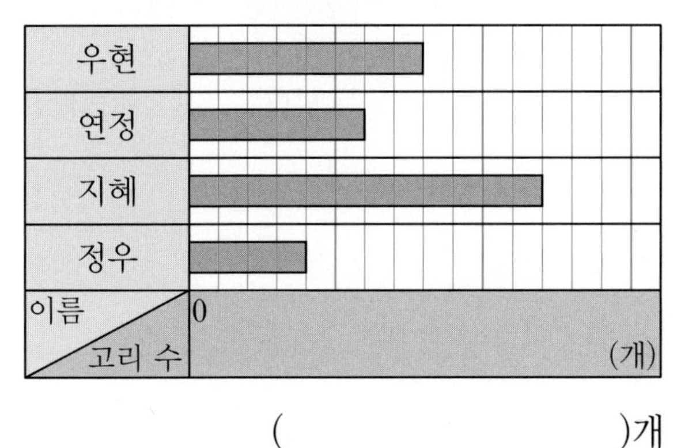

( )개

21 280보다 크고 805보다 작은 수 중에서 35로 나누었을 때 몫과 나머지가 같은 수는 모두 몇 개입니까?

( )개

22 다음을 모두 만족하는 여섯 자리 수 ㉠㉡㉢㉣㉤㉥ 중에서 가장 큰 수를 구하려고 합니다. 이때 세 자리 수 ㉣㉤㉥은 얼마입니까?

- 자리 숫자가 모두 다릅니다.
- ㉡+㉣+㉥=20입니다.

( )

23 직사각형 모양의 종이를 그림과 같이 접었습니다. ㉠과 ㉡의 각도의 합을 구하시오.

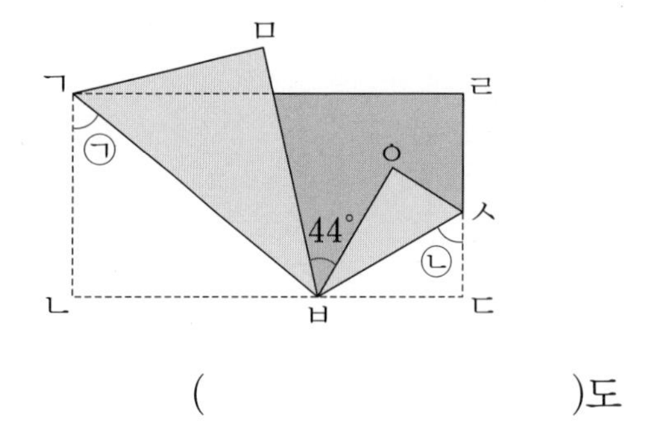

( )도

24 자리 숫자에 0이 없는 세 자리 수 ㉠과 자리 숫자에 0이 없는 두 자리 수 ㉡이 있습니다. ㉢은 자리 숫자에 0이 3개인 네 자리 수일 때 ㉠ × ㉡ = ㉢인 식은 모두 몇 개입니까?

( )개

25 작은 사각형은 모두 정사각형입니다. 다음 그림과 같은 규칙으로 그려 나갈 때 일곱 번째 그림에서 찾을 수 있는 크고 작은 예각은 모두 몇 개입니까?

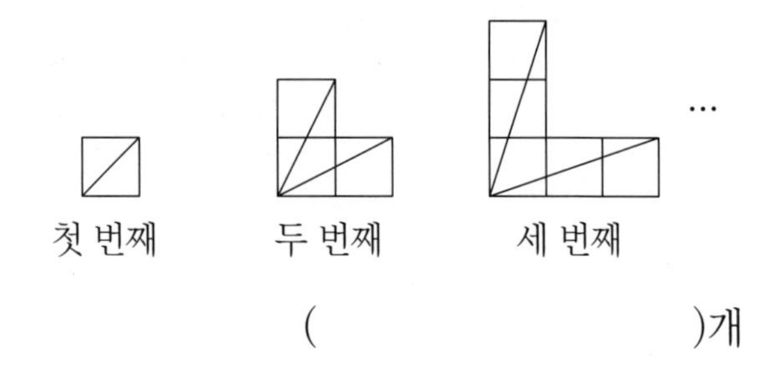

( )개

최종 모의고사 5회

점수

교재 뒤에 부록으로 있는 OMR 카드와 같이 활용하여 실제 HME 시험에 대비하세요.

1 각 ㄱㅇㄷ의 크기를 구하시오.

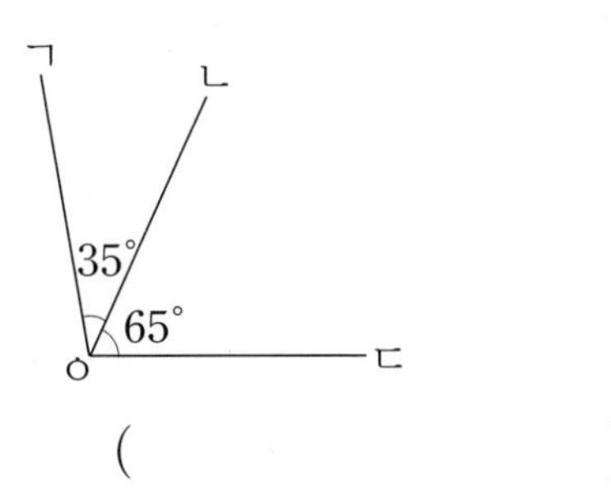

( )도

2 오른쪽 도형을 시계 방향으로 180°만큼 돌렸을 때의 도형은 어느 것입니까? ···· ( )

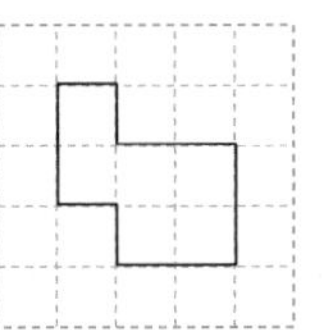

①

② 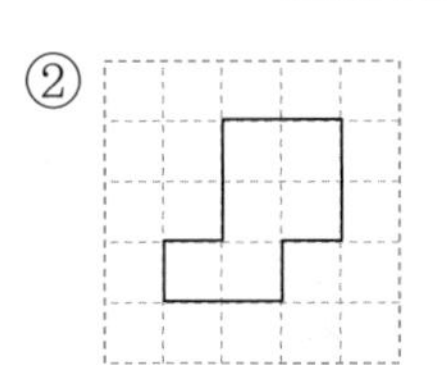

③ 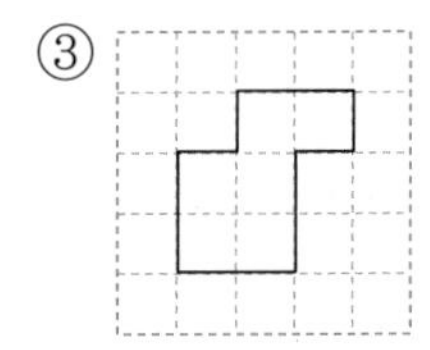

④ 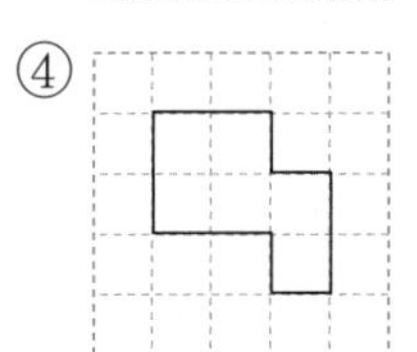

⑤ 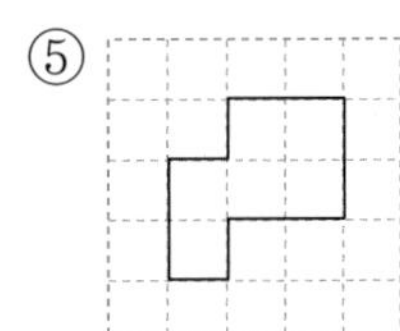

3 천만의 자리 숫자가 5인 수는 어느 것입니까? ·· ( )

① 7205314396　② 458176230
③ 560873412　④ 2498613750
⑤ 126057458

4 은지네 가족이 농장에서 주운 밤의 수를 조사하여 나타낸 막대그래프입니다. 은지가 주운 밤의 수를 구하시오.

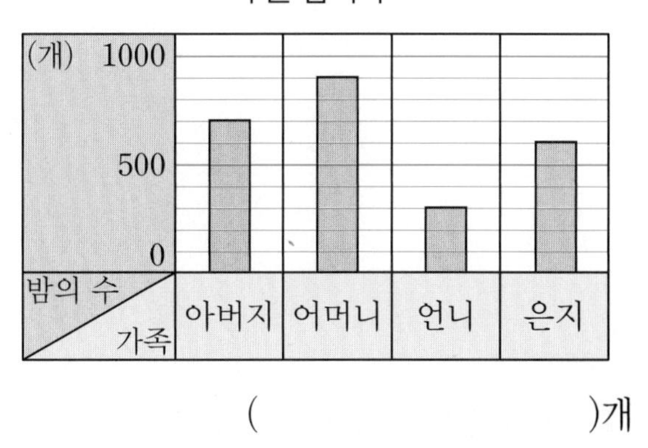

( )개

5 나눗셈의 나머지가 될 수 <u>없는</u> 수는 어느 것입니까? ···································· ( )

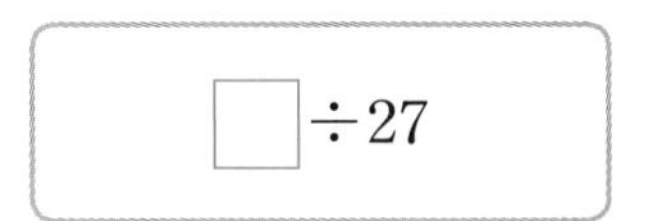

① 0　② 1　③ 10
④ 20　⑤ 27

최종 모의고사

6 527×40을 계산했을 때 ㉡과 ㉣에 알맞은 수의 합을 구하시오.

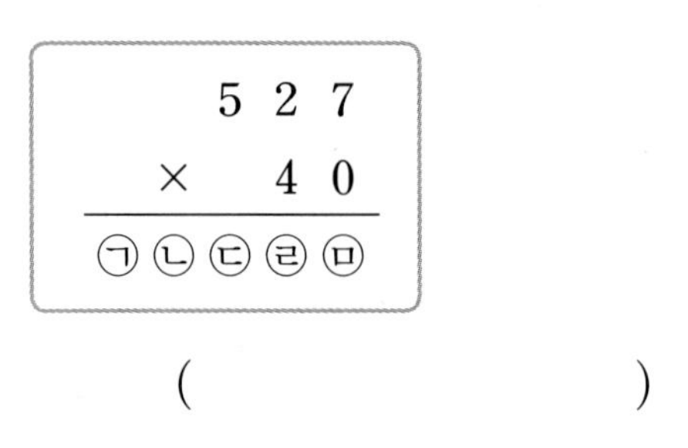

(　　　　　　　　)

7 도형에서 ㉠의 각도를 구하시오.

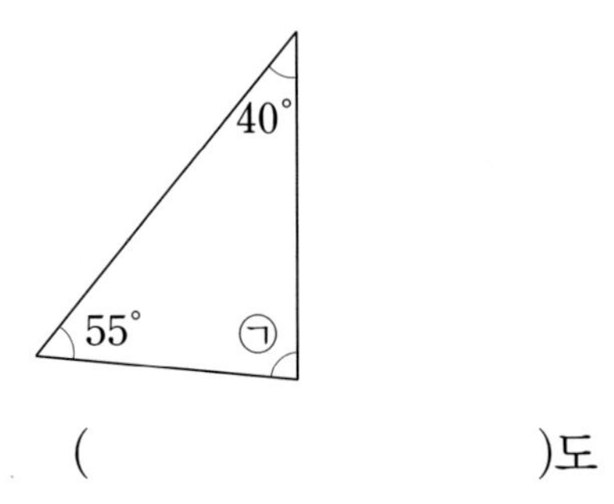

(　　　　　　　　)도

8 뛰어 세기를 한 것입니다. ㉠에 알맞은 수는 무엇입니까?

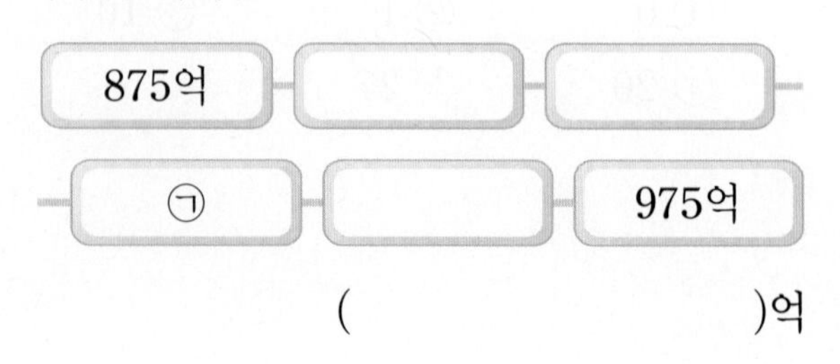

(　　　　　　　　)억

9 태우네 가족이 체험학습에서 캔 고구마의 수를 조사하여 나타낸 막대그래프입니다. 태우와 동생이 캔 고구마의 수의 합은 어머니가 캔 고구마의 수의 몇 배입니까?

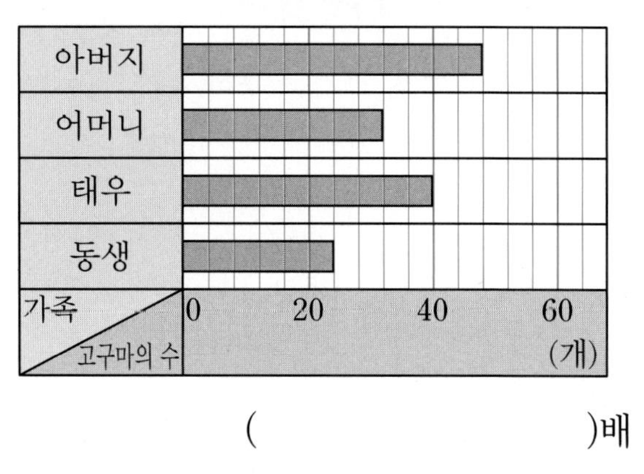

(　　　　　　　　)배

10 ㉠, ㉡을 각각 11자리 수, 13자리 수로 나타내었을 때 0의 개수의 합은 모두 몇 개입니까?

> ㉠ 억이 301개, 만이 229개인 수
> ㉡ 오조 천칠백십억 사천육십만

(　　　　　　　　)개

11 다음 수 카드를 시계 반대 방향으로 180°만큼 돌렸을 때의 수가 처음과 같은 수를 모두 찾아 합을 구하시오.

( )

12 민재네 학교 4학년 학생들이 반별로 모은 재활용품의 무게를 조사하여 나타낸 막대그래프입니다. 3반이 모은 재활용품의 무게가 70 kg일 때 재활용품을 가장 많이 모은 반과 가장 적게 모은 반의 무게의 차는 몇 kg입니까?

반별 모은 재활용품의 무게

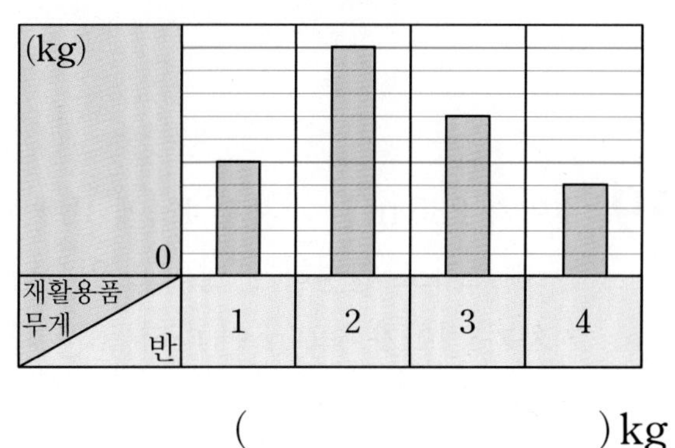

( ) kg

13 시계가 8시를 가리키고 있습니다. 이때 시계의 긴바늘과 짧은바늘이 이루는 작은 쪽의 각도를 구하시오.

( )도

14 □ 안에 들어갈 수 있는 자연수 중 가장 작은 수를 구하시오.

$19 \times \square > 651$

( )

15 각 행성의 반지름의 길이를 나타낸 표입니다. 반지름의 길이가 가장 긴 행성과 가장 짧은 행성을 차례대로 짝 지은 것은 어느 것입니까? ( )

행성	반지름(m)
금성	605만 2000
지구	육백삼십칠만 팔천
목성	71492000
천왕성	2555만 9000

① 지구, 목성 ② 천왕성, 지구
③ 천왕성, 금성 ④ 목성, 금성
⑤ 목성, 천왕성

최종 모의고사

16 다음 식을 시계 반대 방향으로 180°만큼 돌려 계산한 값에서 어떤 수를 더했더니 1273이 되었습니다. 어떤 수는 얼마입니까?

81×29

(　　　　　　　　)

17 어느 과일 가게에서 하루 동안 팔린 과일의 수를 조사하여 나타낸 막대그래프입니다. 귤은 자두의 2배만큼 팔렸고, 사과는 딸기보다 50개 더 적게 팔렸습니다. 팔린 과일이 모두 530개일 때 팔린 키위의 수는 모두 몇 개입니까?

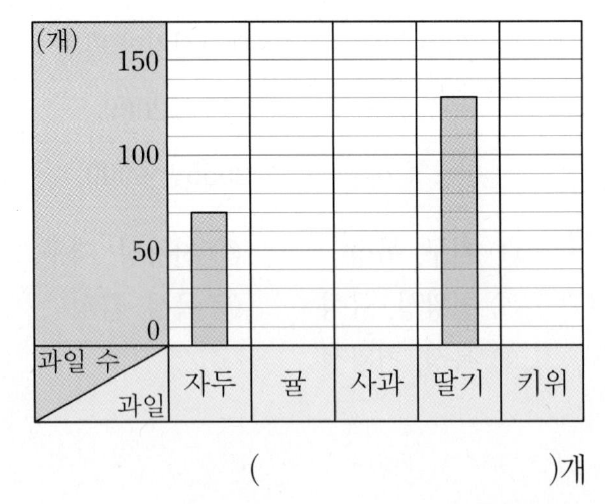

(　　　　　　　　)개

18 다음 그림에서 찾을 수 있는 크고 작은 예각은 모두 몇 개입니까?

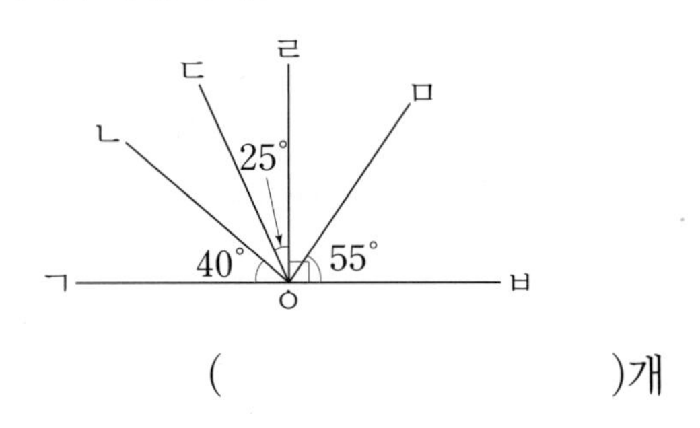

(　　　　　　　　)개

19 길이가 235 m인 기차가 4초에 100 m를 가는 빠르기로 일정하게 달리고 있습니다. 이 기차가 길이가 640 m인 다리를 완전히 건너는 데 걸리는 시간은 몇 초입니까?

(　　　　　　　　)초

20 다음은 투명 종이에 크기가 같은 정사각형 8개를 그린 것입니다. 이 중 정사각형 4개를 색칠하여 시계 방향으로 180°만큼 돌렸을 때 색칠한 위치가 처음과 같은 경우는 모두 몇 가지입니까?

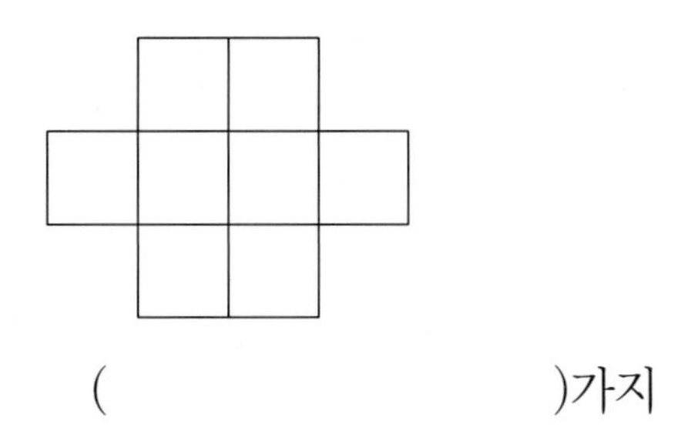

( )가지

21 다음을 모두 만족하는 수 중 가장 큰 수의 만의 자리 숫자를 구하시오.

> ㉠ 1부터 9까지의 수를 한 번씩만 사용하여 만든 9자리 수입니다.
> ㉡ 천만의 자리 숫자는 백의 자리 숫자의 3배입니다.
> ㉢ 억의 자리 숫자는 십만의 자리 숫자의 5배입니다.

( )

22 다음 **조건**을 모두 만족하는 세 자리 수 ㉠㉡㉢을 구하시오. (단, ㉠, ㉡, ㉢은 한 자리 수입니다.)

> **조건**
> - ㉠, ㉡, ㉢의 합은 16입니다.
> - ㉠㉡㉢을 40으로 나누면 나머지가 37입니다.
> - ㉠은 ㉡보다 큽니다.

( )

23 지우는 1층에서 27층인 집까지 계단으로 올라갔습니다. 1층부터 쉬지 않고 올라가다가 16층부터 21층까지는 각 층에서 15초씩 쉬었고, 22층부터 26층까지는 각 층에서 18초씩 쉬고 올라갔습니다. 지우가 1층에서 15층까지 올라가는 데 걸린 시간은 7분이고 일정한 빠르기로 올라갔을 때 1층에서 27층까지 올라가는 데 걸린 시간은 모두 몇 분입니까?

( )분

24 다음은 사각형 ㄱㄴㄷㄹ과 삼각형 ㄱㄴㅁ을 겹쳐서 그린 것입니다. 각 ㄴㄱㅁ과 각 ㄹㄱㅁ의 크기가 같고, 각 ㄹㄷㅅ과 각 ㅅㄷㅁ의 크기가 같을 때 ㉠의 각도는 몇 도인지 구하시오.

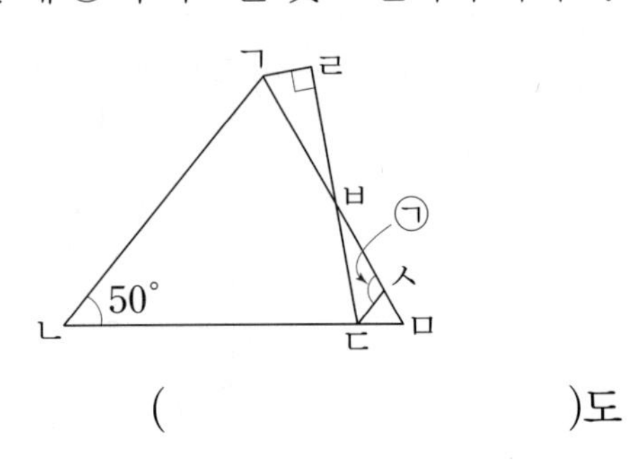

( )도

25 0부터 9까지의 수 카드 10장 중 5장을 골라 두 번씩 사용하여 10자리 수를 만들려고 합니다. 만들 수 있는 10자리 수 중 가장 큰 수와 가장 작은 수를 더하여 108억 6910만 8888이 될 때 고른 수 카드에 적힌 수의 합을 구하시오.

( )

최종 모의고사 ❶회

학 교 명:

성 명:

현재 학년: 반:

OMR 카드 작성시 유의사항

1. 학교명, 성명, 학년, 반 수험번호, 생년월일, 성별 기재
2. 반드시 원 안에 "●"와 같이 마킹 해야 합니다.
3. OMR카드에 답안 이외에 낙서 등 손상이 있는 경우 즉시 감독관에게 문의하시기 바랍니다.
4. 답을 작성하고 마킹을 하지 않는 경우 오답으로 간주합니다.
5. 답안은 작성 후 반드시 감독관에게 제출해야 합니다. 제출하지 않아 발생하는 사고에 대해서는 책임지지 않습니다.

※ OMR카드를 잘못 작성하여 발생한 성적결과는 책임지지 않습니다.

※ OMR 카드 작성 예시 ※

(맞는 경우)

1) 주관식 또는 객관식 답이 3인 경우

1번		
		3
	⓪	⓪
①	①	①
②	②	②
③	③	●

(틀린 경우)

답이 120일 때, 2) 마킹을 하지 않은 경우

1번		
1	2	0
	⓪	⓪
①	①	①
②	②	②
③	③	③

답이 120일 때, 3) 마킹을 일부만 한 경우

1번		
	⓪	⓪
●	①	①
②	●	②
③	③	③

(1) 수 험 번 호													
		–				–		–				
(2) ⓪	⓪		⓪	⓪	⓪				⓪	⓪	⓪	⓪
①	①		①	①	①				①	①	①	①
②	②		②	②	②		②		②	②	②	②
③	③		③	③	③		③		③	③	③	③
④	④		④	④	④		④		④	④	④	④
⑤	⑤	–	⑤	⑤	⑤	–	⑤	–	⑤	⑤	⑤	⑤
⑥	⑥		⑥	⑥	⑥		⑥		⑥	⑥	⑥	⑥
⑦	⑦		⑦	⑦	⑦		⑦		⑦	⑦	⑦	⑦
⑧	⑧		⑧	⑧	⑧		⑧		⑧	⑧	⑧	⑧
⑨	⑨		⑨	⑨	⑨		⑨		⑨	⑨	⑨	⑨

※ (1)번 란에는 아라비아 숫자로 쓰고, (2)번란에는 해당란에 까맣게 표기해야 합니다.

1번	2번	3번	4번	5번	6번	7번	8번	9번	10번	11번	12번	13번
⓪⓪	⓪⓪	⓪⓪	⓪⓪	⓪⓪	⓪⓪	⓪⓪	⓪⓪	⓪⓪	⓪⓪	⓪⓪	⓪⓪	⓪⓪
①①①	①①①	①①①	①①①	①①①	①①①	①①①	①①①	①①①	①①①	①①①	①①①	①①①
②②②	②②②	②②②	②②②	②②②	②②②	②②②	②②②	②②②	②②②	②②②	②②②	②②②
③③③	③③③	③③③	③③③	③③③	③③③	③③③	③③③	③③③	③③③	③③③	③③③	③③③
④④④	④④④	④④④	④④④	④④④	④④④	④④④	④④④	④④④	④④④	④④④	④④④	④④④
⑤⑤⑤	⑤⑤⑤	⑤⑤⑤	⑤⑤⑤	⑤⑤⑤	⑤⑤⑤	⑤⑤⑤	⑤⑤⑤	⑤⑤⑤	⑤⑤⑤	⑤⑤⑤	⑤⑤⑤	⑤⑤⑤
⑥⑥⑥	⑥⑥⑥	⑥⑥⑥	⑥⑥⑥	⑥⑥⑥	⑥⑥⑥	⑥⑥⑥	⑥⑥⑥	⑥⑥⑥	⑥⑥⑥	⑥⑥⑥	⑥⑥⑥	⑥⑥⑥
⑦⑦⑦	⑦⑦⑦	⑦⑦⑦	⑦⑦⑦	⑦⑦⑦	⑦⑦⑦	⑦⑦⑦	⑦⑦⑦	⑦⑦⑦	⑦⑦⑦	⑦⑦⑦	⑦⑦⑦	⑦⑦⑦
⑧⑧⑧	⑧⑧⑧	⑧⑧⑧	⑧⑧⑧	⑧⑧⑧	⑧⑧⑧	⑧⑧⑧	⑧⑧⑧	⑧⑧⑧	⑧⑧⑧	⑧⑧⑧	⑧⑧⑧	⑧⑧⑧
⑨⑨⑨	⑨⑨⑨	⑨⑨⑨	⑨⑨⑨	⑨⑨⑨	⑨⑨⑨	⑨⑨⑨	⑨⑨⑨	⑨⑨⑨	⑨⑨⑨	⑨⑨⑨	⑨⑨⑨	⑨⑨⑨

(1) 생 년 월 일: 년		월		일		성 별
(2) ⓪	⓪	⓪	⓪	⓪	⓪	남
①	①	①	①	①	①	
②	②		②	②	②	○
③	③		③	③	③	
④	④		④		④	
⑤	⑤		⑤		⑤	여
⑥	⑥		⑥		⑥	
⑦	⑦		⑦		⑦	○
⑧	⑧		⑧		⑧	
⑨	⑨		⑨		⑨	

(예시) 2009년 3월 2일생인 경우, (1)번란 년, 월, 일 밑 빈칸에 09 03 02 를 쓰고, (2)란에는 까맣게 표기해야 합니다.

감 독 관 확 인 란

14번	15번	16번	17번	18번	19번	20번	21번	22번	23번	24번	25번
⓪⓪	⓪⓪	⓪⓪	⓪⓪	⓪⓪	⓪⓪	⓪⓪	⓪⓪	⓪⓪	⓪⓪	⓪⓪	⓪⓪
①①①	①①①	①①①	①①①	①①①	①①①	①①①	①①①	①①①	①①①	①①①	①①①
②②②	②②②	②②②	②②②	②②②	②②②	②②②	②②②	②②②	②②②	②②②	②②②
③③③	③③③	③③③	③③③	③③③	③③③	③③③	③③③	③③③	③③③	③③③	③③③
④④④	④④④	④④④	④④④	④④④	④④④	④④④	④④④	④④④	④④④	④④④	④④④
⑤⑤⑤	⑤⑤⑤	⑤⑤⑤	⑤⑤⑤	⑤⑤⑤	⑤⑤⑤	⑤⑤⑤	⑤⑤⑤	⑤⑤⑤	⑤⑤⑤	⑤⑤⑤	⑤⑤⑤
⑥⑥⑥	⑥⑥⑥	⑥⑥⑥	⑥⑥⑥	⑥⑥⑥	⑥⑥⑥	⑥⑥⑥	⑥⑥⑥	⑥⑥⑥	⑥⑥⑥	⑥⑥⑥	⑥⑥⑥
⑦⑦⑦	⑦⑦⑦	⑦⑦⑦	⑦⑦⑦	⑦⑦⑦	⑦⑦⑦	⑦⑦⑦	⑦⑦⑦	⑦⑦⑦	⑦⑦⑦	⑦⑦⑦	⑦⑦⑦
⑧⑧⑧	⑧⑧⑧	⑧⑧⑧	⑧⑧⑧	⑧⑧⑧	⑧⑧⑧	⑧⑧⑧	⑧⑧⑧	⑧⑧⑧	⑧⑧⑧	⑧⑧⑧	⑧⑧⑧
⑨⑨⑨	⑨⑨⑨	⑨⑨⑨	⑨⑨⑨	⑨⑨⑨	⑨⑨⑨	⑨⑨⑨	⑨⑨⑨	⑨⑨⑨	⑨⑨⑨	⑨⑨⑨	⑨⑨⑨

※ 실제 HME 해법수학 학력평가의 OMR 카드와 같습니다.

최종 모의고사 ❷회

학 교 명:

성 명:

현재 학년: 반:

OMR 카드 작성시 유의사항

1. 학교명, 성명, 학년, 반 수험번호, 생년월일, 성별 기재
2. 반드시 원 안에 "●"와 같이 마킹 해야 합니다.
3. OMR카드에 답안 이외에 낙서 등 손상이 있는 경우 즉시 감독관에게 문의하시기 바랍니다.
4. 답을 작성하고 마킹을 하지 않는 경우 오답으로 간주합니다.
5. 답안은 작성 후 반드시 감독관에게 제출해야 합니다. 제출하지 않아 발생하는 사고에 대해서는 책임지지 않습니다.

※ OMR카드를 잘못 작성하여 발생한 성적결과는 책임지지 않습니다.

※ OMR 카드 작성 예시 ※

(맞는 경우)

1) 주관식 또는 객관식 답이 3인 경우

1번		
		3
	0	0
1	1	1
2	2	2
3	3	●

(틀린 경우)

답이 120일 때, 2) 마킹을 하지 않은 경우

1번		
1	2	0
	0	0
1	1	1
2	2	2
3	3	3

답이 120일 때, 3) 마킹을 일부만 한 경우

1번		
백	십	일
	0	0
●	1	1
2	●	2
3	3	3

	수	험		번			호						
(1)			–				–		–				
(2)	0	0		0	0	0				0	0	0	0
	1	1		1	1	1				1	1	1	1
	2	2		2	2	2		2		2	2	2	2
	3	3		3	3	3		3		3	3	3	3
	4	4		4	4	4		4		4	4	4	4
	5	5	–	5	5	5	–	5	–	5	5	5	5
	6	6		6	6	6		6		6	6	6	6
	7	7		7	7	7		7		7	7	7	7
	8	8		8	8	8		8		8	8	8	8
	9	9		9	9	9		9		9	9	9	9

※ (1)번 란에는 아라비아 숫자로 쓰고, (2)번란에는 해당란에 까맣게 표기해야 합니다.

	생 년 월 일						성별
	년		월		일		
(1)							
(2)	0	0	0	0	0	0	남
	1	1	1	1	1	1	
	2	2		2	2	2	○
	3	3		3	3	3	
	4	4		4		4	
	5	5		5		5	여
	6	6		6		6	
	7	7		7		7	○
	8	8		8		8	
	9	9		9		9	

(예시) 2009년 3월 2일생인 경우, (1)번란 년, 월, 일 밑 빈칸에 09 03 02 를 쓰고, (2)란에는 까맣게 표기해야 합니다.

감 독 관 확 인 란

1번			2번			3번			4번			5번			6번			7번			8번			9번			10번			11번			12번			13번		
백	십	일	백	십	일	백	십	일	백	십	일	백	십	일	백	십	일	백	십	일	백	십	일	백	십	일	백	십	일	백	십	일	백	십	일	백	십	일
	0	0		0	0		0	0		0	0		0	0		0	0		0	0		0	0		0	0		0	0		0	0		0	0		0	0
1	1	1	1	1	1	1	1	1	1	1	1	1	1	1	1	1	1	1	1	1	1	1	1	1	1	1	1	1	1	1	1	1	1	1	1	1	1	1
2	2	2	2	2	2	2	2	2	2	2	2	2	2	2	2	2	2	2	2	2	2	2	2	2	2	2	2	2	2	2	2	2	2	2	2	2	2	2
3	3	3	3	3	3	3	3	3	3	3	3	3	3	3	3	3	3	3	3	3	3	3	3	3	3	3	3	3	3	3	3	3	3	3	3	3	3	3
4	4	4	4	4	4	4	4	4	4	4	4	4	4	4	4	4	4	4	4	4	4	4	4	4	4	4	4	4	4	4	4	4	4	4	4	4	4	4
5	5	5	5	5	5	5	5	5	5	5	5	5	5	5	5	5	5	5	5	5	5	5	5	5	5	5	5	5	5	5	5	5	5	5	5	5	5	5
6	6	6	6	6	6	6	6	6	6	6	6	6	6	6	6	6	6	6	6	6	6	6	6	6	6	6	6	6	6	6	6	6	6	6	6	6	6	6
7	7	7	7	7	7	7	7	7	7	7	7	7	7	7	7	7	7	7	7	7	7	7	7	7	7	7	7	7	7	7	7	7	7	7	7	7	7	7
8	8	8	8	8	8	8	8	8	8	8	8	8	8	8	8	8	8	8	8	8	8	8	8	8	8	8	8	8	8	8	8	8	8	8	8	8	8	8
9	9	9	9	9	9	9	9	9	9	9	9	9	9	9	9	9	9	9	9	9	9	9	9	9	9	9	9	9	9	9	9	9	9	9	9	9	9	9

14번			15번			16번			17번			18번			19번			20번			21번			22번			23번			24번			25번		
백	십	일	백	십	일	백	십	일	백	십	일	백	십	일	백	십	일	백	십	일	백	십	일	백	십	일	백	십	일	백	십	일	백	십	일
	0	0		0	0		0	0		0	0		0	0		0	0		0	0		0	0		0	0		0	0		0	0		0	0
1	1	1	1	1	1	1	1	1	1	1	1	1	1	1	1	1	1	1	1	1	1	1	1	1	1	1	1	1	1	1	1	1	1	1	1
2	2	2	2	2	2	2	2	2	2	2	2	2	2	2	2	2	2	2	2	2	2	2	2	2	2	2	2	2	2	2	2	2	2	2	2
3	3	3	3	3	3	3	3	3	3	3	3	3	3	3	3	3	3	3	3	3	3	3	3	3	3	3	3	3	3	3	3	3	3	3	3
4	4	4	4	4	4	4	4	4	4	4	4	4	4	4	4	4	4	4	4	4	4	4	4	4	4	4	4	4	4	4	4	4	4	4	4
5	5	5	5	5	5	5	5	5	5	5	5	5	5	5	5	5	5	5	5	5	5	5	5	5	5	5	5	5	5	5	5	5	5	5	5
6	6	6	6	6	6	6	6	6	6	6	6	6	6	6	6	6	6	6	6	6	6	6	6	6	6	6	6	6	6	6	6	6	6	6	6
7	7	7	7	7	7	7	7	7	7	7	7	7	7	7	7	7	7	7	7	7	7	7	7	7	7	7	7	7	7	7	7	7	7	7	7
8	8	8	8	8	8	8	8	8	8	8	8	8	8	8	8	8	8	8	8	8	8	8	8	8	8	8	8	8	8	8	8	8	8	8	8
9	9	9	9	9	9	9	9	9	9	9	9	9	9	9	9	9	9	9	9	9	9	9	9	9	9	9	9	9	9	9	9	9	9	9	9

※ 실제 HME 해법수학 학력평가의 OMR 카드와 같습니다.

최종 모의고사 ❸회

학 교 명:

성 명:

현재 학년: 반:

OMR 카드 작성시 유의사항

1. 학교명, 성명, 학년, 반 수험번호, 생년월일, 성별 기재
2. 반드시 원 안에 "●"와 같이 마킹 해야 합니다.
3. OMR카드에 답안 이외에 낙서 등 손상이 있는 경우 즉시 감독관에게 문의하시기 바랍니다.
4. 답을 작성하고 마킹을 하지 않는 경우 오답으로 간주합니다.
5. 답안은 작성 후 반드시 감독관에게 제출해야 합니다. 제출하지 않아 발생하는 사고에 대해서는 책임지지 않습니다.

※ OMR카드를 잘못 작성하여 발생한 성적결과는 책임지지 않습니다.

※ OMR 카드 작성 예시 ※

(맞는 경우)
1) 주관식 또는 객관식 답이 3인 경우

1번		
		3
	0	0
1	1	1
2	2	2
3	3	●

(틀린 경우)
2) 답이 120일 때, 마킹을 하지 않은 경우

1번		
1	2	0
	0	0
1	1	1
2	2	2
3	3	3

3) 답이 120일 때, 마킹을 일부만 한 경우

1번		
	0	0
●	1	1
2	●	2
3	3	3

수 험 번 호

(1)			–				–		–				
(2)	0	0		0	0	0				0	0	0	0
	1	1		1	1	1				1	1	1	1
	2	2		2	2	2		2		2	2	2	2
	3	3		3	3	3		3		3	3	3	3
	4	4	–	4	4	4	–	4	–	4	4	4	4
	5	5		5	5	5		5		5	5	5	5
	6	6		6	6	6		6		6	6	6	6
	7	7		7	7	7		7		7	7	7	7
	8	8		8	8	8		8		8	8	8	8
	9	9		9	9	9		9		9	9	9	9

※ (1)번 란에는 아라비아 숫자로 쓰고, (2)번란에는 해당란에 까맣게 표기해야 합니다.

생 년 월 일 / 성별

	년	년	월	월	일	일	성별
(1)							
(2)	0	0	0	0	0	0	남
	1	1	1	1	1	1	
	2	2		2	2	2	○
	3	3		3	3	3	
	4	4		4		4	
	5	5		5		5	여
	6	6		6		6	
	7	7		7		7	○
	8	8		8		8	
	9	9		9		9	

(예시) 2009년 3월 2일생인 경우, (1)번란 년, 월, 일 밑 빈칸에 09 03 02 를 쓰고, (2)란에는 까맣게 표기해야 합니다.

감 독 관 확 인 란

답안 (1번~13번)

	1번	2번	3번	4번	5번	6번	7번	8번	9번	10번	11번	12번	13번
0	0 0	0 0	0 0	0 0	0 0	0 0	0 0	0 0	0 0	0 0	0 0	0 0	0 0
1	1 1 1	1 1 1	1 1 1	1 1 1	1 1 1	1 1 1	1 1 1	1 1 1	1 1 1	1 1 1	1 1 1	1 1 1	1 1 1
2	2 2 2	2 2 2	2 2 2	2 2 2	2 2 2	2 2 2	2 2 2	2 2 2	2 2 2	2 2 2	2 2 2	2 2 2	2 2 2
3	3 3 3	3 3 3	3 3 3	3 3 3	3 3 3	3 3 3	3 3 3	3 3 3	3 3 3	3 3 3	3 3 3	3 3 3	3 3 3
4	4 4 4	4 4 4	4 4 4	4 4 4	4 4 4	4 4 4	4 4 4	4 4 4	4 4 4	4 4 4	4 4 4	4 4 4	4 4 4
5	5 5 5	5 5 5	5 5 5	5 5 5	5 5 5	5 5 5	5 5 5	5 5 5	5 5 5	5 5 5	5 5 5	5 5 5	5 5 5
6	6 6 6	6 6 6	6 6 6	6 6 6	6 6 6	6 6 6	6 6 6	6 6 6	6 6 6	6 6 6	6 6 6	6 6 6	6 6 6
7	7 7 7	7 7 7	7 7 7	7 7 7	7 7 7	7 7 7	7 7 7	7 7 7	7 7 7	7 7 7	7 7 7	7 7 7	7 7 7
8	8 8 8	8 8 8	8 8 8	8 8 8	8 8 8	8 8 8	8 8 8	8 8 8	8 8 8	8 8 8	8 8 8	8 8 8	8 8 8
9	9 9 9	9 9 9	9 9 9	9 9 9	9 9 9	9 9 9	9 9 9	9 9 9	9 9 9	9 9 9	9 9 9	9 9 9	9 9 9

답안 (14번~25번)

	14번	15번	16번	17번	18번	19번	20번	21번	22번	23번	24번	25번
0	0 0	0 0	0 0	0 0	0 0	0 0	0 0	0 0	0 0	0 0	0 0	0 0
1	1 1 1	1 1 1	1 1 1	1 1 1	1 1 1	1 1 1	1 1 1	1 1 1	1 1 1	1 1 1	1 1 1	1 1 1
2	2 2 2	2 2 2	2 2 2	2 2 2	2 2 2	2 2 2	2 2 2	2 2 2	2 2 2	2 2 2	2 2 2	2 2 2
3	3 3 3	3 3 3	3 3 3	3 3 3	3 3 3	3 3 3	3 3 3	3 3 3	3 3 3	3 3 3	3 3 3	3 3 3
4	4 4 4	4 4 4	4 4 4	4 4 4	4 4 4	4 4 4	4 4 4	4 4 4	4 4 4	4 4 4	4 4 4	4 4 4
5	5 5 5	5 5 5	5 5 5	5 5 5	5 5 5	5 5 5	5 5 5	5 5 5	5 5 5	5 5 5	5 5 5	5 5 5
6	6 6 6	6 6 6	6 6 6	6 6 6	6 6 6	6 6 6	6 6 6	6 6 6	6 6 6	6 6 6	6 6 6	6 6 6
7	7 7 7	7 7 7	7 7 7	7 7 7	7 7 7	7 7 7	7 7 7	7 7 7	7 7 7	7 7 7	7 7 7	7 7 7
8	8 8 8	8 8 8	8 8 8	8 8 8	8 8 8	8 8 8	8 8 8	8 8 8	8 8 8	8 8 8	8 8 8	8 8 8
9	9 9 9	9 9 9	9 9 9	9 9 9	9 9 9	9 9 9	9 9 9	9 9 9	9 9 9	9 9 9	9 9 9	9 9 9

※ 실제 HME 해법수학 학력평가의 OMR 카드와 같습니다.

최종 모의고사 ❹회

학 교 명:

성 명:

현재 학년: 반:

OMR 카드 작성시 유의사항

1. 학교명, 성명, 학년, 반 수험번호, 생년월일, 성별 기재
2. 반드시 원 안에 "●"와 같이 마킹 해야 합니다.
3. OMR카드에 답안 이외에 낙서 등 손상이 있는 경우 즉시 감독관에게 문의하시기 바랍니다.
4. 답을 작성하고 마킹을 하지 않는 경우 오답으로 간주합니다.
5. 답안은 작성 후 반드시 감독관에게 제출해야 합니다. 제출하지 않아 발생하는 사고에 대해서는 책임지지 않습니다.

※ OMR카드를 잘못 작성하여 발생한 성적결과는 책임지지 않습니다.

※ OMR 카드 작성 예시 ※

(맞는 경우)

1) 주관식 또는 객관식 답이 3인 경우

1번		
		3
	0	0
1	1	1
2	2	2
3	3	●

(틀린 경우)

답이 120일 때, 2) 마킹을 하지 않은 경우

1번		
1	2	0
	0	0
1	1	1
2	2	2
3	3	3

답이 120일 때, 3) 마킹을 일부만 한 경우

1번		
	0	0
●	1	1
2	●	2
3	3	3

수 험 번 호

(1)			–				–		–				
(2)	0 0			0 0 0						0 0 0 0			
	1 1			1 1 1						1 1 1 1			
	2 2			2 2 2		2				2 2 2 2			
	3 3			3 3 3		3				3 3 3 3			
	4 4			4 4 4		4				4 4 4 4			
	5 5	–		5 5 5	–	5	–			5 5 5 5			
	6 6			6 6 6		6				6 6 6 6			
	7 7			7 7 7		7				7 7 7 7			
	8 8			8 8 8		8				8 8 8 8			
	9 9			9 9 9		9				9 9 9 9			

※ (1)번 란에는 아라비아 숫자로 쓰고, (2)번란에는 해당란에 까맣게 표기해야 합니다.

	생 년 월 일			성별
(1)	년	월	일	
(2)	0 0	0 0	0 0	남
	1 1	1 1	1 1	
	2 2	2	2 2	○
	3 3	3	3 3	
	4 4	4	4	
	5 5	5	5	여
	6 6	6	6	
	7 7	7	7	○
	8 8	8	8	
	9 9	9	9	

(예시) 2009년 3월 2일생인 경우, (1)번란 년, 월, 일 밑 빈칸에 09 03 02 를 쓰고, (2)란에는 까맣게 표기해야 합니다.

감 독 관 확 인 란

1번	2번	3번	4번	5번	6번	7번	8번	9번	10번	11번	12번	13번
0 0	0 0	0 0	0 0	0 0	0 0	0 0	0 0	0 0	0 0	0 0	0 0	0 0
1 1 1	1 1 1	1 1 1	1 1 1	1 1 1	1 1 1	1 1 1	1 1 1	1 1 1	1 1 1	1 1 1	1 1 1	1 1 1
2 2 2	2 2 2	2 2 2	2 2 2	2 2 2	2 2 2	2 2 2	2 2 2	2 2 2	2 2 2	2 2 2	2 2 2	2 2 2
3 3 3	3 3 3	3 3 3	3 3 3	3 3 3	3 3 3	3 3 3	3 3 3	3 3 3	3 3 3	3 3 3	3 3 3	3 3 3
4 4 4	4 4 4	4 4 4	4 4 4	4 4 4	4 4 4	4 4 4	4 4 4	4 4 4	4 4 4	4 4 4	4 4 4	4 4 4
5 5 5	5 5 5	5 5 5	5 5 5	5 5 5	5 5 5	5 5 5	5 5 5	5 5 5	5 5 5	5 5 5	5 5 5	5 5 5
6 6 6	6 6 6	6 6 6	6 6 6	6 6 6	6 6 6	6 6 6	6 6 6	6 6 6	6 6 6	6 6 6	6 6 6	6 6 6
7 7 7	7 7 7	7 7 7	7 7 7	7 7 7	7 7 7	7 7 7	7 7 7	7 7 7	7 7 7	7 7 7	7 7 7	7 7 7
8 8 8	8 8 8	8 8 8	8 8 8	8 8 8	8 8 8	8 8 8	8 8 8	8 8 8	8 8 8	8 8 8	8 8 8	8 8 8
9 9 9	9 9 9	9 9 9	9 9 9	9 9 9	9 9 9	9 9 9	9 9 9	9 9 9	9 9 9	9 9 9	9 9 9	9 9 9

14번	15번	16번	17번	18번	19번	20번	21번	22번	23번	24번	25번
0 0	0 0	0 0	0 0	0 0	0 0	0 0	0 0	0 0	0 0	0 0	0 0
1 1 1	1 1 1	1 1 1	1 1 1	1 1 1	1 1 1	1 1 1	1 1 1	1 1 1	1 1 1	1 1 1	1 1 1
2 2 2	2 2 2	2 2 2	2 2 2	2 2 2	2 2 2	2 2 2	2 2 2	2 2 2	2 2 2	2 2 2	2 2 2
3 3 3	3 3 3	3 3 3	3 3 3	3 3 3	3 3 3	3 3 3	3 3 3	3 3 3	3 3 3	3 3 3	3 3 3
4 4 4	4 4 4	4 4 4	4 4 4	4 4 4	4 4 4	4 4 4	4 4 4	4 4 4	4 4 4	4 4 4	4 4 4
5 5 5	5 5 5	5 5 5	5 5 5	5 5 5	5 5 5	5 5 5	5 5 5	5 5 5	5 5 5	5 5 5	5 5 5
6 6 6	6 6 6	6 6 6	6 6 6	6 6 6	6 6 6	6 6 6	6 6 6	6 6 6	6 6 6	6 6 6	6 6 6
7 7 7	7 7 7	7 7 7	7 7 7	7 7 7	7 7 7	7 7 7	7 7 7	7 7 7	7 7 7	7 7 7	7 7 7
8 8 8	8 8 8	8 8 8	8 8 8	8 8 8	8 8 8	8 8 8	8 8 8	8 8 8	8 8 8	8 8 8	8 8 8
9 9 9	9 9 9	9 9 9	9 9 9	9 9 9	9 9 9	9 9 9	9 9 9	9 9 9	9 9 9	9 9 9	9 9 9

※ 실제 HME 해법수학 학력평가의 OMR 카드와 같습니다.

최종 모의고사 ⑤회

학 교 명:

성 명:

현재 학년: 반:

OMR 카드 작성시 유의사항

1. 학교명, 성명, 학년, 반 수험번호, 생년월일, 성별 기재
2. 반드시 원 안에 "●"와 같이 마킹 해야 합니다.
3. OMR카드에 답안 이외에 낙서 등 손상이 있는 경우 즉시 감독관에게 문의하시기 바랍니다.
4. 답을 작성하고 마킹을 하지 않는 경우 오답으로 간주합니다.
5. 답안은 작성 후 반드시 감독관에게 제출해야 합니다. 제출하지 않아 발생하는 사고에 대해서는 책임지지 않습니다.

※ OMR카드를 잘못 작성하여 발생한 성적결과는 책임지지 않습니다.

※ OMR 카드 작성 예시 ※

(맞는 경우)

1) 주관식 또는 객관식 답이 3인 경우

1번		
		3
	⓪	⓪
①	①	①
②	②	②
③	③	●

(틀린 경우)

2) 답이 120일 때, 마킹을 하지 않은 경우

1번		
1	2	0
	⓪	⓪
①	①	①
②	②	②
③	③	③

3) 답이 120일 때, 마킹을 일부만 한 경우

1번		
	⓪	⓪
●	①	①
②	●	②
③	③	③

수 험 번 호

(1)			–				–		–					
(2)	⓪	⓪		⓪	⓪	⓪				⓪	⓪	⓪	⓪	
	①	①		①	①	①				①	①	①	①	
	②	②		②	②	②		②		②	②	②	②	
	③	③		③	③	③		③		③	③	③	③	
	④	④		④	④	④		④		④	④	④	④	
	⑤	⑤	–	⑤	⑤	⑤	–	⑤	–	⑤	⑤	⑤	⑤	
	⑥	⑥		⑥	⑥	⑥		⑥		⑥	⑥	⑥	⑥	
	⑦	⑦		⑦	⑦	⑦		⑦		⑦	⑦	⑦	⑦	
	⑧	⑧		⑧	⑧	⑧		⑧		⑧	⑧	⑧	⑧	
	⑨	⑨		⑨	⑨	⑨		⑨		⑨	⑨	⑨	⑨	

※ (1)번 란에는 아라비아 숫자로 쓰고, (2)번란에는 해당란에 까맣게 표기해야 합니다.

1번	2번	3번	4번	5번	6번	7번	8번	9번	10번	11번	12번	13번
백 십 일	백 십 일	백 십 일	백 십 일	백 십 일	백 십 일	백 십 일	백 십 일	백 십 일	백 십 일	백 십 일	백 십 일	백 십 일
⓪ ⓪	⓪ ⓪	⓪ ⓪	⓪ ⓪	⓪ ⓪	⓪ ⓪	⓪ ⓪	⓪ ⓪	⓪ ⓪	⓪ ⓪	⓪ ⓪	⓪ ⓪	⓪ ⓪
① ① ①	① ① ①	① ① ①	① ① ①	① ① ①	① ① ①	① ① ①	① ① ①	① ① ①	① ① ①	① ① ①	① ① ①	① ① ①
② ② ②	② ② ②	② ② ②	② ② ②	② ② ②	② ② ②	② ② ②	② ② ②	② ② ②	② ② ②	② ② ②	② ② ②	② ② ②
③ ③ ③	③ ③ ③	③ ③ ③	③ ③ ③	③ ③ ③	③ ③ ③	③ ③ ③	③ ③ ③	③ ③ ③	③ ③ ③	③ ③ ③	③ ③ ③	③ ③ ③
④ ④ ④	④ ④ ④	④ ④ ④	④ ④ ④	④ ④ ④	④ ④ ④	④ ④ ④	④ ④ ④	④ ④ ④	④ ④ ④	④ ④ ④	④ ④ ④	④ ④ ④
⑤ ⑤ ⑤	⑤ ⑤ ⑤	⑤ ⑤ ⑤	⑤ ⑤ ⑤	⑤ ⑤ ⑤	⑤ ⑤ ⑤	⑤ ⑤ ⑤	⑤ ⑤ ⑤	⑤ ⑤ ⑤	⑤ ⑤ ⑤	⑤ ⑤ ⑤	⑤ ⑤ ⑤	⑤ ⑤ ⑤
⑥ ⑥ ⑥	⑥ ⑥ ⑥	⑥ ⑥ ⑥	⑥ ⑥ ⑥	⑥ ⑥ ⑥	⑥ ⑥ ⑥	⑥ ⑥ ⑥	⑥ ⑥ ⑥	⑥ ⑥ ⑥	⑥ ⑥ ⑥	⑥ ⑥ ⑥	⑥ ⑥ ⑥	⑥ ⑥ ⑥
⑦ ⑦ ⑦	⑦ ⑦ ⑦	⑦ ⑦ ⑦	⑦ ⑦ ⑦	⑦ ⑦ ⑦	⑦ ⑦ ⑦	⑦ ⑦ ⑦	⑦ ⑦ ⑦	⑦ ⑦ ⑦	⑦ ⑦ ⑦	⑦ ⑦ ⑦	⑦ ⑦ ⑦	⑦ ⑦ ⑦
⑧ ⑧ ⑧	⑧ ⑧ ⑧	⑧ ⑧ ⑧	⑧ ⑧ ⑧	⑧ ⑧ ⑧	⑧ ⑧ ⑧	⑧ ⑧ ⑧	⑧ ⑧ ⑧	⑧ ⑧ ⑧	⑧ ⑧ ⑧	⑧ ⑧ ⑧	⑧ ⑧ ⑧	⑧ ⑧ ⑧
⑨ ⑨ ⑨	⑨ ⑨ ⑨	⑨ ⑨ ⑨	⑨ ⑨ ⑨	⑨ ⑨ ⑨	⑨ ⑨ ⑨	⑨ ⑨ ⑨	⑨ ⑨ ⑨	⑨ ⑨ ⑨	⑨ ⑨ ⑨	⑨ ⑨ ⑨	⑨ ⑨ ⑨	⑨ ⑨ ⑨

생 년 월 일 / 성별

	년		월		일		성별
(1)							
(2)	⓪	⓪	⓪	⓪	⓪	⓪	남
	①	①	①	①	①	①	
	②	②		②	②	②	○
	③	③		③	③	③	
	④	④		④		④	
	⑤	⑤		⑤		⑤	여
	⑥	⑥		⑥		⑥	
	⑦	⑦		⑦		⑦	○
	⑧	⑧		⑧		⑧	
	⑨	⑨		⑨		⑨	

(예시) 2009년 3월 2일생인 경우, (1)번란 년, 월, 일 밑 빈칸에 09 03 02 를 쓰고, (2)란에는 까맣게 표기해야 합니다.

감 독 관 확 인 란

14번	15번	16번	17번	18번	19번	20번	21번	22번	23번	24번	25번
백 십 일	백 십 일	백 십 일	백 십 일	백 십 일	백 십 일	백 십 일	백 십 일	백 십 일	백 십 일	백 십 일	백 십 일
⓪ ⓪	⓪ ⓪	⓪ ⓪	⓪ ⓪	⓪ ⓪	⓪ ⓪	⓪ ⓪	⓪ ⓪	⓪ ⓪	⓪ ⓪	⓪ ⓪	⓪ ⓪
① ① ①	① ① ①	① ① ①	① ① ①	① ① ①	① ① ①	① ① ①	① ① ①	① ① ①	① ① ①	① ① ①	① ① ①
② ② ②	② ② ②	② ② ②	② ② ②	② ② ②	② ② ②	② ② ②	② ② ②	② ② ②	② ② ②	② ② ②	② ② ②
③ ③ ③	③ ③ ③	③ ③ ③	③ ③ ③	③ ③ ③	③ ③ ③	③ ③ ③	③ ③ ③	③ ③ ③	③ ③ ③	③ ③ ③	③ ③ ③
④ ④ ④	④ ④ ④	④ ④ ④	④ ④ ④	④ ④ ④	④ ④ ④	④ ④ ④	④ ④ ④	④ ④ ④	④ ④ ④	④ ④ ④	④ ④ ④
⑤ ⑤ ⑤	⑤ ⑤ ⑤	⑤ ⑤ ⑤	⑤ ⑤ ⑤	⑤ ⑤ ⑤	⑤ ⑤ ⑤	⑤ ⑤ ⑤	⑤ ⑤ ⑤	⑤ ⑤ ⑤	⑤ ⑤ ⑤	⑤ ⑤ ⑤	⑤ ⑤ ⑤
⑥ ⑥ ⑥	⑥ ⑥ ⑥	⑥ ⑥ ⑥	⑥ ⑥ ⑥	⑥ ⑥ ⑥	⑥ ⑥ ⑥	⑥ ⑥ ⑥	⑥ ⑥ ⑥	⑥ ⑥ ⑥	⑥ ⑥ ⑥	⑥ ⑥ ⑥	⑥ ⑥ ⑥
⑦ ⑦ ⑦	⑦ ⑦ ⑦	⑦ ⑦ ⑦	⑦ ⑦ ⑦	⑦ ⑦ ⑦	⑦ ⑦ ⑦	⑦ ⑦ ⑦	⑦ ⑦ ⑦	⑦ ⑦ ⑦	⑦ ⑦ ⑦	⑦ ⑦ ⑦	⑦ ⑦ ⑦
⑧ ⑧ ⑧	⑧ ⑧ ⑧	⑧ ⑧ ⑧	⑧ ⑧ ⑧	⑧ ⑧ ⑧	⑧ ⑧ ⑧	⑧ ⑧ ⑧	⑧ ⑧ ⑧	⑧ ⑧ ⑧	⑧ ⑧ ⑧	⑧ ⑧ ⑧	⑧ ⑧ ⑧
⑨ ⑨ ⑨	⑨ ⑨ ⑨	⑨ ⑨ ⑨	⑨ ⑨ ⑨	⑨ ⑨ ⑨	⑨ ⑨ ⑨	⑨ ⑨ ⑨	⑨ ⑨ ⑨	⑨ ⑨ ⑨	⑨ ⑨ ⑨	⑨ ⑨ ⑨	⑨ ⑨ ⑨

※ 실제 HME 해법수학 학력평가의 OMR 카드와 같습니다.

정답 및 풀이

1단원 기출 유형 정답률 75%이상

5~9쪽

유형 1 100	
1 50	**2** ㉡
유형 2 ④	
3 5000000 (또는 500만)	**4** ㉡
유형 3 5	
5 1	**6** 7
유형 4 624	
7 5억 9000만	**8** 9억 8500만
유형 5 ③	
9 100	**10** 2000
유형 6 30	
11 500	**12** 4500
유형 7 8	
13 8	**14** 9
유형 8 8	
15 4	**16** 5
유형 9 4	
17 6	**18** 9
유형 10 8	
19 4	**20** 6

유형 1 10000은 9900보다 100만큼 더 큰 수입니다.

1 10000은 9950보다 50만큼 더 큰 수입니다.

2 푸는 순서
❶ ㉠의 □ 안에 알맞은 수 구하기
❷ ㉡의 □ 안에 알맞은 수 구하기
❸ □ 안에 알맞은 수가 더 큰 것 찾기

❶ ㉠ 10000은 9990보다 10만큼 더 큰 수입니다.
❷ ㉡ 10000은 9000보다 1000만큼 더 큰 수입니다.
❸ 10<1000이므로 □ 안에 알맞은 수가 더 큰 것은 ㉡입니다.

유형 2 5372198에서 숫자 3은 십만의 자리 숫자이고, 300000을 나타냅니다.

3 235190746에서 숫자 5는 백만의 자리 숫자이고, 5000000을 나타냅니다.

4 숫자 8이 나타내는 값을 각각 알아봅니다.
㉠ 8조 ㉡ 8억 ㉢ 80만
⇨ 숫자 8이 나타내는 값이 8억인 것은 ㉡입니다.

유형 3 26|5083|9671|
억 만 일
⇨ 천만의 자리 숫자는 5입니다.

참고
낮은 자리부터 네 자리씩 나누어 표시해 보고, 각 자리 숫자를 알아봅니다.

5 37|6102|8549|
억 만 일
⇨ 백만의 자리 숫자는 1입니다.

6 전략 가이드
십만의 자리 숫자가 3인 수를 먼저 찾습니다.

㉠ 2|6179|2036|7499|
조 억 만 일
㉡ 5439|1756|2405|
억 만 일
⇨ 십만의 자리 숫자가 3인 수는 ㉠이고, ㉠의 십억의 자리 숫자는 7입니다.

유형 4 574만−584만−594만−604만−614만−624만(㉠)
따라서 ㉠에 알맞은 수는 624만입니다.

7 5억 4000만－5억 5000만－5억 6000만
－5억 7000만－5억 8000만－5억 9000만(㉠)
⇨ ㉠에 알맞은 수는 5억 9000만입니다.

8 백만의 자리 숫자가 2씩 커지므로 200만씩 뛰어 센 것입니다.
9억 7500만－9억 7700만－9억 7900만
－9억 8100만－9억 8300만－9억 8500만(㉠)
⇨ ㉠에 알맞은 수는 9억 8500만입니다.

유형 5 ㉠은 백만의 자리 숫자이므로 6000000을 나타내고, ㉡은 천의 자리 숫자이므로 6000을 나타냅니다.
⇨ ㉠이 나타내는 값은 ㉡이 나타내는 값의 1000배입니다.

참고
• 자리의 숫자와 나타내는 수 알아보기
예 24279000
→ 천만의 자리 숫자, 20000000

9 ㉠은 십만의 자리 숫자이므로 800000을 나타내고, ㉡은 천의 자리 숫자이므로 8000을 나타냅니다.
⇨ ㉠이 나타내는 값은 ㉡이 나타내는 값의 100배입니다.

10 전략 가이드
각각 밑줄 친 자리의 숫자가 나타내는 값을 구해 몇 배인지 알아봅니다.

㉠은 백만의 자리 숫자이므로 8000000을 나타내고, ㉡은 천의 자리 숫자이므로 4000을 나타냅니다.
⇨ 8은 4의 2배이고, 백만은 천의 1000배이므로 ㉠이 나타내는 값은 ㉡이 나타내는 값의 2000배입니다.

유형 6 300억 →(10배) 3000억 →(10배) 3조 →(10배) 30조
⇨ ㉠에 알맞은 수는 30조입니다.

참고
• 어떤 수에서 10배씩 뛰어 세기
어떤 수 뒤에 0이 1개씩 늘어납니다.
• 어떤 수에서 100배씩 뛰어 세기
어떤 수 뒤에 0이 2개씩 늘어납니다.

11 5만 →(100배) 500만 →(100배) 5억 →(100배) 500억
⇨ ㉠에 알맞은 수는 500억입니다.

12 10배씩 거꾸로 뛰어 세어 보면
450조－45조－4조 5000억－4500억
⇨ ㉠에 알맞은 수는 4500억입니다.

유형 7 육천오십억 팔십사만
⇨ 6050억 84만
⇨ 605000840000
따라서 0은 모두 8개입니다.

참고
읽지 않은 자리는 0을 써서 나타냅니다.
예 이십만 오백
⇨ 2 0 만 0 5 0 0
⇨ 200500

13 삼천육십억 삼십팔만
⇨ 3060억 38만
⇨ 306000380000
따라서 0은 모두 8개입니다.

14 삼천삼백일억
⇨ 3301억
⇨ 330100000000
따라서 0을 모두 9번 눌러야 합니다.

유형 8 ㉠ 316251248000000
㉡ 75000002009000
㉢ 240000036000000
⇨ ㉠>㉢>㉡이므로 가장 큰 수는 ㉠이고, ㉠의 백만의 자리 숫자는 8입니다.

참고
• 수의 크기 비교하기
① 자리 수가 같은지 다른지 비교해 봅니다.
② 자리 수가 다르면 자리 수가 많은 쪽이 더 큽니다.
③ 자리 수가 같으면 가장 높은 자리 수부터 차례대로 비교하여 수가 큰 쪽이 더 큽니다.

15 푸는 순서
❶ 수로 나타내어 보기
❷ 수의 크기를 비교하여 더 작은 수 찾기
❸ ❷에서 찾은 수의 백억의 자리 숫자 구하기

❶ ㉠ 39340780000000
㉡ 250006942500000
❷ ㉠<㉡이므로 더 작은 수는 ㉠입니다.
❸ ㉠의 백억의 자리 숫자는 4입니다.

16 ㉠ 4600310032
㉡ 4690500187
㉢ 3997800000
⇨ ㉡>㉠>㉢이므로 가장 큰 수는 ㉡이고, ㉡의 십만의 자리 숫자는 5입니다.

유형 9 7700만-9700만-1억 1700만-1억 3700만-1억 5700만
(1번, 2번, 3번, 4번)
⇨ 2000만씩 4번 뛰어 센 것입니다.

17 전략 가이드
400만씩 뛰어 세므로 백만의 자리 숫자가 4씩 커지게 뛰어 세어 봅니다.

8500만-8900만-9300만-9700만-1억 100만-1억 500만-1억 900만
(1번, 2번, 3번, 4번, 5번, 6번)
⇨ 400만씩 6번 뛰어 센 것입니다.

18 4300만-4500만-4700만-4900만-5100만-5300만-5500만-5700만-5900만-6100만
(1번, 2번, 3번, 4번, 5번, 6번, 7번, 8번, 9번)
⇨ 적어도 9번 뛰어 세어야 합니다.

유형 10 두 수는 모두 8자리 수이고 천만의 자리 수부터 천의 자리 수까지 각각 같습니다.
십의 자리 수를 비교하면 5>4이므로 □ 안에는 7과 같거나 작은 수가 들어갈 수 있습니다.
⇨ □ 안에 들어갈 수 있는 수는 0, 1, 2, 3, 4, 5, 6, 7로 모두 8개입니다.

19 푸는 순서
❶ 자리 수 비교하기
❷ 높은 자리부터 수 비교하기
❸ □ 안에 들어갈 수 있는 수 알아보기

❶ 두 수는 모두 9자리 수입니다.
❷ 억의 자리 수부터 십만의 자리 수까지 각각 같습니다.
❸ 천의 자리 수를 비교하면 3<8이므로 □ 안에는 5보다 큰 수가 들어갈 수 있습니다.
⇨ □ 안에 들어갈 수 있는 수는 6, 7, 8, 9로 모두 4개입니다.

20 두 수는 모두 8자리 수이고 천만의 자리 수, 백만의 자리 수가 각각 같습니다. 만의 자리 수를 비교하면 5<8이므로 □ 안에는 4보다 작은 수가 들어갈 수 있습니다.
⇨ □ 안에 들어갈 수 있는 수는 0, 1, 2, 3이므로 합은 0+1+2+3=6입니다.

1단원 기출 유형 정답률 55% 이상

10~11쪽

유형 11	6		
21	4	22	7, 8, 9
유형 12	8	23	2700323447
유형 13	675		
24	48	25	53만 4000
유형 14	35	26	8710324569

유형 11 두 수의 자리 수는 같습니다.
억, 천만의 자리 수가 각각 같고, 오른쪽 수의 백만의 자리 숫자가 3이므로 □ 안에 3부터 넣어 크기를 비교합니다.
□=3일 때 823320291<823355934이므로 조건에 맞지 않습니다.
⇨ □는 3보다 커야 하므로 4, 5, 6, 7, 8, 9로 모두 6개입니다.

참고
□ 안에 0부터 9까지의 수를 각각 넣어 보고 높은 자리부터 수의 크기를 비교해 가며 공통으로 들어갈 수 있는 수를 찾아봅니다.

21 두 수의 자리 수는 같습니다.
억의 자리 수가 같고, 왼쪽 수의 천만의 자리 숫자가 6이므로 □ 안에 6부터 넣어 크기를 비교합니다.
□=6일 때 466326108<467129185이므로 조건에 맞습니다.
⇨ □는 6과 같거나 커야 하므로 6, 7, 8, 9로 모두 4개입니다.

22 두 수의 자리 수는 같습니다.
백억의 자리 수가 같고, 오른쪽 수의 십억의 자리 숫자가 7이므로 □ 안에 7부터 넣어 크기를 비교합니다.
□=7일 때 47587165909>47587165709이므로 조건에 맞습니다.
⇨ □는 7과 같거나 커야 하므로 7, 8, 9입니다.

유형 12 • 천의 자리 숫자가 2인 가장 큰 다섯 자리 수: 92874 (㉠=8)
• 천의 자리 숫자가 2인 가장 작은 다섯 자리 수: 32047 (㉡=0)
(0은 가장 높은 자리에 올 수 없으므로 0, 2를 제외한 가장 작은 수인 3을 가장 높은 자리에 씁니다.)
⇨ ㉠+㉡=8+0=8

참고
• 가장 큰 수 만들기
가장 높은 자리부터 큰 수를 차례대로 놓기
• 가장 작은 수 만들기
가장 높은 자리부터 작은 수를 차례대로 놓기
(단, 가장 높은 자리에 0은 올 수 없습니다.)

23 전략 가이드
주어진 조건의 자리에 해당되는 수를 먼저 채워 넣습니다.

억의 자리 숫자가 7, 만의 자리 숫자가 2인 10자리 수:
□7□□□2□□□□
가장 높은 자리에 0을 제외한 가장 작은 수인 2를 놓은 다음 높은 자리부터 작은 수를 차례대로 놓으면 2700323447입니다.

유형 13 780억−630억=150억이 똑같이 10칸으로 나누어져 있으므로
(작은 눈금 한 칸의 크기)=150억÷10=15억입니다.
㉠은 630억에서 15억씩 3번 뛰어 센 수이므로 630억−645억−660억−675억입니다.
⇨ ㉠=675억

참고
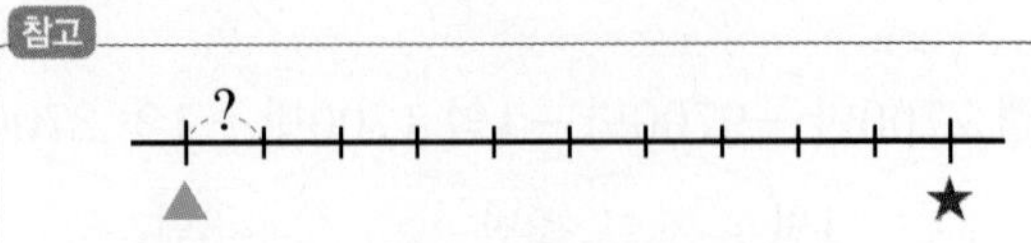

수직선에서 ▲와 ★ 사이가 똑같이 10칸으로 나누어져 있습니다.
(작은 눈금 한 칸의 크기)=(★−▲)÷10

24 전략 가이드

작은 눈금 한 칸의 크기를 알아봅니다.

57억－42억＝15억이 똑같이 10칸으로 나누어져 있으므로

(작은 눈금 한 칸의 크기)＝15억÷10＝1억 5000만입니다.

㉠은 42억에서 1억 5000만씩 4번 뛰어 센 수이므로 42억－43억 5000만－45억－46억 5000만－48억입니다.

⇨ ㉠＝48억

25 푸는 순서

❶ 작은 눈금 한 칸의 크기 구하기
❷ ㉠에 알맞은 수 구하기

❶ 55만－51만＝4만이 똑같이 5칸으로 나누어져 있으므로

(작은 눈금 한 칸의 크기)＝4만÷5＝8000입니다.

❷ ㉠은 51만에서 8000씩 3번 뛰어 센 수이므로 51만－51만 8000－52만 6000－53만 4000입니다.

⇨ ㉠＝53만 4000

유형 14 4, 5, 6, 7, 8, 9의 수로 ②의 조건을 만족하려면 8□□□□4이고, 만의 자리 숫자는 6이므로 86□□□4가 됩니다.

남은 수 5, 7, 9를 사용하여 가장 큰 수를 만들면 869754입니다.

⇨ 백의 자리 숫자는 7, 십의 자리 숫자는 5이므로 7×5＝35입니다.

26 0부터 9까지의 수로 ③의 조건을 만족하려면 □71□□□□□□□이고 ②의 조건에서 십억의 자리 숫자는 만의 자리 숫자의 4배이므로 871□□2□□□□입니다.

⇨ 남은 수 0, 3, 4, 5, 6, 9를 사용하여 가장 작은 수를 만들면 8710324569입니다.

1단원 종합

12~14쪽

1	1	**2**	㉢
3	㉢	**4**	100
5	10	**6**	③
7	①	**8**	8
9	19만 3000	**10**	㉡, ㉢, ㉠
11	74742332	**12**	44

1 5170 9098 (만 / 일)

⇨ 백만의 자리 숫자는 1입니다.

2 ㉢ 10000은 9999보다 1만큼 더 큰 수입니다.

참고

• 10000 알아보기

10000은 1000이 10개인 수입니다.

10000은 9999보다 1만큼 더 큰 수입니다.

10000은 9990보다 10만큼 더 큰 수입니다.

3 숫자 3이 나타내는 값은

㉠ 300만 ㉡ 3000 ㉢ 30만

⇨ 숫자 3이 나타내는 값이 30만인 것은 ㉢입니다.

4 ㉠은 천만의 자리 숫자이므로 40000000을 나타내고 ㉡은 십만의 자리 숫자이므로 400000을 나타냅니다.

⇨ ㉠이 나타내는 값은 ㉡이 나타내는 값의 100배입니다.

5 3억－30억－300억－3000억 (10배, 10배, 10배)

⇨ 10배씩 뛰어서 세는 규칙입니다.

6 ① 571439>20746

② 149억<3조

④ 7320억<4319조

⑤ 203조 7000억>200조

7 3482950 > 348□541

두 수는 모두 7자리 수이고 백만의 자리 수부터 만의 자리 수까지 각각 같습니다. 백의 자리 수를 비교하면 9 > 5이므로 □ 안에는 2와 같거나 작은 수가 들어갈 수 있습니다.

8 3826억보다 40억만큼 더 큰 수
⇨ 3866억
⇨ 386600000000
따라서 0을 모두 8번 눌러야 합니다.

9 전략 가이드
어느 자리의 수가 몇씩 커지는지 알아보고 뛰어 센 규칙을 찾습니다.

만의 자리 수가 2씩 커지므로 2만씩 뛰어 센 규칙입니다.
15만 3000에서 2만씩 2번 뛰어 세면
15만 3000 − 17만 3000 − 19만 3000입니다.

10 ㉠, ㉡, ㉢의 세 수는 자리 수가 모두 같습니다.
㉠의 □ 안에 가장 큰 수 9를 넣어도 백만의 자리에서 ㉠이 가장 작습니다.
㉡의 □ 안에 가장 작은 수 0을 넣어도 천의 자리에서 ㉡이 가장 큽니다.
따라서 큰 수부터 차례대로 쓰면 ㉡, ㉢, ㉠입니다.

11 백만의 자리 숫자가 4, 천의 자리 숫자가 2인 8자리 수: □4□□2□□□
높은 자리부터 큰 수를 차례대로 놓으면 74742332입니다.

12 삼백팔십육만 → 3860000
38500의 100배 → 3850000
⇨ 3850000 < □ < 3860000이면서 천의 자리 숫자가 일의 자리 숫자의 4배인 수는 3854□□1, 3858□□2이고, 이 중 가장 큰 수는 3858992입니다. 따라서 $3+8+5+8+9+9+2=44$입니다.

2단원 기출 유형 (정답률 75% 이상)

15~21쪽

유형 1 65	
1 120	2 90
유형 2 115	
3 85	4 55
유형 3 3	
5 2	6 4, 2
유형 4 130	
7 135	8 75
유형 5 ①	
9 ㉢, ㉣	10 둔각
유형 6 ②	
11 115	12 120
유형 7 175	
13 205	14 180
유형 8 66	
15 55	16 110
유형 9 140	
17 ㉠	18 ㉢
유형 10 4	
19 6	20 5
유형 11 82	
21 40	22 140
유형 12 105	
23 85	24 70
유형 13 150	
25 60	26 75
유형 14 75	
27 70	28 70

유형 1 각의 한 변이 바깥쪽 눈금 0에 맞춰져 있으므로 바깥쪽 눈금을 읽으면 65°입니다.

참고
• 각도 읽기
각도기의 밑금과 만나는 각의 변에서 시작하여 나머지 변과 만나는 각도기의 눈금을 읽습니다.

1 각의 한 변이 안쪽 눈금 0에 맞춰져 있으므로 안쪽 눈금을 읽으면 120°입니다.

2 각 ㄱㅇㄴ 사이의 각도기의 눈금을 세어 보면 $90°$입니다.

유형 2 (각 ㄱㅇㄷ)$=$(각 ㄱㅇㄴ)$+$(각 ㄴㅇㄷ)
$=70°+45°=115°$

> **참고**
> • 각도의 합과 차
> 각도의 합과 차는 자연수의 덧셈, 뺄셈과 같은 방법으로 계산한 다음 단위(°)를 붙입니다.

3 (각 ㄱㅇㄷ)$=$(각 ㄴㅇㄷ)$-$(각 ㄴㅇㄱ)
$=150°-65°=85°$

4 (각 ㄴㅇㄷ)$=$(각 ㄱㅇㄷ)$-$(각 ㄱㅇㄴ)
$=145°-90°=55°$

유형 3 각도가 $0°$보다 크고 직각보다 작은 각을 모두 찾습니다.
⇨ 예각은 $85°$, $76°$, $9°$로 모두 3개입니다.

> **참고**
> • 예각
> 각도가 $0°$보다 크고 직각보다 작은 각
> • 둔각
> 각도가 직각보다 크고 $180°$보다 작은 각

5 각도가 직각보다 크고 $180°$보다 작은 각을 모두 찾습니다.
⇨ 둔각은 $120°$, $100°$로 모두 2개입니다.

6 예각: $75°$, $20°$, $85°$, $15°$ ⇨ 4개
둔각: $160°$, $100°$ ⇨ 2개

유형 4 사각형의 네 각의 크기의 합은 $360°$이므로
(각 ㄱㄹㄷ)$=360°-100°-75°-55°=130°$

7 사각형의 네 각의 크기의 합은 $360°$이므로
㉠$=360°-95°-80°-50°=135°$

8 사각형의 네 각의 크기의 합은 $360°$이므로
㉠$=360°-115°-80°-90°=75°$

유형 5 ① 둔각 ② 예각 ③ 예각

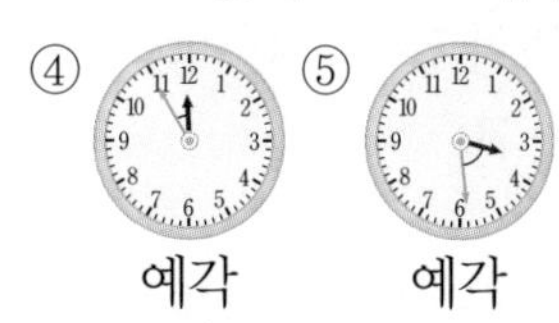
④ 예각 ⑤ 예각

⇨ 둔각인 시각은 ①입니다.

9 ㉠ 둔각 ㉡ 직각 ㉢ 예각 ㉣ 예각
⇨ 예각인 시각은 ㉢, ㉣입니다.

10

> **푸는 순서**
> ❶ 민재가 운동을 끝마친 시각 구하기
> ❷ ❶에서 구한 시각을 시계에 나타내기
> ❸ 예각, 둔각 중 어느 것인지 알아보기

❶ 민재가 운동을 끝마친 시각은 3시 40분입니다.
❷

❸ 3시 40분일 때 긴바늘과 짧은바늘이 이루는 작은 쪽의 각은 둔각입니다.

유형 6 삼각형의 세 각의 크기의 합은 $180°$이므로
㉠$=180°-50°-90°=40°$

> **참고**
> 모양과 크기에 상관없이 삼각형의 세 각의 크기의 합은 $180°$입니다.

11 삼각형의 세 각의 크기의 합은 $180°$이므로
㉠$=180°-35°-30°=115°$

12 전략 가이드

삼각형의 세 각의 크기의 합이 $180°$임을 이용합니다.

㉠$+60°+$㉡$=180°$

⇨ ㉠$+$㉡$=180°-60°=120°$

유형 7 사각형의 네 각의 크기의 합은 $360°$이므로

㉠$+$㉡$=360°-115°-70°=175°$

참고

모양과 크기에 상관없이 사각형의 네 각의 크기의 합은 $360°$입니다.

13 사각형의 네 각의 크기의 합은 $360°$이므로

㉠$+$㉡$=360°-90°-65°=205°$

14 직선을 이루는 각의 크기는 $180°$이므로

㉠$=180°-70°=110°$, ㉢$=180°-110°=70°$

⇨ $110°+$㉡$+70°+$㉣$=360°$,

㉡$+$㉣$=360°-110°-70°=180°$

유형 8 삼각형을 잘라 세 꼭짓점이 한 점에 모이도록 겹치지 않게 이어 붙인 것이 직선이므로 삼각형의 세 각의 크기의 합은 $180°$입니다.

⇨ ㉠$=180°-58°-56°=66°$

참고

(직선을 이루는 각의 크기)$=180°$

$180°$

15 삼각형을 세 꼭짓점이 한 점에 모이도록 겹치지 않게 접은 것이 직선이므로 삼각형의 세 각의 크기의 합은 $180°$입니다.

⇨ ㉠$=180°-55°-70°=55°$

16 사각형을 잘라 네 꼭짓점이 한 점에 모이도록 겹치지 않게 이어 붙이면 하나의 평면을 채우므로 사각형의 네 각의 크기의 합은 $360°$입니다.

⇨ ㉠$=360°-70°-60°-120°=110°$

유형 9 ㉠ $180°-40°=140°$

㉡ $50°+35°-20°=65°$

⇨ $140°>65°$이므로 더 큰 각은 $140°$입니다.

17 ㉠ $80°+75°=155°$

㉡ $150°-35°=115°$

⇨ $155°>115°$이므로 더 큰 각은 ㉠입니다.

18 ㉠ $180°-30°=150°$

㉡ $120°+90°=210°$

㉢ $75°+150°=225°$

⇨ $225°>210°>150°$이므로 가장 큰 각은 ㉢입니다.

유형 10 각도가 직각보다 크고 $180°$보다 작은 각을 둔각이라고 합니다.

$23°\times3=69°$, $23°\times4=92°$이므로 둔각을 만들려면 각을 적어도 4개 이어 붙여야 합니다.

19 각도가 직각보다 크고 $180°$보다 작은 각을 둔각이라고 합니다.

$17°\times5=85°$, $17°\times6=102°$이므로 둔각을 만들려면 각을 적어도 6개 이어 붙여야 합니다.

20 각도가 직각보다 크고 $180°$보다 작은 각을 둔각이라고 합니다.
$35° \times 5 = 175°$, $35° \times 6 = 210°$이므로
각의 크기가 가장 큰 둔각을 만들려면 각을 5개 이어 붙여야 합니다.

유형 11

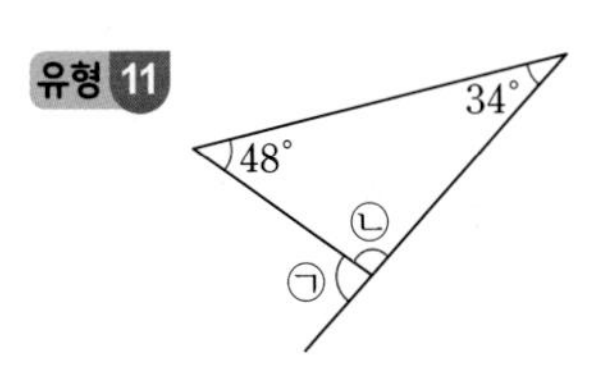

삼각형의 세 각의 크기의 합은 $180°$이므로
㉡$= 180° - 48° - 34° = 98°$
⇨ 직선을 이루는 각의 크기는 $180°$이므로
㉠$= 180° - 98° = 82°$

21

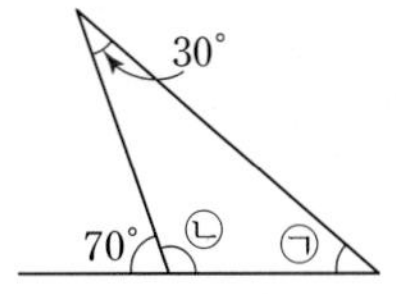

직선을 이루는 각의 크기는 $180°$이므로
㉡$= 180° - 70° = 110°$
⇨ 삼각형의 세 각의 크기의 합은 $180°$이므로
㉠$= 180° - 30° - 110° = 40°$

22 전략 가이드

삼각형의 세 각의 크기의 합이 $180°$임을 이용하여 ㉡의 각도를 구하고, 직선을 이루는 각의 크기가 $180°$임을 이용하여 ㉠의 각도를 구합니다.

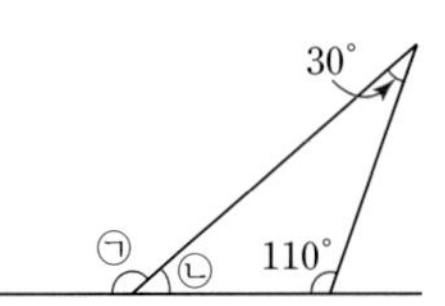

삼각형의 세 각의 크기의 합은 $180°$이므로
㉡$= 180° - 30° - 110° = 40°$
⇨ 직선을 이루는 각의 크기는 $180°$이므로
㉠$= 180° - 40° = 140°$

유형 12

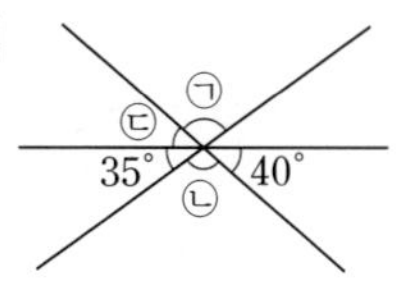

직선을 이루는 각의 크기는 $180°$이므로
㉡$= 180° - 35° - 40° = 105°$
㉢$= 180° - 35° - 105° = 40°$
⇨ ㉠$= 180° - 35° - 40° = 105°$

23 푸는 순서

❶ ㉡의 각도 구하기
❷ ㉢의 각도 구하기
❸ ㉠의 각도 구하기

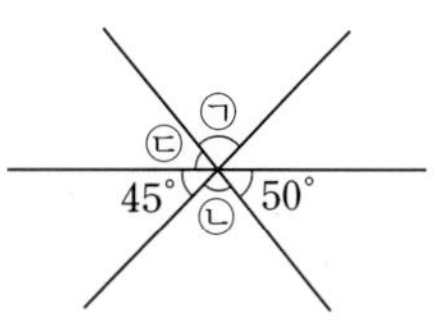

❶ 직선을 이루는 각의 크기는 $180°$이므로
㉡$= 180° - 45° - 50° = 85°$
❷ ㉢$= 180° - 45° - 85° = 50°$
❸ ㉠$= 180° - 45° - 50° = 85°$

24 푸는 순서

❶ ㉡의 각도 구하기
❷ ㉠의 각도 구하기

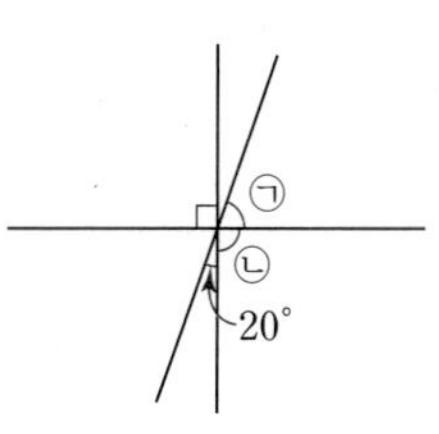

❶ ㉡$= 90°$
❷ 직선을 이루는 각의 크기는 $180°$이므로
㉠$= 180° - 20° - 90° = 70°$

유형 13

(큰 눈금 한 칸의 각의 크기)$= 360° \div 12 = 30°$
⇨ (큰 눈금 5칸의 각의 크기)$= 30° \times 5 = 150°$

25 전략 가이드

시각을 시계에 나타내어 보고 큰 눈금이 몇 칸인지 알아봅니다.

(큰 눈금 한 칸의 각의 크기)$=360^\circ \div 12=30^\circ$

⇨ (큰 눈금 2칸의 각의 크기)$=30^\circ \times 2=60^\circ$

26 전략 가이드

짧은바늘이 1시간 동안 움직이는 각도를 이용하여 30분 동안 움직이는 각도를 알아봅니다.

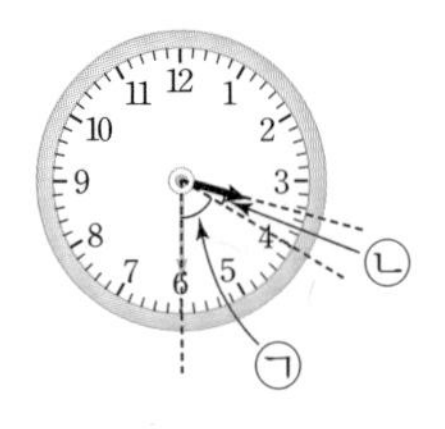

(큰 눈금 한 칸의 각의 크기)$=360^\circ \div 12=30^\circ$ 이므로

㉠$=$(큰 눈금 2칸의 각의 크기)

$=30^\circ \times 2=60^\circ$

짧은바늘은 1시간 동안 30°를 움직이므로 30분 동안 15°를 움직입니다. → ㉡$=15^\circ$

⇨ ㉠$+$㉡$=60^\circ+15^\circ=75^\circ$

유형 14

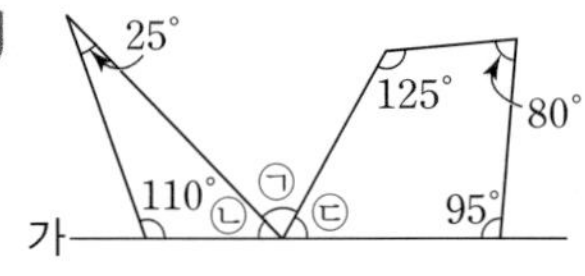

- 삼각형의 세 각의 크기의 합은 180°이므로
  ㉡$=180^\circ-25^\circ-110^\circ=45^\circ$
- 사각형의 네 각의 크기의 합은 360°이므로
  ㉢$=360^\circ-125^\circ-80^\circ-95^\circ=60^\circ$

⇨ ㉠$=180^\circ-45^\circ-60^\circ=75^\circ$

27

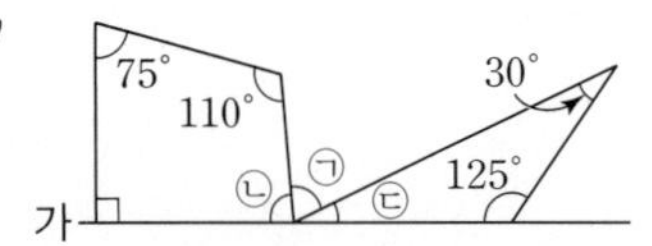

- 사각형의 네 각의 크기의 합은 360°이므로
  ㉡$=360^\circ-75^\circ-90^\circ-110^\circ=85^\circ$
- 삼각형의 세 각의 크기의 합은 180°이므로
  ㉢$=180^\circ-30^\circ-125^\circ=25^\circ$

⇨ ㉠$=180^\circ-85^\circ-25^\circ=70^\circ$

28 푸는 순서

❶ 삼각형 ㄱㄴㄷ에서 각 ㄱㄷㄴ의 크기 구하기
❷ 삼각형 ㅁㄷㄹ에서 각 ㅁㄷㄹ의 크기 구하기
❸ 각 ㄱㄷㅁ의 크기 구하기

❶ 삼각형 ㄱㄴㄷ에서
(각 ㄱㄷㄴ)$=180^\circ-50^\circ-55^\circ=75^\circ$

❷ 삼각형 ㅁㄷㄹ에서
(각 ㅁㄷㄹ)$+$(각 ㄹㅁㄷ)$=180^\circ-110^\circ=70^\circ$,
(각 ㅁㄷㄹ)$=$(각 ㄹㅁㄷ)$=70^\circ \div 2=35^\circ$

❸ (각 ㄱㄷㅁ)$=180^\circ-75^\circ-35^\circ=70^\circ$

2단원 기출 유형 정답률 55% 이상

22~23쪽

유형 15 105	29 75
유형 16 430	
30 415	31 60
유형 17 70	
32 85	33 40
유형 18 55	34 110

유형 15 삼각형 ㄱㄴㄷ에서
(각 ㄱㄷㄴ)$=180^\circ-45^\circ-90^\circ=45^\circ$이므로
(각 ㅂㄷㄹ)$=90^\circ-45^\circ=45^\circ$
삼각형 ㄹㅂㄷ에서
(각 ㄹㅂㄷ)$=180^\circ-60^\circ-45^\circ=75^\circ$
⇨ 직선을 이루는 각의 크기는 180°이므로
㉠$=180^\circ-75^\circ=105^\circ$

참고

삼각자는 다음과 같이 2가지가 있습니다.

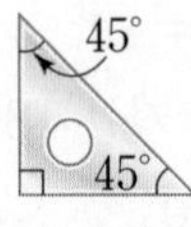

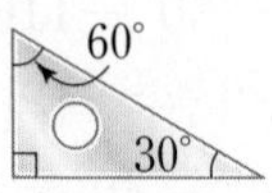

29 삼각형 ㄱㄴㄷ에서
(각 ㄱㄷㄴ)$=180^\circ-45^\circ-90^\circ=45^\circ$
삼각형 ㄹㄴㅁ에서
(각 ㄹㄴㅁ)$=180^\circ-60^\circ-90^\circ=30^\circ$
⇨ 삼각형 ㅂㄴㄷ에서
(각 ㄷㅂㄴ)$=180^\circ-30^\circ-45^\circ=105^\circ$이므로
(각 ㄹㅂㄷ)$=180^\circ-105^\circ=75^\circ$

다른 풀이
삼각형 ㄱㄴㄷ에서
(각 ㄱㄷㄴ)$=180^\circ-45^\circ-90^\circ=45^\circ$이므로
(각 ㅂㄷㅁ)$=180^\circ-45^\circ=135^\circ$
⇨ 사각형 ㄹㅂㄷㅁ에서
(각 ㄹㅂㄷ)$=360^\circ-60^\circ-135^\circ-90^\circ=75^\circ$

유형 16 사각형 ㄹㄴㄷㅁ의 네 각의 크기의 합은 360°입니다.
⇨ (도형에 표시된 5개의 각의 크기의 합)
=(각 ㄷㄱㄴ)
+(사각형 ㄹㄴㄷㅁ의 네 각의 크기의 합)
$=70^\circ+360^\circ=430^\circ$

30 사각형 ㄱㄹㅁㄷ의 네 각의 크기의 합은 360°입니다.
⇨ (도형에 표시된 5개의 각의 크기의 합)
=(각 ㄱㄴㄷ)
+(사각형 ㄱㄹㅁㄷ의 네 각의 크기의 합)
$=55^\circ+360^\circ=415^\circ$

31 사각형 ㄱㄴㄹㅁ의 네 각의 크기의 합은 360°입니다.
⇨ (각 ㄴㄷㄱ)
=(도형에 표시된 5개의 각의 크기의 합)
−(사각형 ㄱㄴㄹㅁ의 네 각의 크기의 합)
$=420^\circ-360^\circ=60^\circ$

유형 17 (각 ㄱㅇㄴ)$=180^\circ-135^\circ=45^\circ$
⇨ (각 ㄴㅇㄷ)$=115^\circ-45^\circ=70^\circ$

32 (각 ㄷㅁㄹ)$=180^\circ-125^\circ=55^\circ$
⇨ (각 ㄴㅁㄷ)$=140^\circ-55^\circ=85^\circ$

33 (각 ㄴㅁㄹ)$=90^\circ$이므로
(각 ㄴㅁㄷ)$=90^\circ-40^\circ=50^\circ$입니다.
(각 ㄱㅁㄷ)$=90^\circ$이므로
(각 ㄱㅁㄴ)$=90^\circ-50^\circ=40^\circ$입니다.

유형 18

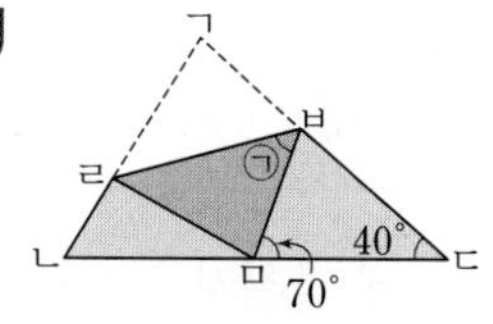

삼각형 ㅂㅁㄷ에서
(각 ㄷㅂㅁ)$=180^\circ-70^\circ-40^\circ=70^\circ$
⇨ (각 ㄱㅂㅁ)$=180^\circ-70^\circ=110^\circ$이고
㉠=(각 ㄱㅂㄹ)이므로
㉠$=110^\circ\div2=55^\circ$

참고
접은 부분 ㉮와 접기 전의 부분 ㉯의 모양과 크기가 같으므로 각의 크기도 같습니다.

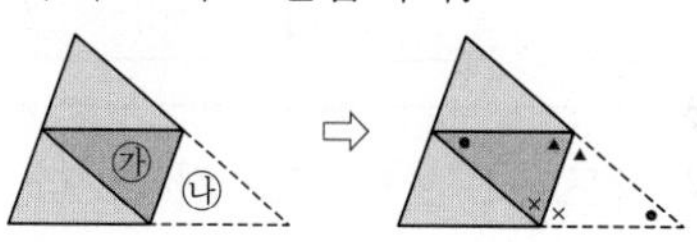

34 푸는 순서
❶ 각 ㄷㄱㅁ의 크기 구하기
❷ 각 ㅁㄱㄴ의 크기 구하기
❸ 삼각형 ㄱㄴㅁ에서 각 ㄴㅁㄱ의 크기 구하기
❹ ㉠의 각도 구하기

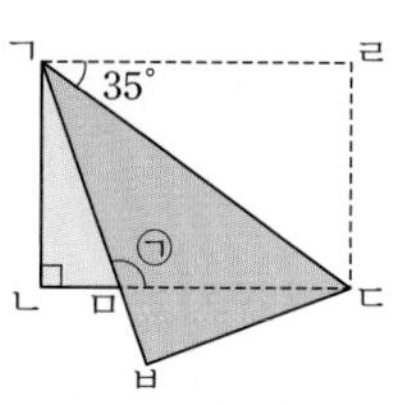

❶ (각 ㄷㄱㅁ)=(각 ㄷㄱㄹ)$=35^\circ$
❷ (각 ㅁㄱㄴ)$=90^\circ-35^\circ-35^\circ=20^\circ$
❸ 삼각형 ㄱㄴㅁ에서
(각 ㄴㅁㄱ)$=180^\circ-20^\circ-90^\circ=70^\circ$
❹ ㉠$=180^\circ-70^\circ=110^\circ$

2단원 종합

24~28쪽

1 75	**2** 2
3 75	**4** 115
5 105	**6** ㉠
7 80	**8** ③
9 35	**10** 300
11 70	**12** 150
13 4	**14** 25
15 85	**16** 105
17 15	**18** 45
19 108	**20** 105

1 각의 한 변이 바깥쪽 눈금 0에 맞춰져 있으므로 바깥쪽 눈금을 읽으면 75°입니다.

2 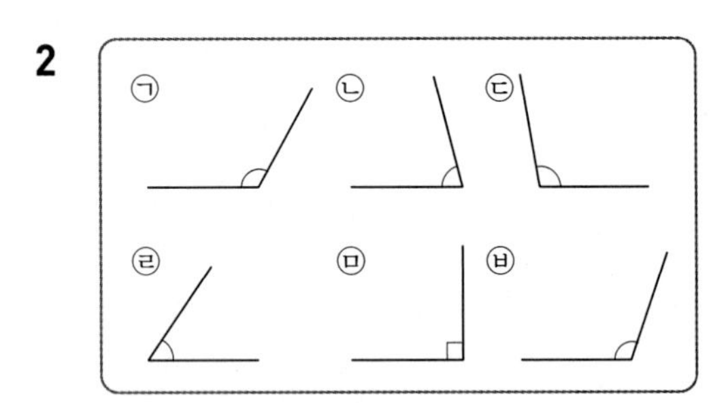

예각은 각도가 0°보다 크고 직각보다 작은 각입니다.
⇨ 예각은 ㉡, ㉣이므로 모두 2개입니다.

3 각도의 합은 자연수의 덧셈과 같은 방법으로 계산합니다.
$35° + 40° = 75°$

4 ㉠$= 360° - 65° - 75° - 105° = 115°$

5 사각형의 네 각의 크기의 합은 360°이므로
(각 ㄱㄴㄷ)$= 360° - 60° - 80° - 115° = 105°$

6 ㉠ $65° + 45° = 110°$
㉡ $130° - 40° = 90°$
⇨ $110° > 90°$이므로 더 큰 각은 ㉠입니다.

7 삼각형의 세 각의 크기의 합은 180°이므로
㉠$+ 100° +$㉡$= 180°$
⇨ ㉠$+$㉡$= 180° - 100° = 80°$

8 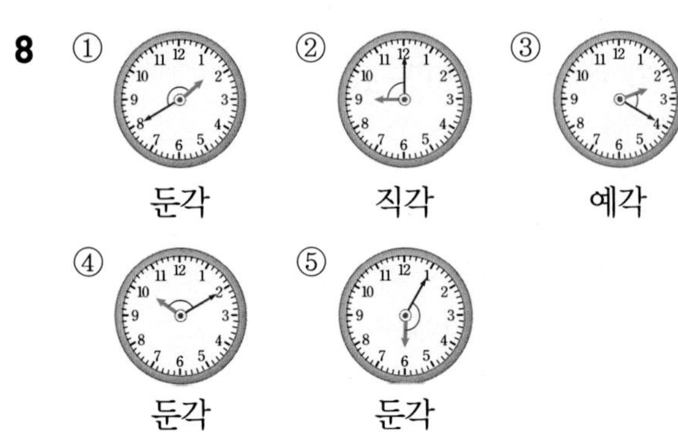

⇨ 예각인 시각은 ③입니다.

9 직선을 이루는 각의 크기는 180°이므로
$55° + 90° +$㉠$= 180°$입니다.
⇨ ㉠$= 180° - 55° - 90° = 35°$

10 사각형의 네 각의 크기의 합은 360°입니다.
㉠$+$㉡$+$㉢$+ 60° = 360°$
㉠$+$㉡$+$㉢$= 360° - 60°$
㉠$+$㉡$+$㉢$= 300°$

11 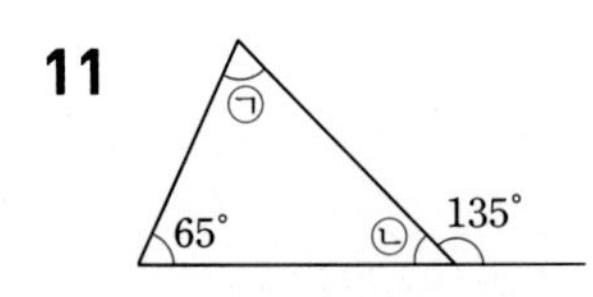

직선을 이루는 각의 크기는 180°이므로
㉡$= 180° - 135° = 45°$
⇨ 삼각형의 세 각의 크기의 합은 180°이므로
㉠$= 180° - 65° - 45° = 70°$

12 전략 가이드
시계의 긴바늘과 짧은바늘이 이루는 작은 쪽의 각은 큰 눈금 몇 칸으로 이루어진 것인지 알아봅니다.

(큰 눈금 한 칸의 각의 크기)$= 360° \div 12 = 30°$
⇨ (큰 눈금 5칸의 각의 크기)$= 30° \times 5 = 150°$

13 각도가 직각보다 크고 180°보다 작은 각을 둔각이라고 합니다.
30°×3=90°, 30°×4=120°이므로 둔각을 만들려면 각을 적어도 4개 이어 붙여야 합니다.

14 사각형 ㄱㄴㅁㄹ의 네 각의 크기의 합은 360°입니다.
⇨ (각 ㄱㄷㄴ)
=(도형에 표시된 5개의 각의 크기의 합)
−(사각형 ㄱㄴㅁㄹ의 네 각의 크기의 합)
=385°−360°=25°

15 (각 ㄱㅁㄴ)=180°−130°=50°
⇨ (각 ㄴㅁㄷ)=135°−50°=85°

16

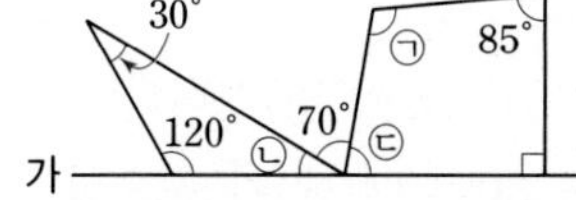

• 삼각형의 세 각의 크기의 합은 180°이므로
㉡=180°−30°−120°=30°
• 직선을 이루는 각의 크기는 180°이므로
㉢=180°−30°−70°=80°
⇨ 사각형의 네 각의 크기의 합은 360°이므로
㉠=360°−80°−90°−85°=105°

17 푸는 순서
❶ 삼각형 ㄱㄴㅁ에서 각 ㄱㄴㅁ의 크기 구하기
❷ 삼각형 ㄹㄴㄷ에서 각 ㄹㄴㄷ의 크기 구하기
❸ 각 ㅁㄴㄹ의 크기 구하기

❶ 삼각형 ㄱㄴㅁ에서
(각 ㄱㄴㅁ)=180°−90°−50°=40°
❷ 삼각형 ㄹㄴㄷ에서
(각 ㄹㄴㄷ)=180°−55°−90°=35°
❸ (각 ㅁㄴㄹ)=90°−40°−35°=15°

18

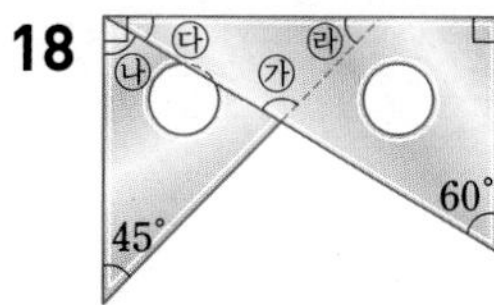

㉰=180°−90°−60°=30°
㉱=180°−90°−45°=45°
㉮=180°−30°−45°=105°
㉯=90°−30°=60°
⇨ ㉮−㉯=105°−60°=45°

19

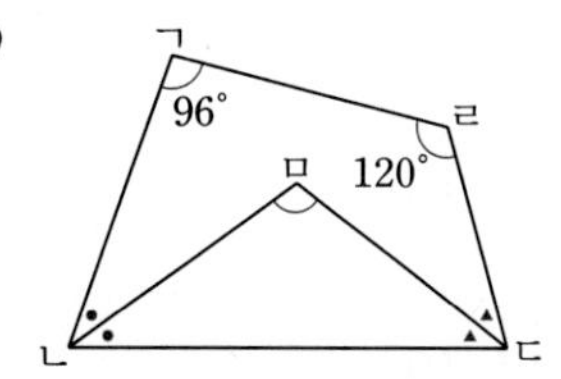

사각형 ㄱㄴㄷㄹ에서
(각 ㄱㄴㄷ)+(각 ㄴㄷㄹ)
=360°−96°−120°=144°
(각 ㄱㄴㅁ)=(각 ㅁㄴㄷ)=●,
(각 ㄹㄷㅁ)=(각 ㅁㄷㄴ)=▲라 하면
●+●+▲+▲=144°, ●+▲=72°입니다.
⇨ 삼각형 ㅁㄴㄷ에서
(각 ㄴㅁㄷ)=180°−(●와 ▲의 합)
=180°−72°=108°

20

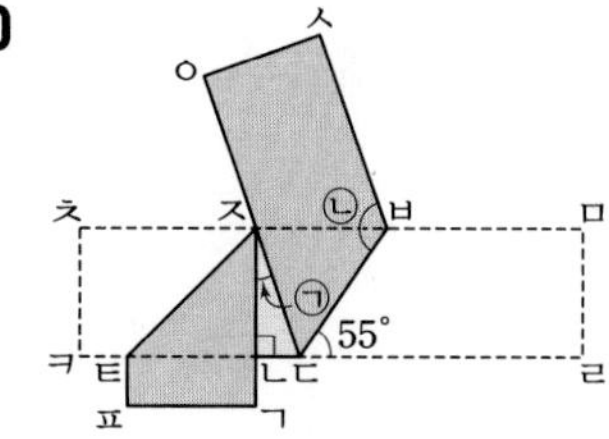

(각 ㅈㄷㅂ)=(각 ㅂㄷㄹ)=55°이므로
(각 ㄴㄷㅈ)=180°−55°−55°=70°
삼각형 ㅈㄴㄷ에서
㉠=180°−90°−70°=20°
사각형 ㅅㅇㄷㅂ에서
㉡=360°−90°−90°−55°=125°
⇨ ㉡−㉠=125°−20°=105°

3단원 기출 유형 (정답률 75% 이상)

29~33쪽

유형 1 3

1 3 / 2 ㉠

유형 2 6

3 2 / 4 3

유형 3 13

5 28 / 6 14

유형 4 94

7 26 / 8 66

유형 5 4

9 3 / 10 ㉡

유형 6 3

11 9 / 12 18

유형 7 16

13 15 / 14 19

유형 8 24

15 56 / 16 20

유형 9 73

17 26 / 18 37, 13

유형 10 1

19 (위부터) 3, 8, 6

20 (위부터) 8, 3, 4, 1, 7, 2

유형 1 300×80=24000이므로 0은 3개입니다.

참고
(몇백)×(몇십)은 (몇)×(몇)의 값에 곱하는 두 수의 0의 개수만큼 0을 씁니다.

1 600×20=12000이므로 0은 3개입니다.

2 ㉠ 500×80=40000 (4개)
㉡ 900×70=63000 (3개)
⇨ 0의 개수가 더 많은 것은 ㉠입니다.

유형 2

$$\begin{array}{r} 5\,4\,1 \\ \times\quad 3\,0 \\ \hline 1\,6\,2\,3\,0 \end{array}$$

6 → ㉡

3

$$\begin{array}{r} 4\,2\,5 \\ \times\quad 3\,0 \\ \hline 1\,2\,7\,5\,0 \end{array}$$

2 → ㉡

4

$$\begin{array}{r} 2\,5\,7 \\ \times\quad 5\,0 \\ \hline 1\,2\,8\,5\,0 \end{array}$$

1 → ㉠, 2 → ㉡
⇨ ㉠+㉡=1+2=3

유형 3 (전체 오징어의 수)÷(사람 수)
=312÷24=13(마리)

참고
똑같이 나누어 주는 상황이므로 나눗셈을 활용합니다.

5 (전체 사탕의 수)÷(유리병의 수)
=896÷32=28(개)

6 푸는 순서
❶ 전체 학생 수 구하기
❷ 필요한 버스는 몇 대인지 구하기

❶ 학생은 모두 219+201=420(명)입니다.
❷ 버스는 적어도 420÷30=14(대)가 필요합니다.

유형 4 나머지는 나누는 수 95보다 작아야 하므로 □÷95의 나머지가 될 수 있는 자연수 중에서 가장 큰 수는 94입니다.

7 □÷27의 나머지가 될 수 있는 자연수 중에서 가장 큰 수는 27보다 1만큼 더 작은 26입니다.

8 나머지는 나누는 수 12보다 작아야 하므로 □÷12의 나머지가 될 수 있는 자연수는 1부터 11까지입니다.
⇨ 1+2+3+⋯+10+11=66

유형 5 몫이 두 자리 수이려면 나누어지는 수의 왼쪽 두 자리 수가 나누는 수와 같거나 나누는 수보다 커야 합니다.
412÷26 → 41>26 (○), 485÷74 → 48<74 (×),
347÷13 → 34>13 (○), 697÷82 → 69<82 (×),
708÷65 → 70>65 (○), 914÷56 → 91>56 (○)
⇨ 몫이 두 자리 수인 나눗셈은 모두 4개입니다.

9 몫이 한 자리 수이려면 나누어지는 수의 왼쪽 두 자리 수가 나누는 수보다 작아야 합니다.

$258 \div 28 \rightarrow 25 < 28$ (◯),
$276 \div 27 \rightarrow 27 = 27$ (×),
$343 \div 57 \rightarrow 34 < 57$ (◯),
$469 \div 47 \rightarrow 46 < 47$ (◯),
$513 \div 50 \rightarrow 51 > 50$ (×),
$588 \div 36 \rightarrow 58 > 36$ (×)

⇨ 몫이 한 자리 수인 나눗셈은 모두 3개입니다.

참고

나누어지는 수의 왼쪽 두 자리 수가 나누는 수와 같거나 나누는 수보다 크면 몫은 두 자리 수입니다.

10 전략 가이드

먼저 몫의 자리 수를 알아봅니다.

나누어지는 수의 왼쪽 두 자리 수와 나누는 수의 크기를 비교합니다.

㉠ $51 > 21$ ㉡ $18 < 30$ ㉢ $49 > 32$ ㉣ $28 > 24$이므로 ㉡의 몫은 한 자리 수이고 ㉠, ㉢, ㉣의 몫은 두 자리 수입니다.

⇨ 몫이 가장 작은 나눗셈은 ㉡입니다.

유형 6 $250 \times 12 = 3000$ (m) ⇨ 3000 m=3 km이므로 혜리가 12일 동안 운동장을 걸은 거리는 모두 3 km입니다.

11 푸는 순서

❶ 5분은 몇 초인지 구하기
❷ 기차가 달린 거리는 몇 m인지 구하기
❸ 기차가 달린 거리는 몇 km인지 구하기

❶ 5분=300초
❷ (기차가 달린 거리)$=30 \times 300 = 9000$ (m)
❸ 1000 m=1 km이므로
9000 m=9 km입니다.

12 (24일 동안 마시는 우유의 양)
=(하루에 마시는 우유의 양)×(날수)
$=750 \times 24 = 18000$ (mL)
⇨ 1000 mL=1 L이므로 지아네 가족이 24일 동안 마시는 우유는 모두 18000 mL=18 L입니다.

유형 7 $492 \div 30 = 16 \cdots 12$
(16 ↑ 묶을 수 있는 상자 수, 12 ↑ 남은 끈)
⇨ 상자를 16개까지 묶을 수 있고 끈이 12 cm 남습니다.

13 $317 \div 20 = 15 \cdots 17$
(15 ↑ 팔 수 있는 봉지 수, 17 ↑ 남은 호두 수)
⇨ 호두를 15봉지까지 팔 수 있고 17개 남습니다.

14 $923 \div 50 = 18 \cdots 23$이므로 18상자까지 담을 수 있고 23개가 남습니다.
남는 사과를 담는 데 상자가 1개 더 필요하므로 상자는 적어도 19개 필요합니다.

주의

남는 사과가 없이 모두 담아야 하므로 남는 사과도 상자 한 개를 더 사용하여 담는 것에 주의합니다.

유형 8 $29 \times \square = 725$ ⇨ $725 \div 29 = \square$, $\square = 25$이므로
□ 안에는 25보다 작은 수가 들어갈 수 있습니다.
25보다 작은 자연수 중에서 가장 큰 수는 24입니다.

15 $\square \times 16 = 912$ ⇨ $912 \div 16 = \square$, $\square = 57$이므로
□ 안에는 57보다 작은 수가 들어갈 수 있습니다.
57보다 작은 자연수 중에서 가장 큰 수는 56입니다.

16 $27 \times \square = 513$
$\square = 513 \div 27$
$\square = 19$이므로
□ 안에는 19보다 큰 수가 들어갈 수 있습니다.
19보다 큰 자연수 중에서 가장 작은 수는 20입니다.

유형 9
```
       8 ← 몫
94)825
   752
    73 ← 나머지
```
⇨ 나머지는 73입니다.

17
```
      28 ← 몫
27)782
    54
    242
    216
     26 ← 나머지
```
⇨ 나머지는 26입니다.

18 827÷22=37…13이므로 37상자까지 나누어 담을 수 있고 남은 토마토는 13개입니다.

유형 10 2□3×7=1701에서 3×7=21이므로 십의 자리로 2를 올림하면 □×7의 일의 자리 숫자는 8이어야 합니다.
4×7=28이므로 □=4입니다.
따라서 243×5=1215이므로 ㉠=1입니다.

	2	4	3
×		5	7
	1	7	0	1
1	2	1	5	
1	3	8	5	1

참고
곱셈식에서 알 수 있는 □ 안의 수부터 차례대로 구합니다.

19

		2	8	7
	×		9	㉠
		8	6	1
2	5	㉡	3	
2	㉢	6	9	1

• 287×㉠=861이므로 ㉠=3입니다.
• 287×9=2583이므로 ㉡=8입니다.
• 287×93=26691이므로 ㉢=6입니다.

20

		4	9	㉠
	×		㉡	6
	2	9	8	8
1	㉢	9	4	
㉣	㉤	9	㉥	8

• 49㉠×6=2988이므로 ㉠=8입니다.
• 498×㉡=1㉢94에서 일의 자리 숫자가 4인 경우는 ㉡=3 또는 ㉡=8입니다.
㉡=3일 때 498×3=1494 (◯) → ㉢=4
㉡=8일 때 498×8=3984 (×)
• 498×36=17928이므로 ㉣=1, ㉤=7, ㉥=2입니다.

참고
곱의 일의 자리 숫자로 곱하는 수에서 모르는 값을 예상해 봅니다.

3단원 기출 유형 정답률 55% 이상

34~35쪽

유형 11 72	
21 58	22 42, 9
유형 12 405	
23 643	24 748
유형 13 24	
25 9	26 6
유형 14 6	
27 10584	28 26

유형 11 만들 수 있는 가장 큰 세 자리 수는 864, 가장 작은 두 자리 수는 12입니다.
⇨ 864÷12=72

참고
몫이 가장 큰 나눗셈식을 만들려면 나누어지는 수는 가장 큰 수, 나누는 수는 가장 작은 수여야 합니다.

21 만들 수 있는 가장 큰 세 자리 수는 754, 가장 작은 두 자리 수는 13입니다.
⇨ 754÷13=58

22 푸는 순서
❶ 가장 큰 세 자리 수 만들기
❷ 가장 작은 두 자리 수 만들기
❸ 나눗셈 계산하기

❶ 만들 수 있는 가장 큰 세 자리 수는 975입니다.
❷ 만들 수 있는 가장 작은 두 자리 수는 23입니다.
❸ 975÷23=42…9

유형 12 나머지가 될 수 있는 자연수 중 가장 큰 수인 57을 나머지로 정하면 나누어지는 수가 가장 큰 수가 됩니다.
⇨ 어떤 수 중에서 가장 큰 수는
58×6=348, 348+57=405입니다.

참고
• 나누어지는 수 구하기
■÷▲=●…★
⇨ ■는 ▲×●의 값에 ★을 더한 수

23 전략 가이드

나머지가 될 수 있는 가장 큰 수를 먼저 구해 봅니다.

나머지가 될 수 있는 자연수 중 가장 큰 수인 45를 나머지로 정하면 나누어지는 수가 가장 큰 수가 됩니다.

⇨ 어떤 수 중에서 가장 큰 수는 $46 \times 13 = 598$, $598 + 45 = 643$입니다.

24 나머지가 될 수 있는 자연수 중 가장 큰 수는 24이고 두 번째로 큰 수는 23입니다.

⇨ 어떤 수 중에서 두 번째로 큰 수는 $25 \times 29 = 725$, $725 + 23 = 748$입니다.

유형13 $29 \times 16 = 464$, $29 \times 17 = 493$이므로 4□2는 464와 같거나 크고 493보다 작습니다. 4□2가 될 수 있는 수는 472, 482, 492이므로 □ 안에 들어갈 수 있는 수는 7, 8, 9입니다.
따라서 □ 안에 들어갈 수 있는 모든 수의 합은 $7 + 8 + 9 = 24$입니다.

25 $37 \times 22 = 814$, $37 \times 23 = 851$이므로 8□1은 814와 같거나 크고 851보다 작습니다. 8□1이 될 수 있는 수는 821, 831, 841이므로 □ 안에 들어갈 수 있는 수는 2, 3, 4입니다.
따라서 □ 안에 들어갈 수 있는 모든 수의 합은 $2 + 3 + 4 = 9$입니다.

26
- 6□3÷23에서 $23 \times 28 = 644$, $23 \times 29 = 667$이므로 6□3은 644와 같거나 크고 667보다 작습니다. 6□3이 될 수 있는 수는 653, 663이므로 □ 안에 들어갈 수 있는 수는 5, 6입니다.
- 3□5÷13에서 $13 \times 28 = 364$, $13 \times 29 = 377$이므로 3□5는 364와 같거나 크고 377보다 작습니다. 3□5가 될 수 있는 수는 365, 375이므로 □ 안에 들어갈 수 있는 수는 6, 7입니다.

⇨ □ 안에 공통으로 들어갈 수 있는 수는 6입니다.

유형14 어떤 수를 □라 하면 821÷□=14…23이므로
□×14=821−23
□×14=798
□=798÷14
□=57
바르게 계산하면 $821 \times 57 = 46797$입니다.
⇨ 46797의 천의 자리 숫자는 6입니다.

주의

어떤 수를 구하여 답으로 쓰지 않도록 주의합니다.

27 어떤 수를 □라 하면 378÷□=13…14이므로
□×13=378−14
□×13=364
□=364÷13
□=28
⇨ 바르게 계산하면 $378 \times 28 = 10584$입니다.

28 어떤 수를 □라 하면 □÷52=12…26이므로
$52 \times 12 = 624$, $624 + 26 = 650$, □=650
⇨ 바르게 계산하면 $650 \div 25 = 26$입니다.

3단원 종합

36~40쪽

1	2, 7	**2**	㉣
3	4	**4**	㉢, ㉡, ㉠
5	49	**6**	③
7	17	**8**	30
9	14	**10**	503
11	74, 3	**12**	8
13	6, 7, 8	**14**	7, 6
15	3	**16**	15
17	(위부터) 4, 6, 2, 6, 4, 7, 6		
18	9	**19**	448
20	246		

1 나머지는 나누는 수보다 작아야 하므로 17보다 작은 수를 모두 찾습니다.

2 ㉠ $400 \times 20 = 8000$ (3개)
㉡ $960 \times 50 = 48000$ (3개)
㉢ $550 \times 60 = 33000$ (3개)
㉣ $105 \times 40 = 4200$ (2개)
⇨ 0의 개수가 다른 하나는 ㉣입니다.

3 나누어지는 수의 왼쪽 두 자리 수와 나누는 수의 크기를 비교합니다.
$851 \div 81 \rightarrow 85 > 81$, $652 \div 74 \rightarrow 65 < 74$,
$390 \div 35 \rightarrow 39 > 35$, $207 \div 19 \rightarrow 20 > 19$,
$748 \div 56 \rightarrow 74 > 56$, $406 \div 20 \rightarrow 40 > 20$
⇨ 몫이 한 자리 수인 나눗셈(1개)과 몫이 두 자리 수인 나눗셈(5개)의 개수의 차는 $5-1=4$(개)입니다.

4 ㉠ $239 \times 13 = 3107$
㉡ $157 \times 40 = 6280$
㉢ $135 \times 55 = 7425$
⇨ ㉢ > ㉡ > ㉠

5 $300 \times 60 = 18000$, $350 \times 60 = 21000$이므로 □ 안에 들어갈 수 있는 세 자리 수는 301, 302, ..., 349로 모두 49개입니다.

6 ① $89 \div 17 = 5 \cdots 4$ ② $81 \div 16 = 5 \cdots 1$
③ $77 \div 12 = 6 \cdots 5$ ④ $84 \div 27 = 3 \cdots 3$
⑤ $75 \div 24 = 3 \cdots 3$
따라서 나머지가 가장 큰 나눗셈은 ③ $77 \div 12$입니다.

7 $430 \div 25 = 17 \cdots 5$입니다.
한 상자에 25개씩 담아야 팔 수 있기 때문에 17상자까지 팔 수 있습니다.

주의
지우개를 한 상자에 25개만큼 채우지 못한 것은 팔 수 없음에 주의합니다.

8
푸는 순서
❶ 전체 사탕 수 구하기
❷ 나누어 줄 수 있는 사람 수 구하기

❶ (사탕의 수)$=35 \times 12 = 420$(개)
❷ $420 \div 14 = 30$이므로 30명에게 나누어 줄 수 있습니다.

9 6분 40초$=360$초$+40$초$=400$초
400초 동안 기차가 달린 거리는 $35 \times 400 = 14000$ (m)입니다.
⇨ $14000\,\text{m} = 14\,\text{km}$

10 나머지가 될 수 있는 자연수 중에서 가장 큰 수인 55를 나머지로 정하면 나누어지는 수가 가장 큰 수가 됩니다.
⇨ 어떤 수 중에서 가장 큰 수는 $56 \times 8 = 448$, $448 + 55 = 503$입니다.

11 만들 수 있는 가장 큰 세 자리 수는 965, 가장 작은 두 자리 수는 13입니다.
⇨ $965 \div 13 = 74 \cdots 3$

12 (오토바이가 14시간 동안 가는 거리)
$=56 \times 14 = 784$ (km)
⇨ (버스가 784 km를 가는 데 걸리는 시간)
$=784 \div 98 = 8$(시간)

13 9㉠1$\div 33 = 29 \cdots$★에서
9㉠1은 $33 \times 29 = 957$보다 크고 $33 \times 30 = 990$보다 작은 수이므로 조건에 맞는 9㉠1은 961, 971, 981이 됩니다.
⇨ ㉠에 들어갈 수 있는 수는 6, 7, 8입니다.

14 어떤 수를 □라 하면 □$+13=110$이므로
□$=110-13=97$입니다.
⇨ 바르게 계산하면 $97 \div 13 = 7 \cdots 6$입니다.

15 $47 \times 16 = 752$, $47 \times 17 = 799$이므로 7□0은 752와 같거나 크고 799보다 작습니다.
7□0이 될 수 있는 수는 760, 770, 780, 790이므로 □ 안에 들어갈 수 있는 수는 6, 7, 8, 9입니다.
⇨ $9-6=3$

16
```
          ㉡
㉠9) 3 ㉡㉢
     3 ㉠㉢
     ─────
       1 0
```
㉡$-$㉠$=1$이고 ㉠9$\times$㉡$=3$㉠㉢인 수를 찾으면 ㉠$=5$, ㉡$=6$입니다.
⇨ $59 \times 6 = 354$이므로
㉠$+$㉡$+$㉢$=5+6+4=15$입니다.

17

$$\begin{array}{rrrr} & 2 & 7 & ㉠ \\ \times & & ㉡ & 3 \\ \hline & 8 & ㉢ & 2 \\ 1 & ㉣ & 4 & ㉤ \\ \hline 1 & ㉥ & 2 & ㉦ \; 2 \end{array}$$

- 27㉠×3=8㉢2에서 일의 자리 숫자가 2인 경우는 ㉠=4입니다.
  274×3=822 → ㉢=2
- 274×㉡=1㉣4㉤에서 274에 ㉡을 곱한 결과가 네 자리 수이므로 4, 5, 6, 7, 8, 9 중에서 찾아봅니다.
  ㉡=4일 때 274×4=1096(×)
  ㉡=5일 때 274×5=1370(×)
  ㉡=6일 때 274×6=1644(○)
  ㉡=7일 때 274×7=1918(×)
  ㉡=8일 때 274×8=2192(×)
  ㉡=9일 때 274×9=2466(×)
  → ㉣=6, ㉤=4, ㉥=7, ㉦=6

18 • 342÷27=12⋯18이므로 □ 안에는 12보다 큰 자연수가 들어갈 수 있습니다.
• 815÷38=21⋯17이므로 □ 안에는 21과 같거나 작은 자연수가 들어갈 수 있습니다.
따라서 □ 안에 공통으로 들어갈 수 있는 자연수는 13부터 21까지의 수이므로 모두 21−13+1=9(개)입니다.

19 가로: 420÷15=28(개), (세로)=240÷15=16(개)
직사각형 모양의 종이를 오려서 한 변의 길이가 15 cm인 정사각형 모양을 가로로 28개, 세로로 16개 만들 수 있습니다. 따라서 정사각형 모양을 28×16=448(개) 만들 수 있습니다.

20 ㉠÷㉡=11⋯16 → ㉠은 ㉡×11보다 16만큼 더 큰 수
㉠+㉡=㉡×11+16+㉡
=㉡×12+16=292이므로
㉡×12=276, ㉡=23, ㉠=269입니다.
⇨ ㉠−㉡=269−23=246

참고
㉡×11은 ㉡을 11번 더한 것이고 ㉡×11에 ㉡을 한 번 더 더하면 ㉡×12가 됩니다.

4단원 기출 유형 (정답률 75%이상)

41~45쪽

유형 1 ③	1 ③
유형 2 ②	2 ㉣
유형 3 3	
3 3	4 5
유형 4 ①	5 ④
유형 5 ③	
6 ②	7 ④
유형 6 ④	8 ②
유형 7 ②	9 ②
유형 8 ④	10 ㉡
유형 9 82	
11 67	12 492
유형 10 ②	13 ③

유형 1

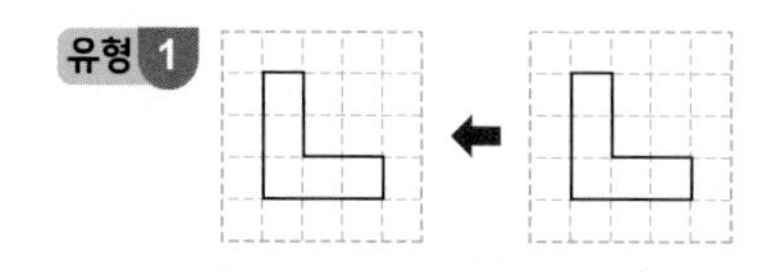

참고
• 평면도형 밀기
도형을 어느 방향으로 밀어도 모양은 변하지 않고 위치만 바뀝니다.

1 도형을 어느 방향으로 밀어도 모양은 변하지 않습니다.

유형 2

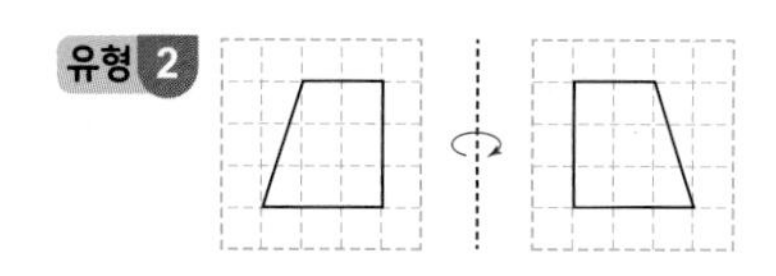

참고
• 평면도형 뒤집기
– 도형을 오른쪽이나 왼쪽으로 뒤집으면 도형의 오른쪽과 왼쪽이 서로 바뀝니다.
– 도형을 위쪽이나 아래쪽으로 뒤집으면 도형의 위쪽과 아래쪽이 서로 바뀝니다.

2 도형을 같은 방향으로 2번 뒤집으면 처음 도형과 같습니다.
따라서 왼쪽으로 7번 뒤집었을 때의 도형은 왼쪽으로 1번 뒤집었을 때의 도형과 같습니다.

유형 3 오른쪽으로 뒤집어도 처음과 같은 글자:
ㅁ, ㅂ, ㅎ ⇨ 3개

3 위쪽과 아래쪽의 모양이 같은 것을 모두 찾습니다.

⇨ 3개

4 위쪽과 아래쪽의 모양이 같은 것을 모두 찾습니다.
D, E, H, O, X ⇨ 5개

유형 4 도형을 시계 방향으로 90°만큼 돌리면 위쪽이 오른쪽으로 이동합니다.

참고
- 평면도형 돌리기
  - 도형을 시계 방향으로 90°만큼 돌리면 위쪽이 오른쪽으로 이동합니다.
  - 도형을 시계 반대 방향으로 90°만큼 돌리면 위쪽이 왼쪽으로 이동합니다.

5 도형을 시계 반대 방향으로 180°만큼 돌리면 위쪽이 아래쪽으로, 아래쪽이 위쪽으로 이동합니다.

유형 5 도형의 오른쪽이 위쪽으로 이동하였으므로 도형을 시계 방향으로 270°만큼 돌린 것입니다.

6 도형의 위쪽이 아래쪽으로 이동하였으므로 도형을 시계 방향으로 180°만큼 돌린 것입니다.

7 도형의 위쪽이 오른쪽으로 이동하였으므로 도형을 시계 반대 방향으로 90°만큼 3번 돌린 것입니다.

유형 6

참고
이동한 방법의 순서대로 도형을 이동합니다.

8 도형을 오른쪽으로 4번 뒤집으면 처음 도형과 같습니다. 이 도형을 시계 반대 방향으로 90°만큼 5번 돌리면 시계 반대 방향으로 90°만큼 1번 돌린 도형과 같습니다.

유형 7 주어진 도형을 왼쪽으로 3번 뒤집었을 때의 도형을 찾습니다.

참고
이동한 방법을 반대로 생각하여 처음 도형을 찾습니다.

9 주어진 도형을 시계 반대 방향으로 90°만큼 6번 돌렸을 때의 도형을 찾습니다.

유형 8
- 도형의 위쪽이 오른쪽으로 이동하였으므로 시계 방향으로 90°만큼(또는 시계 반대 방향으로 270°만큼) 돌린 것입니다.
- 도형의 위쪽이 왼쪽으로 이동하였으므로 시계 방향으로 270°만큼(또는 시계 반대 방향으로 90°만큼) 돌린 것입니다.

참고
화살표 끝이 가리키는 위치가 같으면 돌린 도형은 서로 같습니다.

10 ㉠, ㉢ 2 ㉡ 5

⇨ 처음 도형과 같게 만들 수 있는 방법이 아닌 것은 ㉡입니다.

유형 9 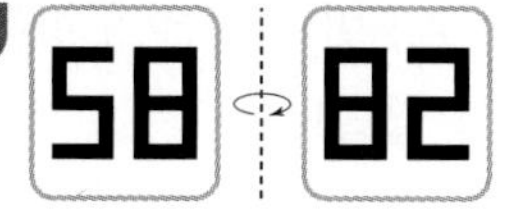

⇨ 주어진 수를 오른쪽으로 뒤집었을 때 만들어지는 수는 82입니다.

11 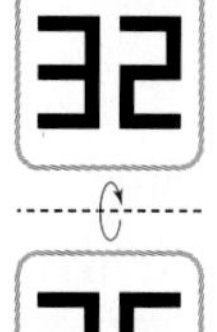

주어진 수를 위쪽으로 뒤집었을 때 만들어지는 수는 32입니다.

⇨ 32+35=67

12 

주어진 수를 시계 방향으로 180°만큼 돌렸을 때 만들어지는 수는 681입니다.

⇨ 681−189=492

유형 10 모양을 왼쪽 또는 오른쪽으로 뒤집으면 왼쪽과 오른쪽이 서로 바뀌고, 위쪽 또는 아래쪽으로 뒤집으면 위쪽과 아래쪽이 서로 바뀝니다.

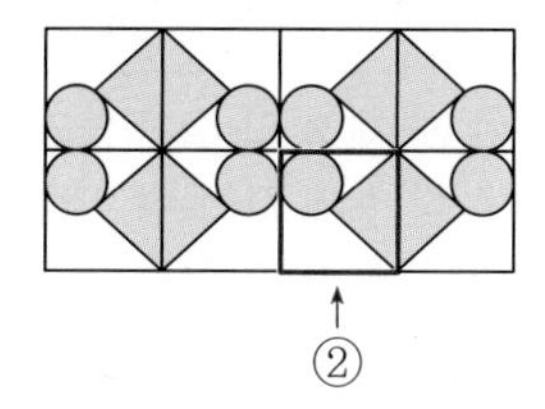

13 모양을 시계 방향으로 90°만큼 돌리는 것을 반복해서 만든 무늬입니다.

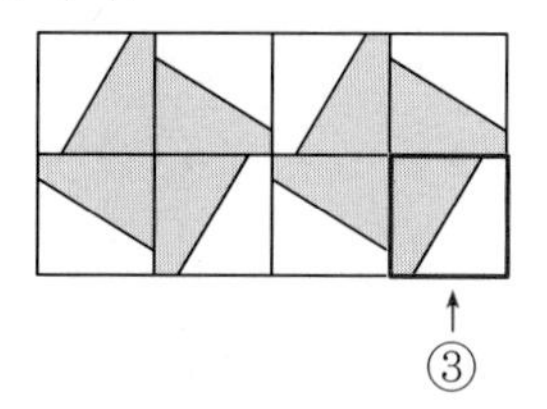

4단원 기출 유형 정답률 55%이상

46~47쪽

유형 11	612		
14	352	15	78
유형 12	667		
16	623	17	920
유형 13	22	18	15
유형 14	320	19	128

유형 11 위쪽으로 뒤집었을 때의 모양을 아래쪽으로 뒤집으면 뒤집기 전의 모양이 됩니다.

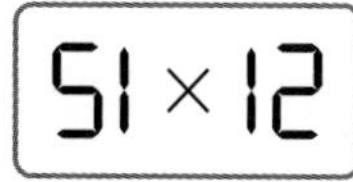
← 뒤집기 전의 모양

따라서 뒤집기 전의 식을 계산한 값은 51×12=612입니다.

14 푸는 순서

❶ 위쪽으로 뒤집기 전의 모양 찾기
❷ 뒤집기 전의 식을 계산한 값 구하기

❶ 위쪽으로 뒤집었을 때의 모양을 아래쪽으로 뒤집으면 뒤집기 전의 모양이 됩니다.

❷ 따라서 뒤집기 전의 식을 계산한 값은 11×32=352입니다.

15 시계 방향으로 180°만큼 돌렸을 때의 모양을 시계 반대 방향으로 180°만큼 돌리면 돌리기 전의 모양이 됩니다.

21+99 ⟲ 66+12

↑ 돌리기 전의 모양

따라서 돌리기 전의 식을 계산한 값은 66+12=78입니다.

유형 12

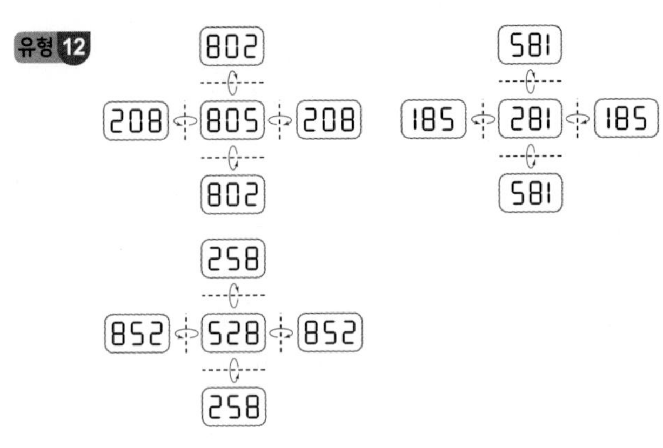

나올 수 있는 수: 802, 208, 581, 185, 258, 852

⇨ 가장 큰 수는 852, 가장 작은 수는 185이므로 두 수의 차는 $852-185=667$입니다.

> **참고**
> 위쪽, 아래쪽으로 뒤집은 도형과 왼쪽, 오른쪽으로 뒤집은 도형은 각각 같습니다.

16

508
805 208 805
508

182
281 185 281
182

나올 수 있는 수: 508, 805, 182, 281

⇨ 가장 큰 수는 805, 가장 작은 수는 182이므로 두 수의 차는 $805-182=623$입니다.

17

155
551 122 551
155

818
818 818 818
818

201
102 501 102
201

나올 수 있는 수: 155, 551, 818, 201, 102

⇨ 가장 큰 수는 818, 가장 작은 수는 102이므로 두 수의 합은 $818+102=920$입니다.

유형 13 왼쪽 종이를 오른쪽으로 5번 뒤집은 도형은 오른쪽으로 1번 뒤집은 도형과 같습니다.

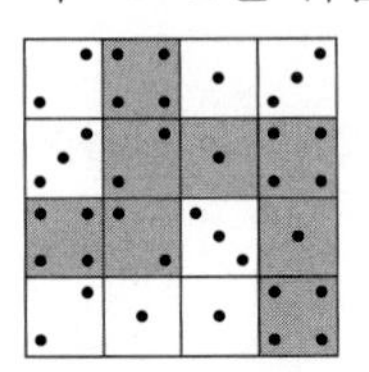

⇨ 색칠된 칸의 점의 수는 모두 $4+2+1+4+4+2+1+4=22$(개)입니다.

18

> **전략 가이드**
> 왼쪽과 오른쪽 종이를 주어진 방법으로 이동한 모양을 구한 후 두 종이를 겹쳐 놓았을 때의 모양을 알아봅니다.

- 왼쪽 종이를 아래쪽으로 7번 뒤집은 도형은 아래쪽으로 1번 뒤집은 도형과 같습니다.
- 오른쪽 종이를 오른쪽으로 4번 뒤집은 도형은 처음 도형과 같습니다.

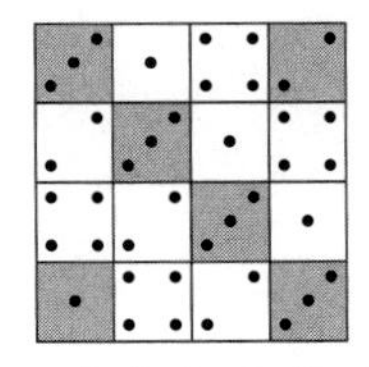

⇨ 색칠된 칸의 점의 수는 모두 $3+2+3+3+1+3=15$(개)입니다.

유형 14 $8>5>3>2>0$이므로 만들 수 있는 가장 큰 세 자리 수는 853, 가장 작은 세 자리 수는 203입니다.

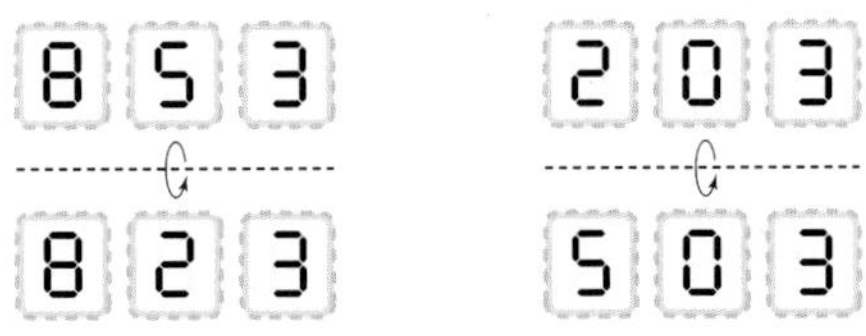

⇨ 두 수의 차는 $823-503=320$입니다.

19

> **푸는 순서**
> ❶ 두 번째로 큰 세 자리 수 만들기
> ❷ 두 번째로 작은 세 자리 수 만들기
> ❸ ❶과 ❷를 각각 아래쪽으로 뒤집었을 때 만들어지는 수 구하기
> ❹ ❸에서 구한 두 수의 차 구하기

❶ $5>3>2>1>0$이므로 만들 수 있는 두 번째로 큰 세 자리 수는 531입니다.

❷ 두 번째로 작은 세 자리 수는 103입니다.

❸

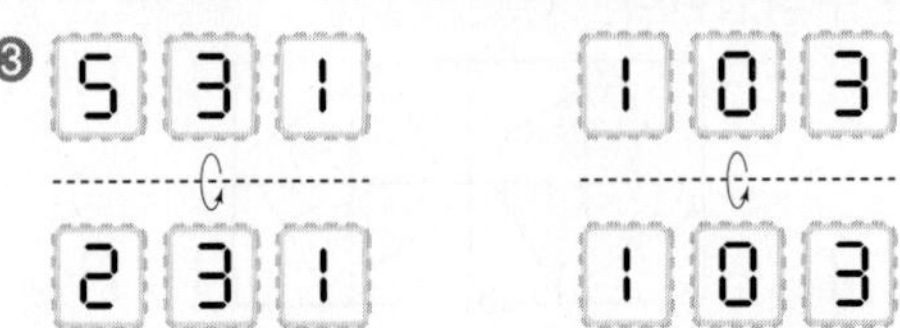

❹ 두 수의 차는 $231-103=128$입니다.

4단원 종합

48 ~ 50쪽

1 ③	**2** ③
3 ②	**4** 3
5 ③, ④	**6** ④
7 ㉡	**8** ㉢
9 296	**10** 297
11 898	**12** 4

1 도형을 어느 방향으로 밀어도 모양과 크기는 변하지 않습니다.

2 도형을 같은 방향으로 2번 뒤집으면 처음 도형과 같습니다.
따라서 오른쪽으로 3번 뒤집었을 때의 도형은 오른쪽으로 1번 뒤집었을 때의 도형과 같습니다.

3 전략 가이드
도형의 위쪽이 어느 쪽으로 이동하였는지 확인해 봅니다.

도형의 위쪽이 왼쪽으로 이동하였으므로 시계 방향으로 270°만큼(또는 시계 반대 방향으로 90°만큼) 돌린 것입니다.

4 위쪽과 아래쪽의 모양이 같은 글자를 모두 찾습니다.
ㄷ, ㅇ, ㅌ ⇨ 3개

5 ① 시계 방향으로 90°만큼 돌린 것입니다.
② 시계 반대 방향으로 90°만큼 돌린 것입니다.
⑤ 시계 방향(시계 반대 방향)으로 180°만큼 돌린 것입니다.

6 ①, ②, ③, ⑤는 돌리기, ④는 뒤집기를 하여 만든 무늬입니다.

7 주어진 도형을 시계 반대 방향으로 270°만큼 돌린 도형을 찾습니다.

8
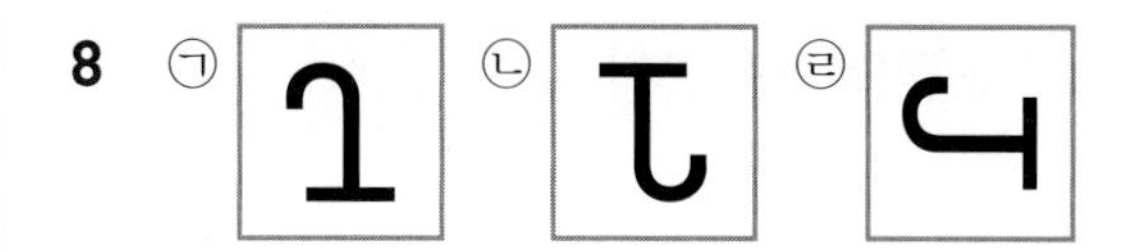

9 가장 큰 세 자리 수는 962입니다.
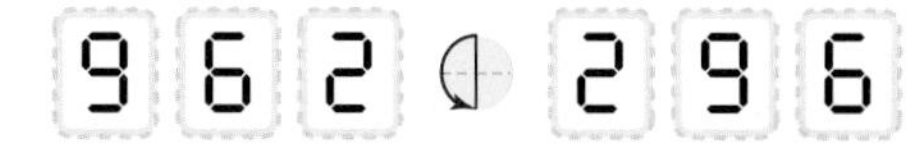

10 도형을 같은 방향으로 2번 뒤집으면 처음 도형과 같습니다.
따라서 각 방향으로 5번씩 뒤집었을 때와 1번씩 뒤집었을 때의 도형은 같습니다.
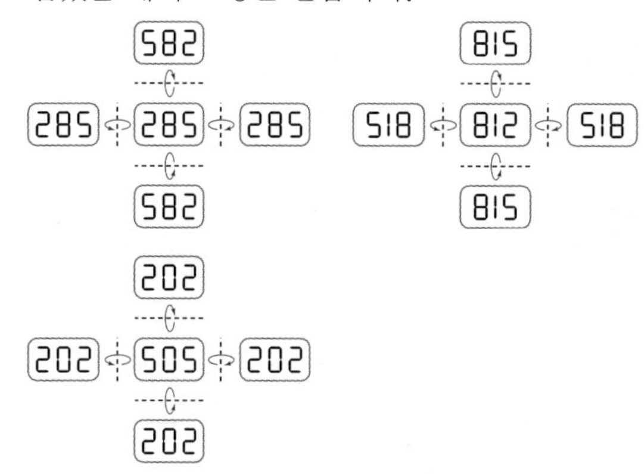

나올 수 있는 수: 582, 285, 815, 518, 202
⇨ 두 번째로 큰 수는 582, 두 번째로 작은 수는 285이므로 두 수의 차는 $582-285=297$입니다.

11 주어진 수 카드를 시계 방향으로 180°만큼 돌리면 1891 이 됩니다.
1891에서 어떤 수 □를 뺐더니 993이 되었으므로 $1891-\square=993$, $\square=1891-993=898$입니다.

12 전략 가이드
㉯, ㉰를 구하여 비어 있는 모눈종이에 ㉮, ㉯, ㉰를 한꺼번에 그려 봅니다.

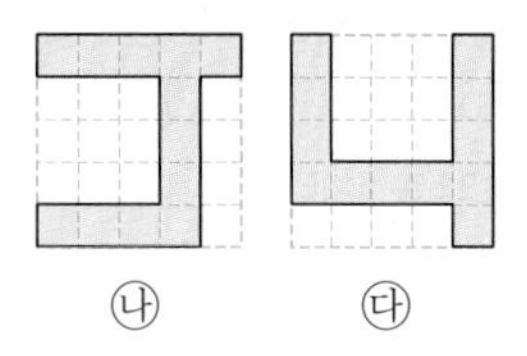

㉮, ㉯, ㉰를 모눈종이 위에 그리면

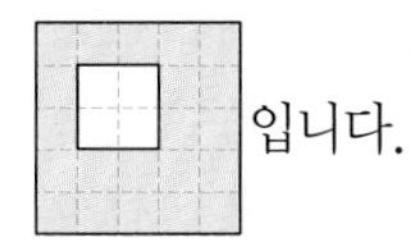

입니다.

⇨ 한 번도 색칠되지 않은 칸은 모두 4칸입니다.

5단원 기출 유형 (정답률 75% 이상)

51 ~ 55쪽

유형 1 1	
1 3	**2** 10
3 4	
유형 2 70	
4 18	**5** 10
6 80	
유형 3 10	
7 14	**8** 20
9 20	
유형 4 30	
10 26	**11** 104
12 48	
유형 5 2	
13 3	**14** 4
15 5	

유형 1 세로 눈금 5칸이 5명을 나타내므로 세로 눈금 한 칸은 $5 \div 5 = 1$(명)을 나타냅니다.

참고
세로 눈금 5칸이 몇 명을 나타내는지 찾아 세로 눈금 한 칸은 몇 명을 나타내는지 구합니다.

1 세로 눈금 5칸이 15명을 나타내므로 세로 눈금 한 칸은 $15 \div 5 = 3$(명)을 나타냅니다.

2 가로 눈금 5칸이 50명을 나타내므로 가로 눈금 한 칸은 $50 \div 5 = 10$(명)을 나타냅니다.

3 찬우의 세로 눈금 14칸이 56회를 나타내므로 세로 눈금 한 칸은 $56 \div 14 = 4$(회)를 나타냅니다.

유형 2 세로 눈금 5칸이 50개를 나타내므로 세로 눈금 한 칸은 $50 \div 5 = 10$(개)를 나타냅니다.
수현이가 딴 사과의 수를 나타내는 막대는 7칸이므로 수현이가 딴 사과는 $10 \times 7 = 70$(개)입니다.

4 가로 눈금 5칸이 10명을 나타내므로 가로 눈금 한 칸은 $10 \div 5 = 2$(명)을 나타냅니다.
1반의 막대는 9칸이므로 1반의 안경을 쓴 학생은 $2 \times 9 = 18$(명)입니다.

5 세로 눈금 5칸이 5명을 나타내므로 세로 눈금 한 칸은 1명을 나타냅니다.
가장 많은 학생들이 가고 싶어 하는 장소는 막대의 길이가 가장 긴 창덕궁이고 세로 눈금은 10칸이므로 10명입니다.

6 가로 눈금 2칸이 10명을 나타내므로 가로 눈금 한 칸은 $10 \div 2 = 5$(명)을 나타냅니다.
별빛 마을의 막대는 5칸이므로 ㉠$=5 \times 5 = 25$이고, 햇살 마을의 막대는 11칸이므로 ㉡$=5 \times 11 = 55$입니다.
⇨ ㉠+㉡$=25+55=80$

유형 3 학생 수가 가장 많은 혈액형은 O형으로 13명, 학생 수가 가장 적은 혈액형은 AB형으로 3명입니다.
⇨ $13-3=10$(명)

참고
수량이 가장 많은 항목이 막대의 길이가 가장 길고, 수량이 가장 적은 항목이 막대의 길이가 가장 짧습니다.

7 책을 가장 많이 읽은 모둠은 1모둠으로 26권, 가장 적게 읽은 모둠은 3모둠으로 12권입니다.
⇨ $26-12=14$(권)

8 점수가 가장 높은 과목은 수학으로 90점, 점수가 가장 낮은 과목은 과학으로 70점입니다.
⇨ $90-70=20$(점)

9 푸는 순서

> ❶ 줄넘기를 가장 많이 한 학생의 기록 구하기
> ❷ 줄넘기를 두 번째로 많이 한 학생의 기록 구하기
> ❸ 두 학생의 기록의 차 구하기

❶ 줄넘기를 가장 많이 한 학생: 주영(110회)
❷ 줄넘기를 두 번째로 많이 한 학생: 상현(90회)
❸ $110-90=20$(회)

유형 4 바이올린: 8명, 피아노: 10명, 플루트: 7명, 기타: 5명
⇨ $8+10+7+5=30$(명)

참고

> 좋아하는 악기별 학생 수를 각각 구하여 합을 구합니다.

10 노랑: 6명, 주황: 3명, 초록: 7명, 보라: 10명
⇨ $6+3+7+10=26$(명)

11 햄버거: 24명, 피자: 32명, 떡볶이: 36명, 과자: 12명
⇨ $24+32+36+12=104$(명)

12 1반: $5+7=12$(명), 2반: $7+8=15$(명),
3반: $4+4=8$(명), 4반: $7+6=13$(명)
⇨ $12+15+8+13=48$(명)

유형 5 1980년의 농촌의 가구 수: 220만 가구
2010년의 농촌의 가구 수: 110만 가구
⇨ 220만÷110만=2(배)

다른 풀이

> 1980년: 22칸, 2010년: 11칸
> ⇨ $22\div11=2$(배)

13 가 마을의 감 생산량: 900상자
다 마을의 감 생산량: 300상자
⇨ $900\div300=3$(배)

다른 풀이

> 가 마을: 9칸, 다 마을: 3칸
> ⇨ $9\div3=3$(배)

14 강수량이 가장 많은 달은 8월로 24 mm, 강수량이 가장 적은 달은 6월로 6 mm입니다.
⇨ $24\div6=4$(배)

다른 풀이

> 8월: 12칸, 6월: 3칸
> ⇨ $12\div3=4$(배)

15 1반이 심은 나무의 수: 40그루,
2반이 심은 나무의 수: 35그루,
4반이 심은 나무의 수: 15그루
⇨ (1반과 2반이 심은 나무의 수의 합)
÷(4반이 심은 나무의 수)
$=75\div15=5$(배)

5단원 기출 유형 (정답률 55% 이상)

56~57쪽

유형 6 45

16 5 **17** 25

18 12

유형 7 30

19 40 **20** 88

21 20

유형 6 1반: 35개, 3반: 55개, 4반: 40개
(2반의 화분 수)+(5반의 화분 수)
$=225-35-55-40=95$(개)
두 반의 화분 수의 합이 95개인 표를 만들어 봅니다.

2반의 화분 수(개)	40	45	50	55
5반의 화분 수(개)	55	50	45	40

⇨ 5반이 2반보다 5개 더 많은 경우는 2반이 45개, 5반이 50개일 때입니다.

다른 풀이

> 1반: 35개, 3반: 55개, 4반: 40개
> (2반의 화분 수)+(5반의 화분 수)
> $=225-35-55-40=95$(개)
> 2반의 화분 수를 □개라 하면 5반의 화분 수는 (□+5)개이므로
> □+□+5=95, □+□=90, □=45입니다.
> ⇨ 2반의 화분 수는 45개입니다.

16 전략 가이드

먼저 강아지를 좋아하는 학생 수와 토끼를 좋아하는 학생 수의 합을 구합니다.

고양이: 4명, 고슴도치: 5명, 햄스터: 3명
(강아지를 좋아하는 학생 수)
+(토끼를 좋아하는 학생 수)
=25−4−5−3=13(명)
토끼를 좋아하는 학생 수를 □명이라 하면 강아지를 좋아하는 학생 수는 (□+3)명이므로
□+3+□=13, □+□=10, □=5입니다.
⇨ 토끼를 좋아하는 학생은 5명입니다.

17 B형: 30명, AB형: 25명
(A형인 학생 수)+(O형인 학생 수)
=120−30−25=65(명)
A형인 학생 수를 □명이라 하면 O형인 학생 수는 (□+15)명이므로
□+□+15=65, □+□=50, □=25입니다.
⇨ A형인 학생은 25명입니다.

18 단팥빵: 24개, 식빵: 28개
(크림빵의 수)+(야채빵의 수)=100−24−28
=48(개)
야채빵의 수를 □개라 하면 크림빵의 수는 (□×3)개이므로
□×3+□=48, □×4=48, □=12입니다.
└→□+□+□
⇨ 팔린 야채빵은 12개입니다.

참고

□×3은 □+□+□와 같으므로 □+□×3은 □+□+□+□로 나타낼 수 있으며 □+□+□+□는 □×4로 나타낼 수 있습니다.

유형 7 이어달리기에 나간 학생 수: 6명
단체 줄넘기에 나간 학생 수: 12×2=24(명)
⇨ 6+24=30(명)

참고

먼저 세로 눈금 한 칸이 몇 명을 나타내는지 알아봅니다.

19 푸는 순서

❶ 배구 세 팀의 사람 수 구하기
❷ 축구 두 팀의 사람 수 구하기
❸ ❶과 ❷의 합 구하기

❶ (배구 세 팀의 사람 수)=6×3=18(명)
❷ (축구 두 팀의 사람 수)=11×2=22(명)
❸ 18+22=40(명)

20 전략 가이드

한 학급에 있는 대걸레와 빗자루의 수를 먼저 알아봅니다.

(4개 학급에 있는 대걸레 수)=10×4=40(개)
(4개 학급에 있는 빗자루 수)=12×4=48(개)
⇨ 40+48=88(개)

21 과일 바구니 한 개에 담을 사과 수: 6개
⇨ (만들 수 있는 과일 바구니 수)
=(전체 사과 수)
÷(과일 바구니 한 개에 담을 사과 수)
=120÷6=20(개)

5단원 종합

58~60쪽

1	32	**2**	컴퓨터, 음악
3	운동화, 인형, 책가방	**4**	5
5	2	**6**	6
7	72	**8**	56
9	9, 3	**10**	121
11	8	**12**	20

1 세로 눈금 5칸이 20명을 나타내므로 세로 눈금 한 칸은 20÷5=4(명)을 나타냅니다.
⇨ 독서의 눈금은 8칸이므로 4×8=32(명)입니다.

2 막대의 길이가 가장 긴 것은 컴퓨터, 막대의 길이가 가장 짧은 것은 음악입니다.

3 세로 눈금 한 칸이 1명을 나타내므로 막대의 길이가 6칸보다 긴 것을 모두 찾으면 운동화, 인형, 책가방입니다.

4
> **전략 가이드**
> 막대의 길이가 가장 긴 것과 가장 짧은 것을 찾아 봅니다.

막대의 길이가 가장 긴 것은 인형으로 11명,
막대의 길이가 가장 짧은 것은 블록으로 6명입니다.
⇨ $11-6=5$(명)

5 이탈리아에 가고 싶어 하는 학생 수: 60명
독일에 가고 싶어 하는 학생 수: 30명
⇨ $60\div30=2$(배)

> **다른 풀이**
> 이탈리아: 6칸, 독일: 3칸
> ⇨ $6\div3=2$(배)

6 빈 병: 16 kg, 종이류: 10 kg
⇨ $16-10=6$ (kg)

> **다른 풀이**
> 작은 눈금 한 칸의 크기는 2 kg을 나타내고, 빈 병과 종이류의 칸수의 차는 3칸입니다.
> ⇨ $2\times3=6$ (kg)

7 술래잡기: 27명, 윷놀이: 15명, 연날리기: 24명, 팽이치기: 6명
⇨ $27+15+24+6=72$(명)

8
> **푸는 순서**
> ❶ 학년별로 봉사활동에 참여한 남학생 수 구하기
> ❷ 봉사활동에 참여한 남학생 수의 합 구하기

❶ 학년별로 봉사활동에 참여한 남학생 수를 구하면 1학년은 14명, 2학년은 16명, 3학년은 10명, 4학년은 16명입니다.
❷ 따라서 봉사활동에 참여한 남학생은 모두 $14+16+10+16=56$(명)입니다.

9 1점: 10번, 3점: 7번, 5점: 6번, 6점: 5번
(2점과 4점에 맞힌 횟수의 합)
$=40-10-7-6-5$
$=12$(번)
2점에 맞힌 횟수를 $\square$번이라 하면 4점에 맞힌 횟수는 ($\square-6$)번이므로
$\square+\square-6=12$
$\square+\square=18$
$\square=9$
⇨ 2점: 9번, 4점: $9-6=3$(번)

10 1점짜리: $1\times10=10$(점)
2점짜리: $2\times9=18$(점)
3점짜리: $3\times7=21$(점)
4점짜리: $4\times3=12$(점)
5점짜리: $5\times6=30$(점)
6점짜리: $6\times5=30$(점)
⇨ $10+18+21+12+30+30=121$(점)

11 여름을 좋아하는 학생 수를 $\square$명이라 하면
겨울을 좋아하는 학생 수도 $\square$명이고,
가을을 좋아하는 학생 수는 ($\square\times2$)명입니다.
여름, 가을, 겨울을 좋아하는 학생 수의 합은
$28-12=16$(명)이므로
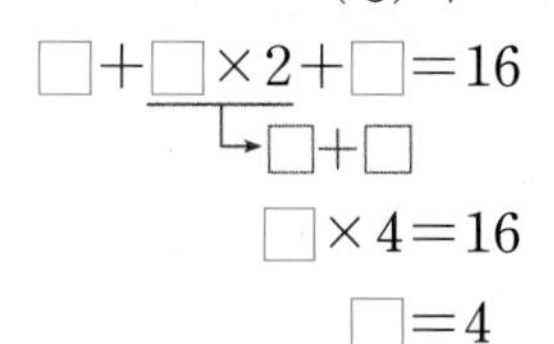
$\square+\square\times2+\square=16$
$\square\times4=16$
$\square=4$
⇨ 가을을 좋아하는 학생은 $4\times2=8$(명)입니다.

12
> **푸는 순서**
> ❶ 꼬마 자동차를 한 번 운행할 때 탈 수 있는 사람 수 구하기
> ❷ 회전컵의 개수 구하기

❶ 꼬마 자동차 한 개에 5명이 탈 수 있으므로 꼬마 자동차를 한 번 운행할 때 모두 $5\times16=80$(명)이 탈 수 있습니다.
❷ 회전컵을 한 번 운행할 때도 80명이 탈 수 있고, 회전컵 한 개에 4명씩 탈 수 있으므로 회전컵은 $80\div4=20$(개)입니다.

실전 모의고사 1회

61~66쪽

1	2	**2**	55
3	180	**4**	39
5	④	**6**	3
7	8	**8**	269
9	②	**10**	100
11	13	**12**	23
13	3	**14**	6
15	5	**16**	9
17	15	**18**	3
19	102	**20**	270
21	60	**22**	75
23	6	**24**	18
25	3		

1 5247 | 9801 | 0063
억 만 일
└→ 백억의 자리 숫자

2 각의 한 변이 바깥쪽 눈금 0에 맞춰져 있으므로 바깥쪽 눈금을 읽으면 55°입니다.

3 삼각형의 세 각의 크기의 합은 180°입니다.

4
$$\begin{array}{r} 12 \leftarrow \text{몫} \\ 42\overline{)531} \\ \underline{42} \\ 111 \\ \underline{84} \\ 27 \leftarrow \text{나머지} \end{array}$$
⇨ $12+27=39$

5 도형을 어느 방향으로 밀어도 모양은 변하지 않고 위치만 바뀝니다.

6 각도가 0°보다 크고 직각보다 작은 각을 모두 찾습니다.
⇨ 예각은 20°, 76°, 84°로 모두 3개입니다.

7 세로 눈금 한 칸을 학생 1명으로 나타내고 AB형의 학생 수는 8명이므로 세로 눈금 8칸으로 나타내어야 합니다.

8 $23\times11=253$, $253+16=269$
⇨ □$=269$

9 ②번 조각을 시계 반대 방향으로 90°만큼 돌리거나 시계 방향으로 270°만큼 돌리면 … 모양이 됩니다.

10 ㉠이 나타내는 값은 6000000이고, ㉡이 나타내는 값은 60000이므로 ㉠이 나타내는 값은 ㉡이 나타내는 값의 100배입니다.

11 전략 가이드
막대의 길이를 비교해 봅니다.

금메달을 가장 많이 딴 나라는 독일로 17개이고, 가장 적게 딴 나라는 캐나다로 4개입니다.
⇨ $17-4=13$(개)

12 $900\div39=23\cdots3$이므로 23벗까지 바꿀 수 있습니다.

13 두 수는 모두 9자리 수이므로 높은 자리 수부터 차례대로 비교하면 억, 천만의 자리 수가 각각 같고 십만의 자리 수는 $2<4$이므로 □ 안에는 7과 같거나 7보다 큰 수가 들어갈 수 있습니다.
⇨ □ 안에 들어갈 수 있는 수는 7, 8, 9로 모두 3개입니다.

14 1억 23만－1억 6023만－2억 2023만－2억 8023만－3억 4023만－4억 23만－4억 6023만
⇨ 6000만씩 6번 뛰어 센 수입니다.

참고
6000만씩 뛰어 세면 천만의 자리 숫자가 6씩 커집니다.

15 푸는 순서

> ❶ 전체 굴비 수 구하기
> ❷ 팔고 남은 굴비 수 구하기

❶ 굴비 한 두름은 20마리이므로 굴비 36두름은 $20 \times 36 = 720$(마리)입니다.

❷ $720 \div 11 = 65 \cdots 5$에서 굴비를 65바구니 팔았고, 5마리가 남았습니다.

16 푸는 순서

> ❶ 배구, 농구, 축구를 좋아하는 학생 수 알아보기
> ❷ 야구를 좋아하는 학생 수 구하기

❶ 막대그래프에서 각 운동을 좋아하는 학생 수를 알아보면 배구는 5명, 농구는 7명, 축구는 11명입니다.

❷ (야구를 좋아하는 학생 수)$=32-5-7-11$
$=9$(명)

17 전략 가이드

> $362 \div 25$의 몫을 찾아 □의 값을 예상해 봅니다.

$362 \div 25 = 14 \cdots 12$이므로 □ 안에는 14보다 큰 자연수가 들어갈 수 있습니다.
14보다 큰 자연수 중에서 가장 작은 수는 15입니다.

18 1000원짜리 지폐 8장은 8000원이므로 2000원이 더 있어야 10000원을 만들 수 있습니다.
2000원을 만들 수 있는 경우는
(500원짜리 동전 1개, 100원짜리 동전 15개),
(500원짜리 동전 2개, 100원짜리 동전 10개),
(500원짜리 동전 3개, 100원짜리 동전 5개)로
모두 3가지입니다.

19 푸는 순서

> ❶ 시계 방향으로 180°만큼 돌렸을 때 만들어지는 수 구하기
> ❷ 만들어지는 수와 처음 수의 차 구하기

❶ 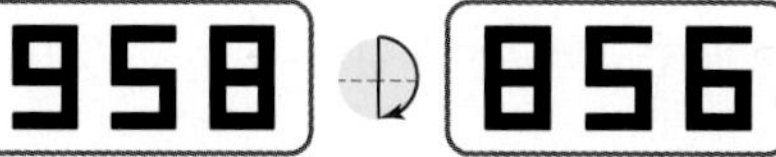

주어진 세 자리 수 958을 시계 방향으로 180°만큼 돌렸을 때 만들어지는 수는 856입니다.

❷ $958-856=102$

20

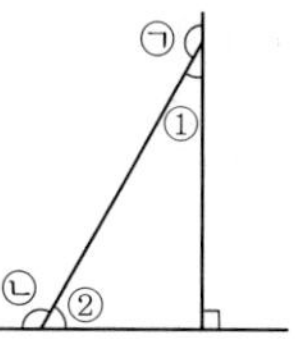

①과 ②의 각도의 합은 $180°-90°=90°$입니다.
㉠$=180°-$①, ㉡$=180°-$②이므로
㉠$+$㉡$=180°-$①$+180°-$②
$=360°-$(①과 ②의 각도의 합)
$=360°-90°$
$=270°$

21 푸는 순서

> ❶ 사각형 ㅁㅂㄷㄹ에서 각 ㅂㄷㄹ의 크기 구하기
> ❷ 각 ㄴㄷㅅ의 크기 구하기
> ❸ 사각형 ㄱㄴㄷㅅ에서 각 ㄱㅅㄷ의 크기 구하기
> ❹ 각 ㄱㅅㅂ의 크기 구하기

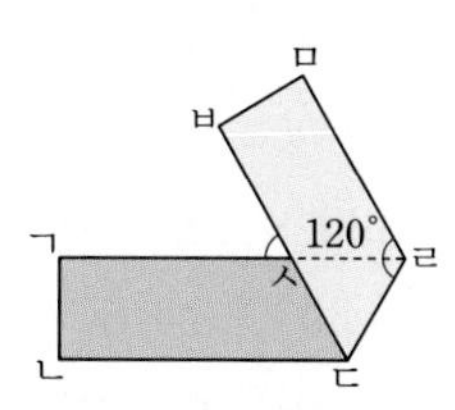

❶ 사각형 ㅁㅂㄷㄹ에서
(각 ㅂㄷㄹ)$=360°-120°-90°-90°=60°$

❷ 종이를 접은 것이므로
$60°+60°+$(각 ㄴㄷㅅ)$=180°$,
(각 ㄴㄷㅅ)$=60°$

❸ 사각형 ㄱㄴㄷㅅ에서
(각 ㄱㅅㄷ)$=360°-90°-90°-60°=120°$

❹ (각 ㄱㅅㅂ)$=180°-120°=60°$

22

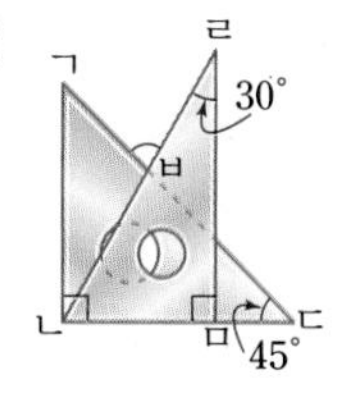

(각 ㄴㄱㄷ)$=180°-90°-45°=45°$이고,
(각 ㄹㄴㅁ)$=180°-30°-90°=60°$이므로
(각 ㄱㄴㅂ)$=90°-60°=30°$입니다.
⇨ 삼각형 ㄱㄴㅂ에서
(각 ㄱㅂㄴ)$=180°-45°-30°=105°$이므로
(각 ㄱㅂㄹ)$=180°-105°=75°$입니다.

23 ㉠은 백만의 자리 숫자, ㉡은 백의 자리 숫자입니다. ㉠이 나타내는 값은 ㉡이 나타내는 값의 30000배이므로 ㉠은 ㉡의 3배입니다. → ㉠=㉡×3
$7+1+㉠+3+8+4+㉡+9+0=40$,
$㉠+㉡+32=40$, $㉠+㉡=8$
⇨ ㉠=㉡×3이고 ㉠+㉡=8이므로
㉠=6, ㉡=2입니다.

24 전략 가이드
시계의 큰 눈금 한 칸의 각의 크기와 작은 눈금 한 칸의 각의 크기를 구해 봅니다.

(큰 눈금 한 칸의 각의 크기)$=360°\div12=30°$
(작은 눈금 한 칸의 각의 크기)$=30°\div5=6°$
- 9시에서 긴바늘과 짧은바늘이 이루는 작은 쪽의 각의 크기는 큰 눈금 3칸의 각의 크기와 같으므로 $30°\times3=90°$입니다.
- 3시 36분에서 긴바늘과 짧은바늘이 이루는 작은 쪽의 각의 크기는 큰 눈금 3칸의 각의 크기인 $30°\times3=90°$와 작은 눈금 3칸의 각의 크기인 $6°\times3=18°$의 합과 같으므로 $90°+18°=108°$입니다.

⇨ $108°-90°=18°$

25 투명 종이를 오른쪽으로 뒤집고 시계 방향으로 270° 만큼 돌린 모양은 다음과 같습니다.

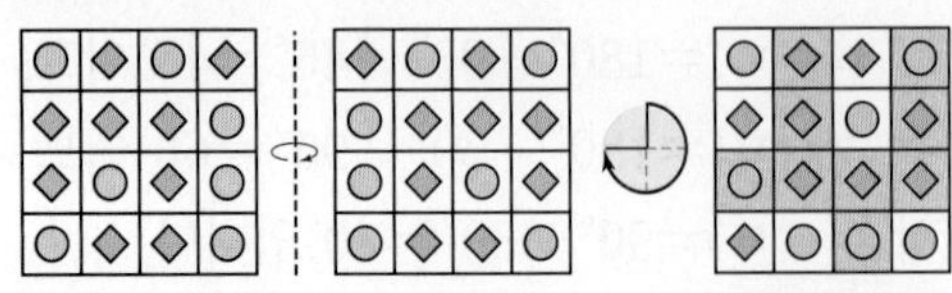

⇨ 색칠한 곳에는 ◎ 모양 3개, ◆ 모양 6개가 있으므로 두 붙임 딱지의 수의 차는 $6-3=3$(개)입니다.

실전 모의고사 2회

67~72쪽

1 45	**2** ④
3 35	**4** 7
5 9	**6** ③
7 990	**8** 7
9 65	**10** 75
11 23	**12** 2
13 24	**14** ⑤
15 518	**16** 170
17 5	**18** 70
19 63	**20** 2
21 11	**22** 48
23 13	**24** 114
25 860	

1 $500\times90=45000$
$5\times9=45$

참고
(몇백)×(몇십)은 (몇)×(몇)의 값에 곱하는 두 수의 0의 개수만큼 0을 붙입니다.

2 나머지는 나누는 수보다 작아야 하므로 38과 같거나 38보다 큰 수는 나머지가 될 수 없습니다.

3
```
    35
27)945
   81
   135
   135
     0
```

4 2937│1456│1074
억 만 일
⇨ 십억의 자리 숫자는 3이고, 백만의 자리 숫자는 4이므로 합은 $3+4=7$입니다.

5 막대그래프에서 세로 눈금 한 칸은 1명을 나타내므로 파랑을 좋아하는 학생은 9명입니다.

6 시계 반대 방향으로 90°만큼 돌리면 도형의 위쪽 부분이 왼쪽으로 이동하므로 ③과 같은 도형이 됩니다.

7 1억은 9000만보다 1000만만큼 더 큰 수, 9990만보다 10만만큼 더 큰 수입니다.
⇨ $1000-10=990$

8 칠천이억 십만 구백삼
⇨ 700200100903
⇨ 0을 모두 7번 눌러야 합니다.

9 사각형의 네 각의 크기의 합은 360°이므로
㉠$=360°-115°-100°-80°=65°$

10 푸는 순서

❶ 각 ㄴㄷㅁ의 크기 구하기
❷ 각 ㄹㄷㅁ의 크기 구하기

❶ (각 ㄴㄷㅁ)$=180°-135°=45°$
❷ (각 ㄹㄷㅁ)$=120°-45°=75°$

다른 풀이

(각 ㄹㄷㅁ)=(각 ㄱㄷㅁ)+(각 ㄴㄷㄹ)$-180°$
$=135°+120°-180°=75°$

11 □$\times 19=$△, △$+16=453$에서
△$=453-16=437$
□$\times 19=437$, □$=437\div 19=23$

12 전략 가이드

수의 크기를 비교하여 지구와 더 가까운 행성을 찾습니다.

화성: 7800만 → 78000000
42000000$<$78000000이므로 금성과 화성 중 지구와 더 가까운 행성은 금성입니다.
⇨ 4200|0000
만 | 일
└ 백만의 자리 숫자

13 $456\div 32=14\cdots 8$이므로 초콜릿을 14개씩 나누어 주면 8개가 남습니다.
⇨ 초콜릿을 남김없이 똑같이 나누어 주려면 적어도 $32-8=24$(개)가 더 필요합니다.

14 • 도형의 위쪽 부분이 오른쪽으로, 오른쪽 부분이 아래쪽으로 이동하였으므로 (또는) 방향으로 돌린 것입니다.
• 도형의 위쪽 부분이 왼쪽으로, 왼쪽 부분이 아래쪽으로 이동하였으므로 (또는) 방향으로 돌린 것입니다.

15 218

⇨ 218을 아래쪽으로 뒤집었을 때 만들어지는 수는 518입니다.

16 ㉠$=180°-75°=105°$,
㉢$=180°-95°=85°$
⇨ ㉡+㉣$=360°-105°-85°=170°$

17 $18\times 14=252$, $18\times 24=432$, $18\times 34=612$이므로 몫은 24이고 나누어지는 수는 432입니다.
⇨ ㉠$=2$, ㉡$=3$이므로
㉠+㉡$=2+3=5$

18 삼각형 ㅁㄷㄹ에서
(각 ㅁㄷㄹ)$=180°-70°-55°=55°$
사각형 ㄱㄴㄷㅂ에서
(각 ㄱㄴㄷ)$=180°-70°=110°$이므로
(각 ㄴㄷㅂ)$=360°-125°-70°-110°=55°$
⇨ (각 ㅂㄷㅁ)$=180°-$(각 ㄴㄷㅂ)$-$(각 ㅁㄷㄹ)
$=180°-55°-55°=70°$

19 전략 가이드

세로 눈금 한 칸의 크기를 구하기 위해 전체 세로 눈금 칸수를 알아봅니다.

(세로 눈금 칸수의 합)$=4+6+8+7+9=34$(칸)
세로 눈금 34칸이 238회를 나타내므로
(세로 눈금 한 칸의 크기)$=238\div34=7$(회)
⇨ 금요일에 한 윗몸 일으키기 횟수는
$7\times9=63$(회)입니다.

20 ㉠, ㉡, ㉣은 9자리 수이고, ㉢은 8자리 수이므로 ㉢이 가장 작은 수입니다.
㉠, ㉡, ㉣을 비교하면 ㉣의 □ 안에 9를 넣어도 ㉣이 가장 작습니다.
㉠, ㉡을 비교하면 ㉠의 □ 안에 9를 넣고 ㉡의 □ 안에 0을 넣어도 ㉡이 더 큽니다.
⇨ 가장 큰 수는 ㉡이고, ㉡의 천의 자리 숫자는 2입니다.

21 푸는 순서

❶ 은주의 기록 구하기
❷ 동훈이의 기록 구하기
❸ 동훈이의 기록은 세로 눈금 몇 칸으로 나타내어야 하는지 구하기

❶ (은주의 기록)$=20-2=18$(초)
❷ (동훈이의 기록)$=94-18-16-18-20$
$=22$(초)
❸ 세로 눈금 한 칸을 2초로 나타낸다면 동훈이의 달리기 기록은 22초이므로 세로 눈금은
$22\div2=11$(칸)으로 나타내어야 합니다.

22 (각 ㄴㄱㄷ)$=90^\circ-24^\circ=66^\circ$이므로
삼각형 ㄱㄴㄷ에서
(각 ㄱㄷㄴ)$=180^\circ-66^\circ-90^\circ=24^\circ$입니다.
(각 ㄱㄷㅂ)$=$(각 ㄱㄷㄴ)$=24^\circ$이므로
(각 ㅂㄷㅅ)$=90^\circ-24^\circ-24^\circ=42^\circ$입니다.
⇨ 삼각형 ㅅㅂㄷ에서
(각 ㅂㅅㄷ)$=180^\circ-90^\circ-42^\circ=48^\circ$입니다.

23 • $716\div28=25\cdots16$
상자에 담은 자두는 $28\times25=700$(개)이고,
바구니에 담은 자두는 16개입니다.
• $700\div15=46\cdots10$
봉지에 담은 자두는 $15\times46=690$(개)이고,
바구니에 담은 자두는 10개입니다.
⇨ 바구니에 담은 자두는 $16+10=26$(개)이고,
$26\div2=13$(명)이므로 한 사람에게 2개씩 13명에게 나누어 줄 수 있습니다.

24

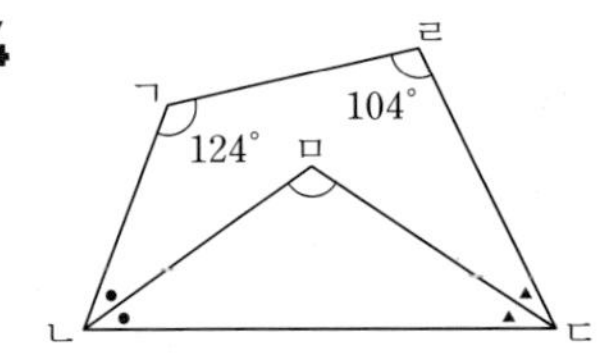

사각형 ㄱㄴㄷㄹ에서
(각 ㄱㄴㄷ)+(각 ㄴㄷㄹ)$=360^\circ-124^\circ-104^\circ$
$=132^\circ$
(각 ㄱㄴㅁ)$=$(각 ㅁㄴㄷ)$=$●,
(각 ㄹㄷㅁ)$=$(각 ㅁㄷㄴ)$=$▲라 하면
●+●+▲+▲$=132^\circ$, ●+▲$=132^\circ\div2=66^\circ$
⇨ 삼각형 ㅁㄴㄷ에서
(각 ㄴㅁㄷ)$=180^\circ-$(●와 ▲의 합)
$=180^\circ-66^\circ=114^\circ$

25 주어진 수 카드를 시계 방향으로 180°만큼 돌리기 했을 때 수가 되는 것은
1 → 1, 6 → 9,
8 → 8, 9 → 6 입니다.
가와 나의 합이 가장 작으려면 가의 백의 자리 숫자와 가의 일의 자리 숫자를 돌리기 하여 나온 수의 합이 가장 작아야 합니다.
가장 작은 수 1을 제외하고 돌리기 하여 나온 수 중 가장 작은 수는 6이므로 가의 백의 자리 숫자가 1일 때 일의 자리 숫자는 9가 되어야 하고 가의 백의 자리 숫자가 6일 때 일의 자리 숫자는 1이 되어야 합니다.

가	나	가+나
169	691	860
189	681	870
681	189	870
691	169	860

⇨ 가와 나의 합이 가장 작을 때의 합은 860입니다.

실전 모의고사 3회

73~78쪽

1 45	**2** ④
3 2	**4** 0
5 ④	**6** ④
7 30	**8** 30
9 3	**10** ④
11 75	**12** 50
13 4	**14** 52
15 10	**16** 23
17 ③	**18** 4
19 18	**20** 1
21 14	**22** 40
23 7	**24** 70
25 8	

1 $80^\circ-35^\circ=45^\circ$

2 곱이 261보다 크지 않고 261에 가장 가까운 수를 찾으면 $32\times8=256$이므로 $261\div32$의 몫은 8로 어림할 수 있습니다.

3

$$\begin{array}{r} 978 \\ \times\ \ 35 \\ \hline 4890 \\ 2934\ \\ \hline 34230 \end{array}$$

⇨ 34230에서 백의 자리 숫자는 2입니다.

4 1만이 260개, 1이 7453개인 수는 2607453입니다. 2607453의 만의 자리 숫자는 0입니다.

5 도형을 오른쪽으로 뒤집으면 왼쪽과 오른쪽이 서로 바뀝니다.

6 나머지는 나누는 수보다 작아야 하므로 29보다 큰 ④ 32는 나머지가 될 수 없습니다.

7 삼각형의 세 각의 크기의 합은 180°이므로 ㉠$=180^\circ-70^\circ-80^\circ=30^\circ$입니다.

8 [300만] $\xrightarrow{10배}$ [3000만] $\xrightarrow{10배}$ [3억] $\xrightarrow{10배}$ [30억]

⇨ ㉠에 알맞은 수는 30입니다.

9 일억 삼천팔십육만 천칠

⇨ 130861007

⇨ 0을 모두 3번 눌러야 합니다.

10 도형의 위쪽 부분이 왼쪽으로 이동하였으므로 왼쪽 도형을 (또는) 방향으로 돌리면 됩니다.

11

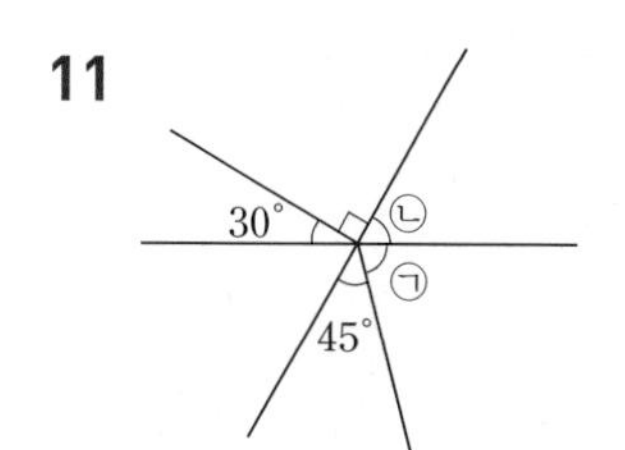

직선을 이루는 각의 크기는 180°이므로 ㉡$=180^\circ-30^\circ-90^\circ=60^\circ$입니다.

⇨ ㉠$=180^\circ-60^\circ-45^\circ=75^\circ$

12 모은 책 수가 가장 많은 반은 2반으로 100권이고, 두 번째로 적은 반은 1반으로 50권입니다.

⇨ $100-50=50$(권)

13 3㉠$\times7$의 일의 자리 수가 4인 경우는 ㉠$=2$입니다. $32\times$㉡에서 $32\times2=64$, $32\times3=96$이므로 86에는 32가 2번 들어갑니다.

$$\begin{array}{r} 27 \\ 32\overline{)864} \\ 64\ \\ \hline 224 \\ 224 \\ \hline 0 \end{array}$$

⇨ ㉠+㉡$=2+2=4$

14 $455\div35=13$

$671\div51=13\cdots8$, $671\div52=12\cdots47$이므로

□ 안에 들어갈 수 있는 두 자리 수는 52, 53, ...입니다.

⇨ □ 안에 들어갈 수 있는 가장 작은 두 자리 수는 52입니다.

15 $192\div20=9\cdots12$이므로 동화책을 매일 20쪽씩 읽으면 9일이 걸리고 12쪽이 남습니다.

⇨ 동화책을 모두 읽으려면 적어도 $9+1=10$(일)이 걸립니다.

16 푸는 순서

❶ 축구 경기에 나간 학생 수 구하기
❷ 배구 경기에 나간 학생 수 구하기
❸ ❶과 ❷의 학생 수의 합 구하기

❶ 축구 경기에 나간 학생은 11명입니다.

❷ 배구 경기에 나간 학생은 $6\times2=12$(명)입니다.

❸ $11+12=23$(명)

17 ①

예각

②

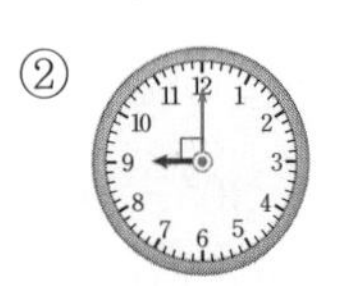

직각

③

둔각

④

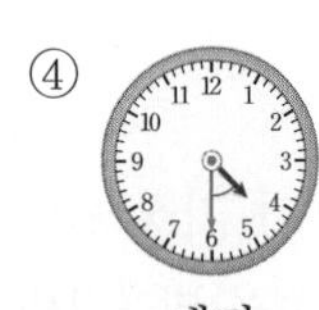

예각

⑤

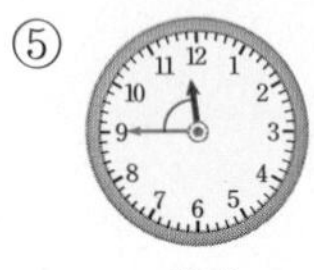

예각

⇨ 둔각인 시각은 ③입니다.

18 시계 방향으로 180°만큼 돌렸을 때의 모양:

ㄴ, ㄱ, ㄷ, ㄹ, ㅁ, ㅂ, ㅅ,
ㅇ, ㅈ, ㅊ, ㅌ, ㅋ, ㅍ, ㅎ

⇨ 처음과 같은 글자: ㄹ, ㅁ, ㅇ, ㅍ → 4개

19 (기차가 움직이는 거리)

$=$(기차의 길이)$+$(터널의 길이)

$=156+744=900$ (m)

⇨ (걸리는 시간)$=900\div50=18$(초)

참고

기차가 터널에 진입해서 완전히 빠져나갈 때까지 움직인 거리는 터널의 길이와 기차의 길이의 합입니다.

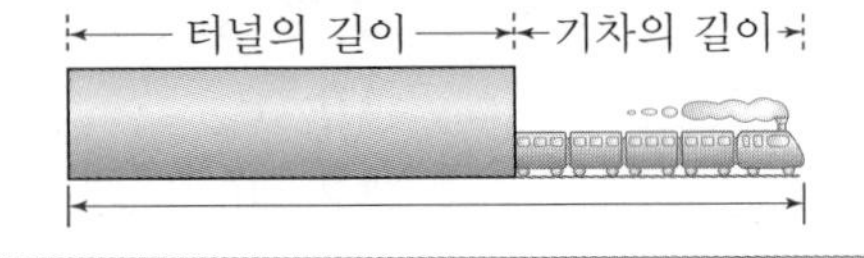

20 몫이 가장 크게 되려면 나누어지는 수는 가장 큰 세 자리 수인 875, 나누는 수는 가장 작은 두 자리 수인 23이어야 합니다.

$875\div23=38\cdots1$ ⇨ 몫: 38, 나머지: 1

21 (전체 여학생 수)$=14+24+16+16=70$(명)

(전체 남학생 수)$=70+6=76$(명)

⇨ (2반의 남학생 수)$=76-20-20-22=14$(명)

22

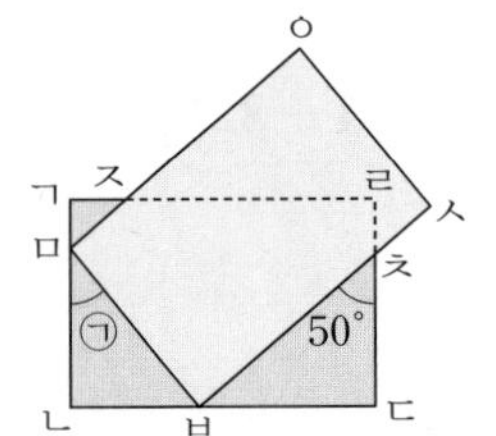

삼각형 ㅊㅂㄷ에서

(각 ㅊㅂㄷ)$=180°-50°-90°=40°$입니다.

직선을 이루는 각의 크기는 180°이므로

(각 ㄴㅂㅁ)$=180°-90°-40°=50°$입니다.

⇨ 삼각형 ㅁㄴㅂ에서

㉠$=180°-90°-50°=40°$입니다.

23 27로 나누었을 때 몫이 32이고 나머지가 △인 어떤 수를 □라 하면

□$\div27=32\cdots$△

→ $27\times32=864$, $864+$△$=$□

이때 △는 1부터 26까지의 수가 될 수 있으므로

□는 $864+1=865$부터 $864+26=890$까지의 수입니다.

⇨ 865부터 890까지의 수 중에서 수 카드로 만들 수 있는 세 자리 수는 865, 867, 869, 874, 875, 876, 879로 모두 7개입니다.

24 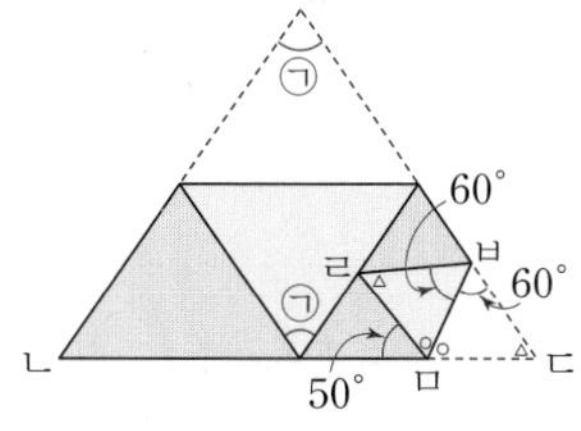

접은 부분과 접기 전 부분의 각의 크기는 서로 같으므로

(각 ㄷㅂㅁ)=(각 ㄹㅂㅁ)=60°,

(각 ㄹㅁㄷ)=180°−50°=130°,

○=130°÷2=65°입니다.

삼각형의 세 각의 크기의 합은 180°이므로

△=180°−60°−65°=55°입니다.

⇨ 삼각형 ㄱㄴㄷ에서

(각 ㄱㄴㄷ)=(각 ㄱㄷㄴ)=55°이므로

㉠=180°−55°−55°=70°입니다.

25

7	㉮	㉯	㉰	㉱	㉲	㉳	㉴	㉵	㉶	㉷	5

오른쪽 칸부터 일의 자리 숫자, 십의 자리 숫자, … , 천억의 자리 숫자를 차례대로 써넣으면 천만의 자리 숫자는 ㉱입니다.

왼쪽부터 7+㉮+㉯=20

㉮+㉯=13이므로

㉮+㉯+㉰=13+㉰=20

㉰=7입니다.

오른쪽부터 ㉶+㉷+5=20

㉶+㉷=15이므로

㉵+㉶+㉷=㉵+15=20

㉵=5입니다.

마찬가지로 ㉳+㉴=15이고, ㉲=5입니다.

⇨ ㉰+㉱+㉲=7+㉱+5=20, ㉱=8입니다.

실전 모의고사 4회

79~84쪽

1	70	**2**	5
3	③	**4**	4
5	3	**6**	9
7	①	**8**	115
9	6	**10**	3
11	303	**12**	40
13	255	**14**	①
15	②	**16**	7
17	5	**18**	60
19	120	**20**	21
21	75	**22**	45
23	748	**24**	45
25	72		

1 82073=80000+2000+70+3이므로 □ 안에 알맞은 수는 70입니다.

2 400×□0에서 0이 3개이므로 4×□=20입니다.

⇨ 4×5=20이므로 □ 안에 알맞은 수는 5입니다.

3 각 수의 백만의 자리 숫자를 알아보면

① 39287504 → 9　② 48371692 → 8

③ 103856926 → 3　④ 295437810 → 5

⑤ 241835074 → 1

⇨ 백만의 자리 숫자가 3인 수는 ③입니다.

4

$$\begin{array}{r} 3\ 6\ 7 \\ \times\quad 4\ 0 \\ \hline 1\ 4\ 6\ 8\ 0 \end{array}$$

↑ ㉡ (4)

5 각도가 직각보다 크고 180°보다 작은 각을 찾습니다.

⇨ 둔각은 125°, 155°, 110°로 모두 3개입니다.

6 □×29=261

⇨ □=261÷29=9

7 왼쪽과 오른쪽의 모양이 같은 도형을 찾으면 ①입니다.

8 삼각형의 세 각의 크기의 합은 180°입니다.
65°+㉠+㉡=180°
㉠+㉡=115°

9 떡볶이를 좋아하는 학생 수: 11명,
김밥을 좋아하는 학생 수: 5명
⇨ 11−5=6(명)

다른 풀이
떡볶이와 김밥의 칸수의 차는 6칸입니다.
세로 눈금 한 칸은 1명을 나타내므로 떡볶이를 좋아하는 학생은 김밥을 좋아하는 학생보다 6명 더 많습니다.

10

10000이	4개이면	40000
1000이	13개이면	13000
100이	7개이면	700
10이	65개이면	650
1이	29개이면	29
		54379

11 (한 자의 길이)=909÷3
=303 (mm) → 약 303 mm
⇨ (장롱의 길이)=303×10
=3030 (mm) → 약 303 cm

12 남학생 수와 여학생 수의 차가 가장 큰 계절은 겨울입니다.
겨울에 태어난 남학생은 80명, 여학생은 40명이므로 80−40=40(명) 차이가 납니다.

13 나머지가 가장 클 때 나누어지는 수가 가장 큰 수가 됩니다.
나누는 수는 32이므로 가장 큰 나머지는 31이 됩니다.
⇨ □ 안에 들어갈 수 있는 가장 큰 수는
32×7=224, 224+31=255입니다.

14 어떤 수에서 400억씩 커지게 3번 뛰어 센 수가 5200억이므로 어떤 수는 5200억에서 400억씩 작아지게 3번 뛰어 센 수와 같습니다.
⇨ 5200억−4800억−4400억−4000억

15 ②번 모양을 오른쪽으로 뒤집으면 무늬를 만들 수 있습니다.

16 연필 1타는 12자루이고 173÷12=14···5이므로 14타까지 포장하고 남은 연필은 5자루입니다.
⇨ 남은 연필 5자루도 포장하려면 적어도
12−5=7(자루)가 더 필요합니다.

17 십억의 자리 수와 백만의 자리 수가 각각 같고 십만의 자리 수를 비교하면 3>2이므로 □ 안에는 4보다 큰 수가 들어가야 합니다.
⇨ □ 안에 공통으로 들어갈 수 있는 수는 5, 6, 7, 8, 9로 모두 5개입니다.

18 삼각형 ㄹㄴㅁ에서
(각 ㄴㄹㅁ)=180°−115°
=65°이므로
(각 ㄴㅁㄹ)=180°−65°−20°
=95°입니다.
삼각형 ㄱㅁㄷ에서
(각 ㄱㅁㄷ)=180°−95°
=85°이므로
(각 ㄱㄷㄴ)=180°−35°−85°
=60°입니다.

19 도형은 삼각형 ㄱㄴㅁ과 사각형 ㄴㄷㄹㅁ으로 나누어져 있으므로
(도형의 다섯 각의 크기의 합)=180°+360°
=540°입니다.
⇨ 80°+(각 ㄱㄴㄷ)+125°+125°+90°=540°
(각 ㄱㄴㄷ)+420°=540°
(각 ㄱㄴㄷ)=120°

20 27×17=459, 27×18=486이므로 4□2가 될 수 있는 수는 459와 같거나 크고 486보다 작습니다.
4□2가 될 수 있는 수는 462, 472, 482이므로
□ 안에 들어갈 수 있는 수는 6, 7, 8입니다.
⇨ 6+7+8=21

21 (100원짜리 동전 250개의 금액)$=100\times250$
$=25000$(원)
(500원짜리 동전 100개의 금액)$=500\times100$
$=50000$(원)
(정효의 저금통에 들어 있는 돈)$=25000+50000$
$=75000$(원)
⇨ 정효의 저금통에 들어 있는 75000원은 1000원짜리 지폐 75장과 같습니다.

22 푸는 순서
❶ 공부한 시간 구하기
❷ 움직인 각도 구하기

❶ (수연이가 공부한 시간)$=$5시$-$3시 30분
$=$1시간 30분
❷ 짧은바늘이 1시간 동안 움직이는 각의 크기는 $360^\circ\div12=30^\circ$이고, 30분 동안 움직이는 각의 크기는 $30^\circ\div2=15^\circ$입니다.
⇨ 공부를 하는 동안 짧은바늘은 $30^\circ+15^\circ=45^\circ$ 움직였습니다.

23 ㉡에서 나누어지는 수의 일의 자리 숫자는 8입니다.
㉠에서 백의 자리 숫자와 십의 자리 숫자의 합은 $19-8=11$입니다.
㉢에서 백의 자리 숫자가 십의 자리 숫자보다 크다고 했으므로 658, 748, 838, 928 중에 하나입니다.
$658\div40=16\cdots18$, $748\div40=18\cdots28$,
$838\div40=20\cdots38$, $928\div40=23\cdots8$
⇨ 조건을 모두 만족하는 세 자리 수는 748입니다.

24 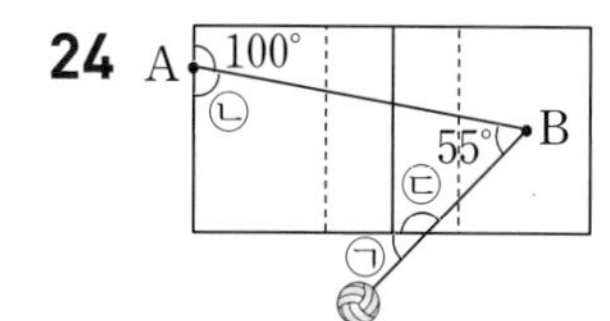

㉡$=180^\circ-100^\circ=80^\circ$
사각형의 네 각의 크기의 합은 360°이므로
㉢$=360^\circ-55^\circ-80^\circ-90^\circ=135^\circ$
⇨ ㉠$=180^\circ-135^\circ=45^\circ$

25 주어진 수 카드를 시계 방향으로 180°만큼 돌리면
2 → 2, 5 → 5, 6 → 9,
8 → 8, 9 → 6이 됩니다.
㉠>㉡이고, ㉠$-$㉡이 가장 작으려면 ㉠의 백의 자리 숫자와 ㉠의 일의 자리 숫자를 돌려 나온 숫자와의 차가 가장 작아야 하므로 ㉠의 백의 자리 숫자와 일의 자리 숫자가 될 수 있는 두 수는 6과 5, 9와 8입니다.

㉠	㉡	㉠$-$㉡
625	529	$625-529=96$
685	589	$685-589=96$
695	569	$695-569=126$
928	826	$928-826=102$
958	856	$958-856=102$
968	896	$968-896=72$

⇨ ㉠과 ㉡의 차가 가장 작을 때의 차는 72입니다.

실전 모의고사 5회

85~90쪽

1 8
2 100
3 4
4 ③
5 27
6 370
7 2
8 160
9 14
10 7
11 7
12 832
13 120
14 724
15 3
16 6
17 120
18 5
19 13
20 16
21 50
22 5
23 13
24 360
25 11

1 17 | 2839 | 4650
억 만 일
⇨ 백만의 자리 숫자는 8입니다.

2 각 ㄱㅇㄴ 사이의 각도기의 눈금을 세어 보면 100°입니다.

3 $500 \times 80 = 40000$이므로 0은 4개입니다.

4 도형의 위쪽 → 왼쪽, 오른쪽 → 위쪽, 아래쪽 → 오른쪽, 왼쪽 → 아래쪽으로 이동하였으므로 도형을 시계 방향으로 270°만큼 돌린 것입니다.

5 개: 5명, 고양이: 7명, 토끼: 4명, 판다: 11명
⇨ $5+7+4+11=27$(명)

6 십만의 자리 숫자가 1씩 커지므로 10만씩 뛰어 센 것입니다.
320만 − 330만 − 340만 − 350만 − 360만 − 370만(㉠)
⇨ ㉠에 알맞은 수는 370만입니다.

7 나 마을의 사과 생산량: 500상자
라 마을의 사과 생산량: 1000상자
⇨ $1000 \div 500 = 2$(배)

8 ㉠ $75°+85°=160°$ ㉡ $190°-23°=167°$
⇨ $160° < 167°$이므로 더 작은 각은 160°입니다.

9 $594 \div 40 = 14 \cdots 34$
⇨ 선물을 14개까지 포장할 수 있고 끈이 34 cm 남습니다.

10 왼쪽이나 오른쪽으로 뒤집었을 때의 모양이 처음 모양과 같은 것은 **A**, **H**, **O**, **T**, **V**, **X**, **Y**로 모두 7개입니다.

11 칠천십이억 오백삼만
⇨ 7012억 503만
⇨ 701205030000
따라서 0을 모두 7번 눌러야 합니다.

12 시계 반대 방향으로 180°만큼 돌렸을 때의 모양을 시계 방향으로 180°만큼 돌리면 돌리기 전의 모양이 됩니다.

25×91 ⇨ 16×52
돌리기 전

따라서 돌리기 전의 식을 계산한 값은 $16 \times 52 = 832$입니다.

13 사각형의 네 각의 크기의 합은 360°이므로
㉠+㉡$=360°-90°-150°=120°$

14 나누는 수가 29일 때 나머지가 될 수 있는 수 중 가장 큰 수인 28을 나머지로 정하면 나누어지는 수가 가장 큰 수가 됩니다.
⇨ 어떤 수 중에서 가장 큰 자연수는
$29 \times 24 = 696$, $696+28=724$입니다.

15 몫이 한 자리 수이려면 나누어지는 수의 왼쪽 두 자리 수가 나누는 수보다 작아야 합니다.
$348 \div 25 \rightarrow 34 > 25$ (×)
$513 \div 52 \rightarrow 51 < 52$ (○)
$410 \div 40 \rightarrow 41 > 40$ (×)
$237 \div 23 \rightarrow 23 = 23$ (×)
$130 \div 36 \rightarrow 13 < 36$ (○)
$374 \div 92 \rightarrow 37 < 92$ (○)

16 $240 \times 25 = 6000$ (m)
⇨ 6000 m = 6 km이므로 지우가 25일 동안 운동장을 걸은 거리는 모두 6 km입니다.

17 

(큰 눈금 한 칸의 각의 크기)
$=360° \div 12 = 30°$
⇨ (큰 눈금 4칸의 각의 크기)
$=30° \times 4 = 120°$

18 각도가 90°보다 크고 180°보다 작은 각을 둔각이라고 합니다.
19°×4=76°, 19°×5=95°이므로 둔각을 만들려면 각을 적어도 5개 이어 붙여야 합니다.

19 43×□=602 ⇨ 602÷43=14이므로 □ 안에는 14보다 작은 수가 들어갈 수 있습니다.
14보다 작은 자연수 중에서 가장 큰 수는 13입니다.

20 은빈: 8권, 태민: 12권
(주연이가 읽은 책 수)+(도운이가 읽은 책 수)
=58−8−12=38(권)
(도운이가 읽은 책 수)=(주연이가 읽은 책 수)+6
이므로
(주연이가 읽은 책 수)+(주연이가 읽은 책 수)
=38−6=32
⇨ (주연이가 읽은 책 수)=16권

21 푸는 순서
❶ 각 ㄷㄹㅁ 구하기
❷ 각 ㄷㅁㄹ 구하기
❸ 각 ㄱㄴㄷ 구하기

❶ (각 ㄷㄹㅁ)=180°−130°=50°
❷ 삼각형 ㄷㄹㅁ에서
(각 ㄷㅁㄹ)=180°−50°−45°=85°
❸ (각 ㄴㄱㄷ)=(각 ㄷㅁㄹ)=85°이므로
(각 ㄱㄴㄷ)=180°−85°−45°=50°

22 2부터 8까지의 수로 ②의 조건을 만족하려면
6□□□2□□이고, 십의 자리 숫자는 3이므로
6□□□23□가 됩니다.
남은 수 4, 5, 7, 8을 사용하여 가장 작은 수를 만들면 6457238입니다.
⇨ 만의 자리 숫자는 5입니다.

23 왼쪽 종이를 위쪽으로 7번 뒤집은 도형은 위쪽으로 1번 뒤집은 도형과 같습니다.

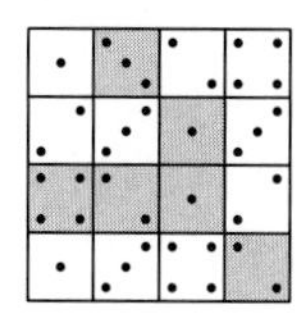

⇨ 색칠된 칸의 점의 수는 모두
3+1+4+2+1+2=13(개)
입니다.

24 선분 ㄱㄴ, 선분 ㄴㄷ, 선분 ㄷㄱ을 그어 봅니다.

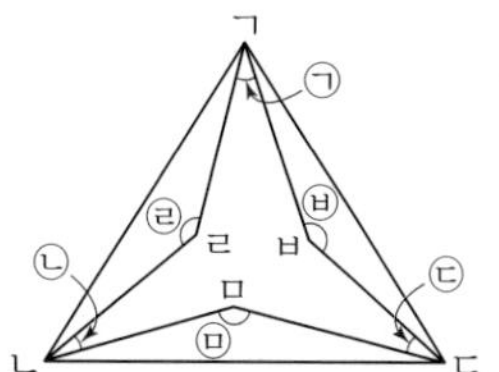

삼각형 ㄱㄴㄹ에서
(각 ㄹㄱㄴ)+(각 ㄹㄴㄱ)=180°−㉣,
삼각형 ㄴㄷㅁ에서
(각 ㅁㄴㄷ)+(각 ㅁㄷㄴ)=180°−㉤,
삼각형 ㄱㄷㅂ에서
(각 ㅂㄱㄷ)+(각 ㅂㄷㄱ)=180°−㉥
임을 알 수 있습니다.
삼각형 ㄱㄴㄷ의 세 각의 크기의 합이 180°이므로
㉠+㉡+㉢+180°−㉣+180°−㉤+180°−㉥
=180°,
㉠+㉡+㉢+540°=180°+㉣+㉤+㉥,
가+540°=180°+나,
나−가=540°−180°=360°

25 가장 작은 수가 되려면 가장 높은 자리 숫자가 1이고 그 이후에 0이 많이 남도록 숫자를 지워야 합니다.
• 가장 높은 자리에 1을 남겨 둡니다.
• 2, 3, 4, 5, 6, 7, 8, 9, 1을 지웁니다.
→ 숫자 9개를 지웠습니다.
• 11, 12, 13, 14, 15, 16, 17, 18, 19, 2를 지웁니다.
→ 숫자 19개를 지웠습니다.
• 21, 22, 23, 24, 25, 26, 27, 28, 29, 3을 지웁니다.
→ 숫자 19개를 지웠습니다.

지금까지 숫자를 모두 9+19+19=47개 지웠으므로 100031323334⋯979899100에서 숫자 3개를 더 지워서 만들 수 있는 가장 작은 수는
100012334⋯979899100입니다.
34부터 100까지 수 중 0이 포함된 수는 40, 50, 60, 70, 80, 90, 100이므로 0은 8개입니다.
⇨ ㉠에는 숫자 0이 모두 3+8=11(개) 있습니다.

최종 모의고사 1회

91 ~ 96쪽

1 3	**2** 4
3 56	**4** 40
5 ①	**6** 180
7 225	**8** ③
9 ③	**10** 145
11 30	**12** 3
13 23	**14** 4
15 720	**16** 6
17 7	**18** 344
19 210	**20** 266
21 6	**22** 32
23 44	**24** 10
25 4	

1 각도가 0°보다 크고 직각보다 작은 각을 찾습니다.
⇨ 예각은 20°, 76°, 84°로 모두 3개입니다.

2 7 5493 2175
억 만 일
→ 백만의 자리 숫자

3 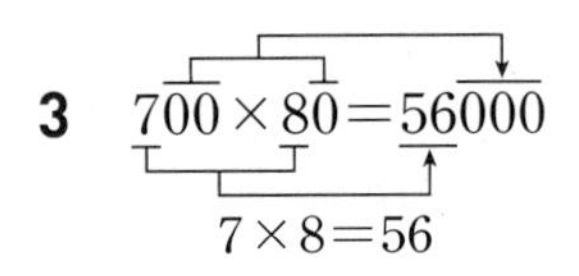

4 $130^\circ-90^\circ=40^\circ$

5 도형을 왼쪽으로 뒤집으면 오른쪽과 왼쪽이 서로 바뀝니다.

6 삼각형의 세 각의 크기의 합은 180°입니다.

7 사각형의 네 각의 크기의 합은 360°입니다.
⇨ ㉠$+60^\circ+$㉡$+75^\circ=360^\circ$
㉠$+$㉡$+135^\circ=360^\circ$
㉠$+$㉡$=225^\circ$

8 나누어지는 수의 왼쪽 두 자리 수가 나누는 수와 같거나 크면 몫은 두 자리 수가 됩니다.
① $51<63$, ② $48<79$, ③ $37>13$, ④ $79<82$, ⑤ $40<65$
이므로 몫이 두 자리 수인 나눗셈은 ③입니다.

9 왼쪽 도형을 시계 반대 방향으로 90°만큼(또는 시계 방향으로 270°만큼) 돌리면 위쪽 → 왼쪽, 왼쪽 → 아래쪽, 아래쪽 → 오른쪽, 오른쪽 → 위쪽이 되므로 오른쪽 도형이 됩니다.

10 ㉠ $150^\circ-75^\circ=75^\circ$
㉡ $40^\circ+30^\circ=70^\circ$
⇨ ㉠$+$㉡$=75^\circ+70^\circ=145^\circ$

11 전략 가이드
막대의 길이를 비교해 봅니다.

줄넘기를 가장 많이 한 학생: 진수(140회)
줄넘기를 두 번째로 많이 한 학생: 성희(110회)
⇨ 140−110=30(회)

12 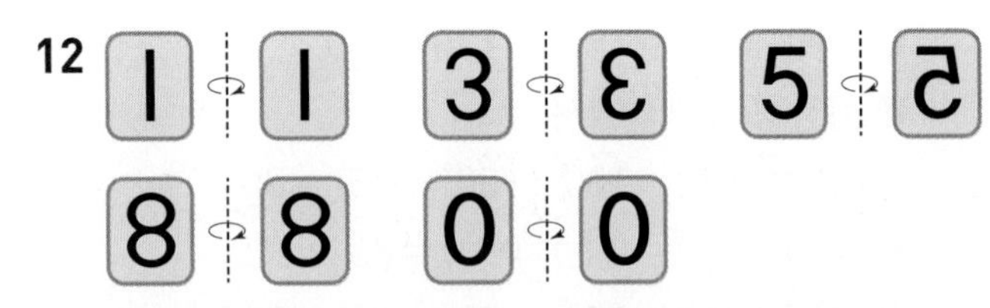

오른쪽으로 뒤집었을 때 처음과 같은 숫자가 되는 것은 1, 8, 0입니다.
⇨ 3개

13 $923\div50=18\cdots23$이므로 자전거 도로를 매일 50 m씩 18일 동안 건설하면 23 m가 남습니다.
⇨ 마지막 날에 건설해야 하는 자전거 도로의 길이는 23 m입니다.

14 7700만 − 9700만 − 1억 1700만 − 1억 3700만
(1번) (2번) (3번)

− 1억 5700만
(4번)

따라서 2000만씩 4번 뛰어 센 것입니다.

15

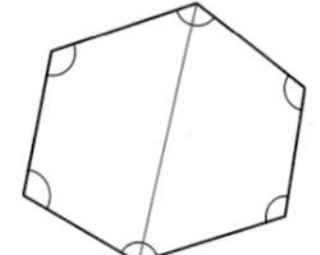

도형은 사각형 2개로 나눌 수 있습니다.
따라서 도형에 표시된 각의 크기의 합은
$360^\circ \times 2 = 720^\circ$입니다.

16 백만의 자리 숫자가 3인 8자리 수:
□3□□□□□□
높은 자리부터 큰 수를 차례대로 놓으면
73766553입니다.

17 (100원짜리 동전 600개의 금액) $= 100 \times 600$
$= 60000$(원)
(50원짜리 동전 280개의 금액) $= 50 \times 280$
$= 14000$(원)
(민수의 저금통에 들어 있는 금액) $= 60000 + 14000$
$= 74000$(원)
⇨ 74000원은 10000원짜리 지폐로 7장까지 바꿀 수 있습니다.

18

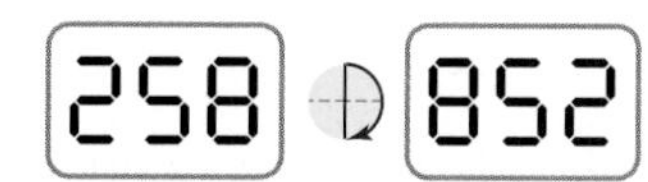

⇨ $852 - 508 = 344$

19 9㉠9 ÷ 38 = 25 ⋯ ♥에서 9㉠9는 $38 \times 25 = 950$보다 크고 $38 \times 26 = 988$보다 작은 수이므로 조건에 맞는 9㉠9는 959, 969, 979가 됩니다.
⇨ ㉠에 들어갈 수 있는 수는 5, 6, 7이므로
$5 \times 6 \times 7 = 210$입니다.

20 푸는 순서
❶ 수 카드를 시계 반대 방향으로 180°만큼 돌렸을 때 만들어지는 수 구하기
❷ 어떤 수 구하기
❸ 바르게 구한 값 구하기

❶ 주어진 수 카드를 시계 반대 방향으로 180°만큼 돌리면 1811 이 됩니다.
❷ 이 수 1811에서 어떤 수 □를 뺐더니 896이 되었으므로 1811 − □ = 896, □ = 1811 − 896 = 915입니다.
❸ 바르게 계산한 값: $1181 - 915 = 266$

21 억, 천만의 자리 수가 각각 같고 오른쪽 수의 백만의 자리 숫자가 3이므로 □는 3과 같거나 커야 합니다.
그런데 □ = 3이면 823320291 < 823355934이므로 조건에 맞지 않습니다.
따라서 □ > 3이어야 하므로 □ 안에 들어갈 수 있는 수는 4, 5, 6, 7, 8, 9로 모두 6개입니다.

22 전략 가이드
4000원을 낸 학생들이 모은 금액의 합으로 4000원을 낸 학생 수를 구합니다.

1000원을 낸 학생은 4명이므로
$1000 \times 4 = 4000$(원),
2000원을 낸 학생은 5명이므로
$2000 \times 5 = 10000$(원),
3000원을 낸 학생은 10명이므로
$3000 \times 10 = 30000$(원),
5000원을 낸 학생은 4명이므로
$5000 \times 4 = 20000$(원)입니다.
4000원을 낸 학생들이 모은 금액의 합은
$100000 - 4000 - 10000 - 30000 - 20000$
$= 36000$(원)
이고 $4000 \times 9 = 36000$이므로 4000원을 낸 학생은 9명입니다.
따라서 성금을 낸 학생은 모두
$4 + 5 + 10 + 9 + 4 = 32$(명)입니다.

23 사백육십오만 → 4650000,
46499의 100배 → 4649900
⇨ 4649900 < □ < 4650000이면서 일의 자리 숫자가 십의 자리 숫자의 3배인 수는 4649913, 4649926, 4649939입니다.
따라서 조건을 모두 만족하는 수 중 가장 큰 수는 4649939이므로 각 자리 숫자의 합은
$4+6+4+9+9+3+9=44$입니다.

24 $45\times6=270$, $45\times16=720$이므로 270보다 크고 720보다 작은 수 중에서 45로 나누었을 때 몫과 나머지가 같은 수를 찾습니다.
몫과 나머지가 6 ⇨ $45\times6=270$, $270+6=276$
몫과 나머지가 7 ⇨ $45\times7=315$, $315+7=322$
⋮
몫과 나머지가 15 ⇨ $45\times15=675$, $675+15=690$
따라서 45로 나누었을 때 몫과 나머지가 같은 수는 각각 6부터 15까지의 수인 경우이므로 모두 $15-6+1=10$(개)입니다.

참고
■부터 ▲까지의 자연수의 개수: (▲ − ■ + 1)개

25 오이를 좋아하는 학생은 5명, 고추를 좋아하는 학생은 10명이므로 가지, 상추, 호박을 좋아하는 학생 수의 합은 13명입니다.
호박을 좋아하는 학생이 상추를 좋아하는 학생보다 1명 또는 2명 더 많고 좋아하는 채소별로 학생 수가 고추 > 가지 > 오이이므로 가지를 좋아하는 학생은 6명부터 9명까지 될 수 있습니다.
1) 가지를 좋아하는 학생이 6명인 경우
상추: 3명, 호박: 4명
2) 가지를 좋아하는 학생이 7명인 경우
상추: 2명, 호박: 4명
3) 가지를 좋아하는 학생이 8명인 경우
상추: 2명, 호박: 3명
4) 가지를 좋아하는 학생이 9명인 경우
상추: 1명, 호박: 3명
따라서 모두 4가지입니다.

최종 모의고사 2회

97 ~ 102쪽

1	41	**2**	10
3	65	**4**	②
5	100	**6**	120
7	489	**8**	40
9	30	**10**	440
11	7	**12**	2
13	35	**14**	8
15	47	**16**	175
17	851	**18**	25
19	36	**20**	105
21	40	**22**	5
23	8	**24**	52
25	242		

1 $180^\circ-139^\circ=41^\circ$

참고
각도의 뺄셈은 자연수의 뺄셈과 같은 방법으로 계산합니다.

2 5000이 10개이면 50000입니다.

3 ㉠$+90^\circ=155^\circ$,
㉠$=155^\circ-90^\circ=65^\circ$

4 왼쪽과 오른쪽이 같은 모양 조각을 찾으면 ②입니다.

참고
②는 어느 방향으로 뒤집어도 모양이 처음 모양과 같습니다.

5 ㉠의 숫자 9는 억의 자리 숫자이고, 900000000을 나타내고 ㉡의 숫자 9는 백만의 자리 숫자이고 9000000을 나타냅니다.
⇨ ㉠이 나타내는 값은 ㉡이 나타내는 값의 100배입니다.

6 사각형의 네 각의 크기의 합은 360°입니다.
㉠$=360^\circ-100^\circ-90^\circ-50^\circ=120^\circ$

7 $28\times17=476$, $476+13=\square$, $\square=489$

8 세로 눈금 5칸이 25분을 나타내므로
(세로 눈금 한 칸의 크기)$=25\div5$
$=5$(분)
⇨ (주원이의 컴퓨터 사용 시간)$=5\times8$
$=40$(분)

9 125 cm의 24배 → $125\times24=3000$ (cm)
⇨ 흰수염고래의 몸길이는
3000 cm$=$30 m입니다.

10 푸는 순서
❶ 전체 토마토 상자 수 구하기
❷ 남은 상자 수 구하기

❶ (트럭에 실린 토마토 상자 수)$=280\times73$
$=20440$(상자)
❷ (남은 상자 수)$=20440-20000$
$=440$(상자)

11 전략 가이드
0을 같은 개수만큼씩 제외한 수의 계산 값으로 비교해 봅니다.

$600\times\square0$에서 0이 3개이므로 $6\times\square>40$입니다.
⇨ $6\times\square>40$에서 $6\times6=36$, $6\times7=42$이므로
□ 안에 들어갈 수 있는 가장 작은 자연수는
7입니다.

12 전략 가이드
각 반에서 모은 빈 병의 수의 합을 알아봅니다.

1반: $4+8=12$(병),
2반: $14+10=24$(병),
3반: $12+7=19$(병),
4반: $11+11=22$(병)
⇨ 24병$>$22병$>$19병$>$12병이므로 빈 병을 가장 많이 모은 반은 2반입니다.

13 $594\div17=34\cdots16$이므로 구슬을 한 번에 17개씩 34번 꺼내면 16개가 남습니다.
⇨ 구슬을 모두 꺼내려면 $34+1=35$(번) 꺼내야 합니다.

14 전략 가이드
어떤 수를 구하려면 거꾸로 뛰어 세어 봅니다.

어떤 수에서 30000씩 6번 뛰어 세어 5040702가 되었으므로 어떤 수는 5040702에서 30000씩 거꾸로 6번 뛰어 센 수입니다.
5040702$-$5010702$-$4980702$-$4950702$-$
4920702$-$4890702$-$4860702
⇨ 어떤 수는 4860702이고, 이 수의 십만의 자리 숫자는 8입니다.

15

50000원짜리	지폐 9장이면	450000원
1000원짜리	지폐 13장이면	13000원
100원짜리	동전 68개이면	6800원
10원짜리	동전 20개이면	200원
		470000원

⇨ 470000원은 10000원짜리 지폐 47장까지 바꿀 수 있습니다.

16 어떤 수를 □라 하면 $\square\div87=6\cdots49$이므로
$87\times6=522$, $522+49=\square$, $\square=571$입니다.
⇨ $571\div78=7\cdots25$에서 몫은 7, 나머지는 25이므로 몫과 나머지의 곱은 $7\times25=175$입니다.

17 1, 5, 6, 8에서 작은 수부터 차례로 3장 골라 만들 수 있는 가장 작은 세 자리 수는 156이므로 두 번째로 작은 수는 158입니다.

⇨ 158 → 851

18 푸는 순서

❶ 삼각형 ㄱㅁㄹ에서 각 ㄱㅁㄹ의 크기 구하기
❷ 각 ㄴㅁㄷ의 크기 구하기
❸ 삼각형 ㅁㄴㄷ에서 각 ㅁㄴㄷ의 크기 구하기

❶ (각 ㄱㅁㄹ)$=180^\circ-35^\circ-90^\circ=55^\circ$
❷ (각 ㄴㅁㄷ)$=180^\circ-55^\circ-60^\circ=65^\circ$
❸ (각 ㅁㄴㄷ)$=180^\circ-65^\circ-90^\circ=25^\circ$

다른 풀이

(각 ㅁㄱㄴ)$=90^\circ-35^\circ=55^\circ$,
(각 ㄱㄴㅁ)$=180^\circ-55^\circ-60^\circ=65^\circ$
⇨ (각 ㅁㄴㄷ)$=90^\circ-65^\circ=25^\circ$

19 푸는 순서

❶ 세로 눈금은 모두 몇 칸인지 구하기
❷ 세로 눈금 한 칸의 크기 구하기
❸ 목요일에 줄넘기를 한 횟수 구하기

❶ (세로 눈금 칸수의 합)$=6+8+7+9+8$
$=38$(칸)
❷ 세로 눈금 38칸이 152회를 나타내므로
(세로 눈금 한 칸의 크기)$=152\div38$
$=4$(회)
❸ (목요일에 줄넘기를 한 횟수)$=4\times9$
$=36$(회)

20 푸는 순서

❶ 삼각형 ㄱㄴㄹ에서 각 ㄱㄹㄴ의 크기 구하기
❷ 삼각형 ㅁㄷㄹ에서 각 ㅁㄷㄹ의 크기 구하기
❸ 삼각형 ㅂㄷㄹ에서 각 ㄷㅂㄹ의 크기 구하기

❶ 삼각형 ㄱㄴㄹ에서
(각 ㄱㄹㄴ)$=180^\circ-60^\circ-90^\circ=30^\circ$
❷ 삼각형 ㅁㄷㄹ에서
(각 ㅁㄷㄹ)$=180^\circ-45^\circ-90^\circ=45^\circ$
❸ 삼각형 ㅂㄷㄹ에서
(각 ㄷㅂㄹ)$=180^\circ-30^\circ-45^\circ=105^\circ$

21 전략 가이드

758과 □의 곱이 30000보다 작으면서 가장 큰 경우와 30000보다 크면서 가장 작은 경우를 먼저 구해 봅니다.

$758\times39=29562$, $758\times40=30320$,
$758\times41=31078$, ...에서 곱이 30000보다 작으면서 가장 큰 곱셈식은 $758\times39=29562$이므로 30000과의 차는 $30000-29562=438$,
곱이 30000보다 크면서 가장 작은 곱셈식은 $758\times40=30320$이므로 30000과의 차는 $30320-30000=320$
⇨ 곱이 30000에 가장 가까운 곱셈식은 30000과의 차가 더 작은 $758\times40=30320$이므로 □ 안에 알맞은 두 자리 수는 40입니다.

22

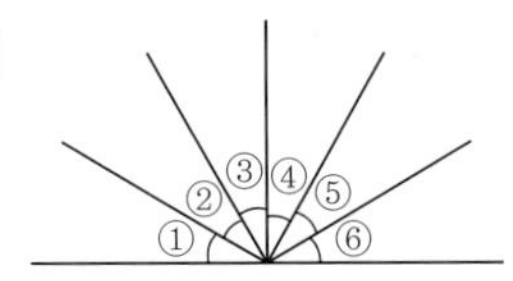

• 각 4개로 이루어진 둔각:
①+②+③+④, ②+③+④+⑤,
③+④+⑤+⑥ → 3개
• 각 5개로 이루어진 둔각:
①+②+③+④+⑤,
②+③+④+⑤+⑥ → 2개
⇨ $3+2=5$(개)

23 서로 다른 수라고 했으므로 ㉠에 들어갈 수 있는 수는 2, 4, 5, 8, 9입니다.
㉠=2일 때
$763210+102367=865577$
㉠=4일 때
$764310+103467=867777$
㉠=5일 때
$765310+103567=868877$
㉠=8일 때
$876310+103678=979988$
㉠=9일 때
$976310+103679=1079989$
⇨ 두 수의 합이 95만보다 크고 100만보다 작은 경우는 ㉠=8일 때입니다.

24 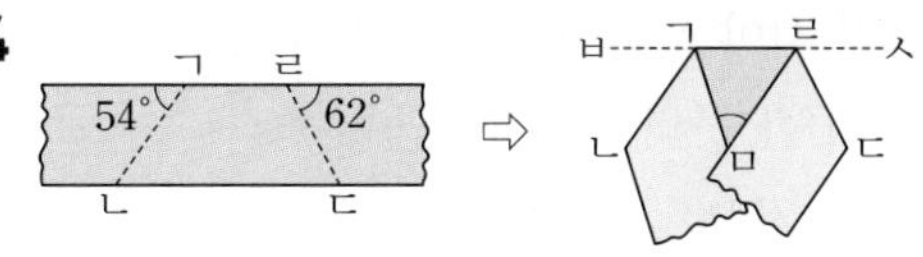

접기 전의 각과 접은 후의 각은 크기가 같으므로
(각 ㅂㄱㄴ)=(각 ㅁㄱㄴ)=54°이고
(각 ㄹㄱㅁ)=180°−54°−54°
=72°입니다.
(각 ㅅㄹㄷ)=(각 ㅁㄹㄷ)=62°이므로
(각 ㄱㄹㅁ)=180°−62°−62°
=56°입니다.
⇨ 삼각형 ㄱㅁㄹ의 세 각의 크기의 합은 180°이므로
(각 ㄱㅁㄹ)=180°−(각 ㄹㄱㅁ)−(각 ㄱㄹㅁ)
=180°−72°−56°
=52°

25 전략 가이드

몫이 4가 되는 경우부터 차례대로 구해 봅니다.

- [50÷11]=4, [51÷11]=4, ..., [54÷11]=4
  늘어놓은 수 중 4는 54−50+1=5(개)입니다.
  → 4×5=20
- [55÷11]=5, [56÷11]=5, ..., [65÷11]=5
  늘어놓은 수 중 5는 65−55+1=11(개)입니다.
  → 5×11=55
- [66÷11]=6, [67÷11]=6, ..., [76÷11]=6
  늘어놓은 수 중 6은 76−66+1=11(개)입니다.
  → 6×11=66
- [77÷11]=7, [78÷11]=7, ..., [87÷11]=7
  늘어놓은 수 중 7은 87−77+1=11(개)입니다.
  → 7×11=77
- [88÷11]=8, [89÷11]=8, [90÷11]=8
  늘어놓은 수 중 8은 3개입니다.
  → 8×3=24

⇨ 늘어놓은 수들의 합은
20+55+66+77+24=242입니다.

최종 모의고사 3회

103~108쪽

1 29	**2** 2
3 42	**4** 82
5 32	**6** 4
7 111	**8** 13
9 4	**10** 551
11 130	**12** ④
13 ④	**14** 1
15 9	**16** 425
17 12	**18** 50
19 391	**20** 14
21 20	**22** 6
23 17	**24** 6
25 2	

1 870÷30=29

2 각도가 0°보다 크고 직각보다 작은 각을 찾습니다.
⇨ 예각은 89°, 61°이므로 모두 2개입니다.

3 직선이 이루는 각의 크기는 180°이므로
(각 ㄴㄷㄹ)=180°−138°
=42°입니다.

4 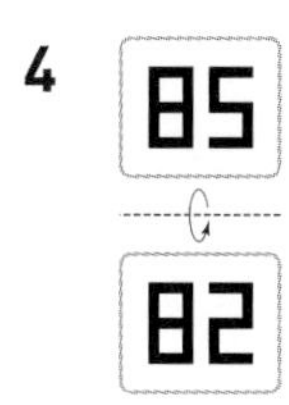

5 피아노 9명, 바이올린 7명, 오카리나 11명, 기타 5명이므로
(나영이네 반 학생 수)=9+7+11+5
=32(명)

6 317만 ⇨ 3170000이므로 0은 모두 4개입니다.

7 1억은 10000000이 10개인 수입니다. → ㉠=10
1억은 99999900보다 100만큼 더 큰 수입니다.
→ ㉡=100
1억은 99999999보다 1만큼 더 큰 수입니다.
→ ㉢=1
⇨ ㉠+㉡+㉢=10+100+1=111

8 4 m=400 cm이고 400÷29=13…23이므로 별 모양을 13개까지 만들 수 있고 철사가 23 cm 남습니다.

9 ㉠ 504721380000
㉡ 6245970000
㉢ 520000140000
⇨ 가장 큰 수는 ㉢이고 만의 자리 숫자는 4입니다.

10 (어떤 수)÷38=14…19에서
38×14=△, △+19=(어떤 수)
⇨ 38×14=532, 532+19=(어떤 수),
(어떤 수)=551

11 ㉠=180°−75°−55°=50°,
㉡=360°−90°−105°−85°=80°
⇨ ㉠+㉡=50°+80°=130°

12 [400억] —10배→ [4000억] —10배→ [4조] —10배→ [40조]
⇨ ㉠에 알맞은 수는 400억입니다.

13 도형의 위쪽 부분이 왼쪽으로 이동하였으므로 왼쪽 도형을 시계 방향으로 270°만큼(또는 시계 반대 방향으로 90°만큼) 돌린 것입니다.

14 푸는 순서
❶ 지각한 남학생 수 구하기
❷ 지각한 여학생 수 구하기
❸ 지각한 남학생 수와 여학생 수의 차 구하기

❶ (지각한 남학생 수)=7+8+6+5=26(명)
❷ (지각한 여학생 수)=6+4+9+6=25(명)
❸ 지각한 남학생 수와 여학생 수의 차는
26−25=1(명)입니다.

15 (어머니께서 사야 하는 돼지고기의 무게)
=(돼지고기 한 근의 무게)×(근 수)
=600×5=3000 (g)
(어머니께서 사야 하는 감자의 무게)
=(감자 한 근의 무게)×(근 수)
=375×16=6000 (g)
⇨ 어머니께서 사야 하는 돼지고기와 감자의 무게는 모두 3000+6000=9000 (g) → 9 kg입니다.

16 사각형 ㄹㄴㄷㅁ의 네 각의 크기의 합은 360°입니다.
⇨ (도형에 표시된 5개의 각의 크기의 합)
=(각 ㄴㄱㄷ)+(사각형의 네 각의 크기의 합)
=65°+360°=425°

17 3, 4, 5, 6, 7, 8로 조건 ②, ③을 만족하려면
□6□4□3입니다.
남은 수를 이용하여 가장 큰 여섯 자리 수를 만들면 867453입니다.
⇨ 천의 자리 숫자는 7, 십의 자리 숫자는 5이므로
7+5=12입니다.

18 1 m 75 cm=175 cm
(색 테이프 36개의 길이의 합)=175×36
=6300 (cm)
겹친 부분 35군데 중에서 18군데는 25 cm씩, 17군데는 50 cm씩 겹치게 이어 붙인 것입니다.
25 cm씩 18군데: 25×18=450 (cm),
50 cm씩 17군데: 50×17=850 (cm)
(겹친 부분의 길이의 합)=450+850
=1300 (cm)
(이어 붙인 색 테이프의 전체 길이)=6300−1300
=5000 (cm)
⇨ 50 m

19 277÷16=17…5, 373÷16=23…5이므로 가로로 17개, 세로로 23개씩 만들 수 있습니다.
⇨ 정사각형 모양을 17×23=391(개)까지 만들 수 있습니다.

20 4㉠920597317＞48920597㉡09
백억의 자리 수가 같으므로 ㉠에 들어갈 수 있는 수는 8, 9입니다.
㉠이 8일 때 억의 자리 수부터 천의 자리 수까지 각각 같고 십의 자리 수가 1＞0이므로 ㉡에 들어갈 수 있는 수는 0, 1, 2, 3입니다.
㉠이 9일 때 십억의 자리 수가 9＞8이므로 ㉡에 들어갈 수 있는 수는 0, 1, 2, 3, 4, 5, 6, 7, 8, 9입니다.
⇨ (㉠, ㉡)은 (8, 0), (8, 1), (8, 2), (8, 3), (9, 0), (9, 1), (9, 2), (9, 3), (9, 4), (9, 5), (9, 6), (9, 7), (9, 8), (9, 9)로 모두 14쌍입니다.

21 삼각형 ㄹㄴㄷ에서 세 각의 크기의 합은 180°이므로
(각 ㄴㄹㄷ)＝180°－90°－30°＝60°
(각 ㄱㄹㅂ)＝180°－60°＝120°
⇨ 삼각형 ㄱㅂㄹ에서 세 각의 크기의 합은 180°이므로
(각 ㄱㅂㄹ)＝180°－40°－120°＝20°입니다.

22 2반: 8명, 3반: 7명, 5반: 5명
(1반의 안경을 쓴 학생 수)
＋(4반의 안경을 쓴 학생 수)
＝37－8－7－5＝17(명)
1반과 4반의 안경을 쓴 학생 수의 합이 17인 표를 만들면

1반의 안경을 쓴 학생 수(명)	5	6	7	8
4반의 안경을 쓴 학생 수(명)	12	11	10	9

⇨ 4반의 안경을 쓴 학생 수가 1반의 안경을 쓴 학생 수보다 5명 더 많을 때는 1반 6명, 4반 11명일 때입니다.

23 ㉠＋㉡＝8이므로 ㉠㉡이 될 수 있는 수는 17, 26, 35, 53, 62, 71, 80이고, 이 중에서 7을 곱하여 십의 자리 숫자가 4가 되는 수는 35×7＝245이므로 ㉠㉡＝35입니다. → ㉢＝2
2㉣㉤－245＝24이므로 2㉣㉤＝24＋245＝269입니다. → ㉣＝6, ㉤＝9
⇨ ㉢＋㉣＋㉤＝2＋6＋9＝17

24 서로 다른 수가 적혀 있으므로 ㉠에 알맞은 수는 3, 6, 8, 9입니다. 차의 백만의 자리 숫자가 6이므로 ㉠에 9는 들어갈 수 없습니다.
- ㉠＝3일 때 가장 큰 수: 7543210,
  가장 작은 수: 1023457
  → 차: 6519753(×)
- ㉠＝6일 때 가장 큰 수: 7654210,
  가장 작은 수: 1024567
  → 차: 6629643(○)
- ㉠＝8일 때 가장 큰 수: 8754210,
  가장 작은 수: 1024578
  → 차: 7729632(×)

⇨ ㉠에 알맞은 수는 6입니다.

25 오른쪽으로 3번 뒤집은 도형은 오른쪽으로 1번 뒤집은 도형과 같습니다.
시계 방향으로 90°만큼 4번, 8번 돌리면 처음과 같으므로 시계 방향으로 90°만큼 9번 돌리면 시계 방향으로 90°만큼 1번 돌린 도형과 같습니다.
(오른쪽으로 3번 뒤집고 시계 방향으로 90°만큼 9번 돌린 도형)
＝(오른쪽으로 1번 뒤집고 시계 방향으로 90°만큼 1번 돌린 도형)

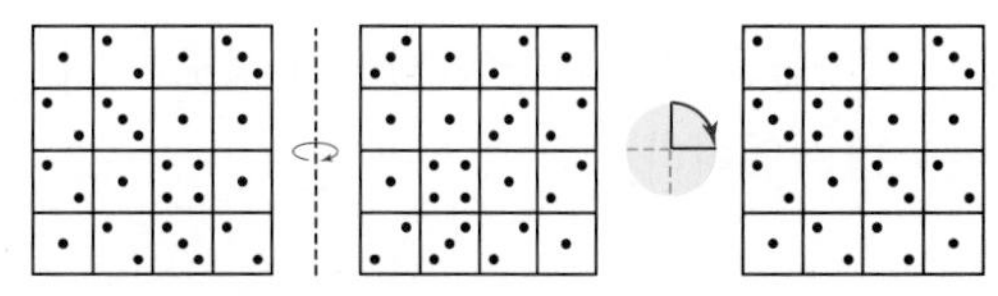

두 종이를 겹치기

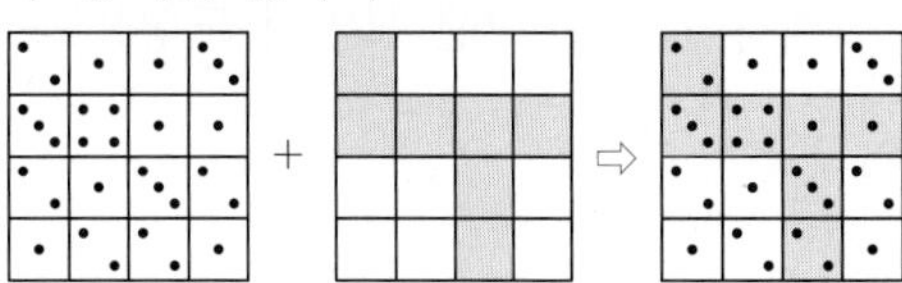

(색칠된 칸의 점의 수)＝2＋3＋4＋1＋1＋3＋2
＝16(개)
(색칠되지 않은 칸의 점의 수)
＝1＋1＋3＋2＋1＋2＋1＋2＋1
＝14(개)
⇨ 16－14＝2(개)

최종 모의고사 4회

109 ~ 114쪽

1	8	**2**	32
3	11	**4**	③
5	360	**6**	6
7	③	**8**	3
9	17	**10**	100
11	6	**12**	190
13	42	**14**	17
15	707	**16**	15
17	45	**18**	25
19	40	**20**	24
21	15	**22**	745
23	112	**24**	9
25	33		

1 7481|6832|8496|5395
조 억 만 일
⇨ 십조의 자리 숫자는 8입니다.

2 $400\times80=32000$
$4\times8=32$

3 시계의 긴바늘과 짧은바늘이 벌어진 정도가 가장 작은 것은 11시입니다.

4 위쪽과 아래쪽이 서로 바뀐 모양의 도형을 찾으면 ③입니다.

5 크기와 모양에 상관없이 사각형의 네 각의 크기의 합은 360°입니다.

6 팔십일억 육천이백만 → 81억 6200만
→ 8162000000
⇨ 0은 모두 6개입니다.

7 그래프에서 막대의 길이가 가장 긴 것은 호박이고 16명입니다.

8 천이 49개, 10이 8개인 수는 49080입니다.
49076보다 크고 49080보다 작은 자연수는 49077, 49078, 49079이므로 모두 3개입니다.

9
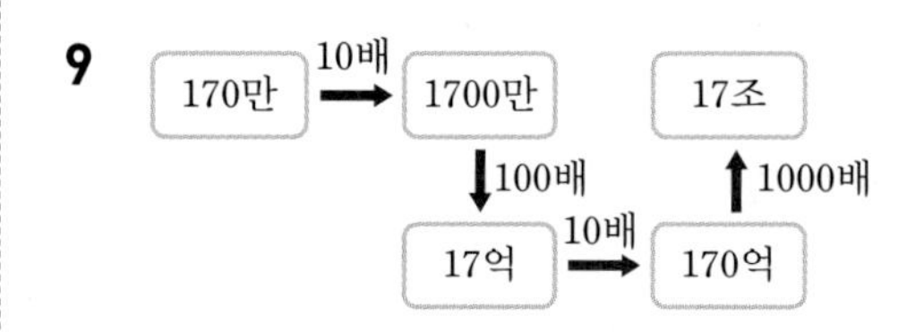

10 10000원짜리 지폐로 10억 원을 모으려면 100000장이 필요하고, 100000장은 1000장씩 100묶음입니다.
⇨ 모두 100묶음을 모아야 합니다.

11 $375\times16=6000\,(\mathrm{m})$
⇨ $6000\,\mathrm{m}=6\,\mathrm{km}$

12
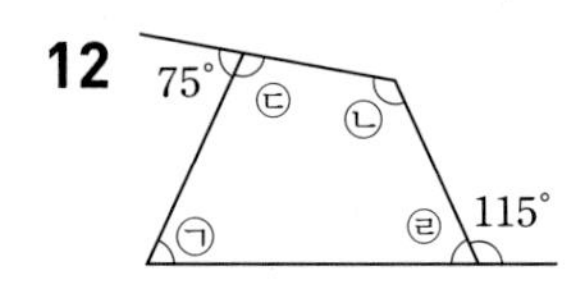

• 75°+㉢=180°, ㉢=105°
• ㉣+115°=180°, ㉣=65°
⇨ 사각형의 네 각의 크기의 합은 360°이므로
㉠+㉡=360°−105°−65°
=190°입니다.

13 $700\div35=20$이므로 도로 한쪽에 가로등을 $20+1=21$(개) 세워야 합니다.
⇨ 도로의 양쪽에 세워야 하므로 가로등은 모두 $21\times2=42$(개) 필요합니다.

14 푸는 순서
❶ 잎이 13장씩 붙어 있는 줄기의 잎 수 구하기
❷ 잎이 15장씩 붙어 있는 줄기의 잎 수 구하기
❸ 잎이 15장씩 붙어 있는 줄기의 수 구하기

❶ (잎이 13장씩 붙어 있는 줄기의 잎 수)
$=13\times16=208$(장)
❷ (잎이 15장씩 붙어 있는 줄기의 잎 수)
$=463-208=255$(장)
❸ (잎이 15장씩 붙어 있는 줄기의 수)
$=255\div15=17$(개)

15 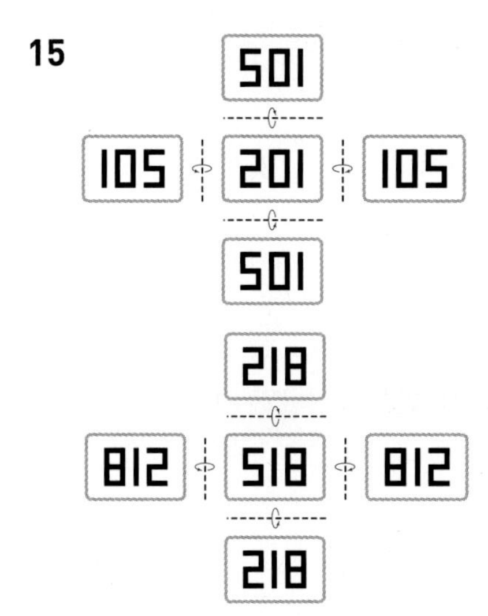

⇨ 가장 큰 수는 812이고 가장 작은 수는 105이므로 두 수의 차는 $812-105=707$입니다.

16 □ 안에 0부터 9까지의 수를 넣은 다음 15로 나누었을 때 나머지가 0인 경우를 알아봅니다.

$525 \div 15=35$

$555 \div 15=37$

$585 \div 15=39$

⇨ □ 안에 들어갈 수 있는 수는 2, 5, 8이므로 합은 $2+5+8=15$입니다.

17 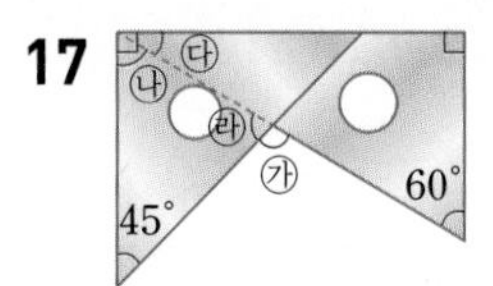

㉰$=180°-60°-90°=30°$이므로

㉯$=90°-30°=60°$입니다.

㉱$=180°-45°-60°=75°$이므로

㉮$=180°-75°=105°$입니다.

⇨ ㉮$-$㉯$=105°-60°=45°$

18 (100원짜리 동전 70개의 금액)$=100 \times 70$
$=7000$(원)

(500원짜리 동전 36개의 금액)$=500 \times 36$
$=18000$(원)

(지민이의 저금통에 들어 있는 금액)$=7000+18000$
$=25000$(원)

⇨ 25000원은 1000원짜리 지폐로 25장까지 바꿀 수 있습니다.

19 몫이 가장 큰 나눗셈식을 만들려면 나누어지는 수는 가장 큰 세 자리 수, 나누는 수는 가장 작은 두 자리 수여야 합니다.

수 카드로 만들 수 있는 가장 큰 세 자리 수는 854이고 가장 작은 두 자리 수는 23입니다.

⇨ $854 \div 23=37 \cdots 3$이므로 $37+3=40$입니다.

20 막대그래프에서 연정이의 가로 눈금 6칸이 12개이므로

(가로 눈금 한 칸의 크기)$=12 \div 6=2$(개)입니다.

막대의 길이가 가장 긴 지혜가 넣은 고리가 가장 많고 가로 눈금 12칸이므로

(지혜가 넣은 고리의 수)$=2 \times 12=24$(개)입니다.

21 $35 \times 8=280$, $35 \times 23=805$이므로 280보다 크고 805보다 작은 수 중에서 35로 나누었을 때 몫과 나머지가 같은 수를 찾습니다.

몫과 나머지가 8 ⇨ $35 \times 8=280$, $280+8=288$

몫과 나머지가 9 ⇨ $35 \times 9=315$, $315+9=324$

⋮

몫과 나머지가 22 ⇨ $35 \times 22=770$, $770+22=792$

따라서 35로 나누었을 때 몫과 나머지가 같은 수는 각각 8부터 22까지의 수인 경우이므로 모두 $22-8+1=15$(개)입니다.

22 ㉡+㉣+㉥$=20$인 경우는

$9+8+3=20$, $9+7+4=20$, $9+6+5=20$, $8+7+5=20$입니다.

① $9+8+3=20$인 경우:
여섯 자리 수는 ㉠9㉢8㉤3이고 이 중에서 가장 큰 수는 796853입니다.

② $9+7+4=20$인 경우:
여섯 자리 수는 ㉠9㉢7㉤4이고 이 중에서 가장 큰 수는 896754입니다.

③ $9+6+5=20$인 경우:
여섯 자리 수는 ㉠9㉢6㉤5이고 이 중에서 가장 큰 수는 897645입니다.

④ $8+7+5=20$인 경우:
여섯 자리 수는 ㉠8㉢7㉤5이고 이 중에서 가장 큰 수는 986745입니다.

⇨ ①~④ 중에서 가장 큰 수는 986745이고 ㉣㉤㉥은 745입니다.

23

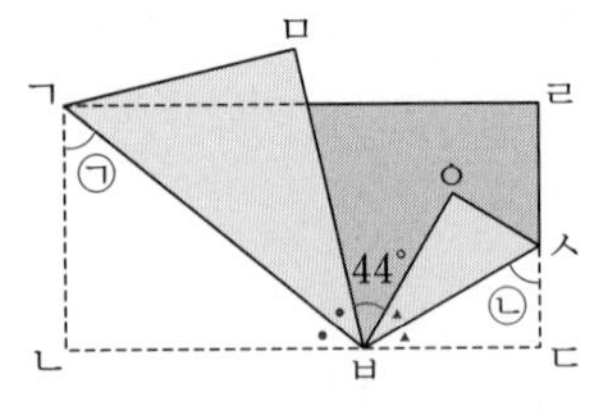

종이를 펼쳤을 때, 겹쳐지는 부분의 각의 크기는 같으므로

(각 ㄱㅂㄴ)=(각 ㄱㅂㅁ)=●,

(각 ㅇㅂㅅ)=(각 ㄷㅂㅅ)=▲라 하면

●+●+44°+▲+▲=180°

●+●+▲+▲=180°−44°,

●+●+▲+▲=136°,

●+▲=136°÷2=68°

삼각형 ㄱㄴㅂ에서

㉠+90°+●=180°, ㉠+●=90°

삼각형 ㅅㅂㄷ에서

㉡+▲+90°=180°, ㉡+▲=90°

㉠+●+㉡+▲=180°,

㉠+㉡+68°=180°,

㉠+㉡=180°−68°=112°

24 자리 숫자에 0이 3개인 네 자리 수는 1000, 2000, ..., 9000입니다. 그런데

$1000=10\times10\times10$

$=5\times2\times5\times2\times5\times2$

$=\underline{5\times5\times5}\times\underline{2\times2\times2}$

$=125\times8$

이므로 125에 어떤 한 자리 수를 곱하여 자리 숫자에 0이 없는 세 자리 수를 만들고, 8에 어떤 한 자리 수를 곱하여 자리 숫자에 0이 없는 두 자리 수를 만들어 세 자리 수와 두 자리 수의 곱을 구하면 됩니다.

$125\times\underline{8\times2}=125\times\underline{16}=2000$,

$125\times\underline{8\times3}=125\times\underline{24}=3000$,

$125\times\underline{8\times4}=125\times\underline{32}=4000$,

$125\times\underline{8\times6}=125\times\underline{48}=6000$,

$125\times\underline{8\times7}=125\times\underline{56}=7000$,

$125\times\underline{8\times8}=125\times\underline{64}=8000$,

$125\times\underline{8\times9}=125\times\underline{72}=9000$,

$\underline{125\times3}\times\underline{8\times2}=\underline{375}\times\underline{16}=6000$,

$\underline{125\times3}\times\underline{8\times3}=\underline{375}\times\underline{24}=9000$

⇨ 구하는 식은 모두 9개입니다.

25

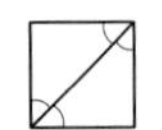

첫 번째: 4개

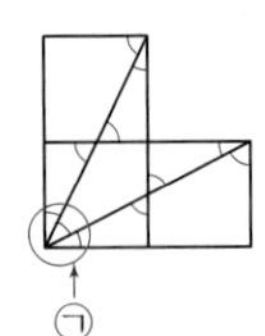

두 번째: 5+8=13(개)
└ 8=2×2×2
└ 5: (㉠에서 찾을 수 있는 크고 작은 예각의 수) =3+2=5(개)

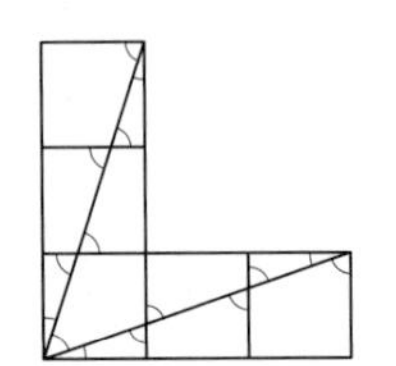

세 번째: 5+12=17(개)
└ 12=2×3×2

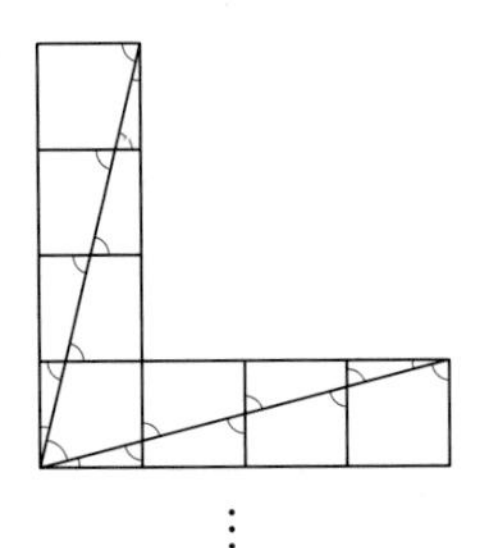

네 번째: 5+16=21(개)
└ 16=2×4×2

⋮

⇨ 규칙에 따라 일곱 번째 그림에서 찾을 수 있는 크고 작은 예각은 모두 5+28=33(개)입니다.
└ 28=2×7×2

최종 모의고사 5회

115~120쪽

1 100	**2** ④
3 ②	**4** 600
5 ⑤	**6** 9
7 85	**8** 935
9 2	**10** 13
11 15	**12** 60
13 120	**14** 35
15 ④	**16** 157
17 110	**18** 9
19 35	**20** 6
21 7	**22** 637
23 16	**24** 110
25 21	

1 (각 ㄱㅇㄷ)=(각 ㄱㅇㄴ)+(각 ㄴㅇㄷ)

=35°+65°=100°

2 도형을 시계 방향으로 180°만큼 돌리면 위쪽이 아래쪽으로, 아래쪽이 위쪽으로 이동합니다.

3 천만의 자리 숫자를 각각 알아봅니다.
① 0 ② 5 ③ 6 ④ 9 ⑤ 2
⇨ 천만의 자리 숫자가 5인 수는 ②입니다.

4 세로 눈금 한 칸은 $500 \div 5 = 100$(개)를 나타냅니다.
⇨ (은지가 주운 밤의 수)$=100 \times 6 = 600$(개)

5 나머지는 나누는 수보다 작아야 하므로 27이거나 27보다 큰 수는 나머지가 될 수 없습니다.

6
$$\begin{array}{r} 527 \\ \times \ \ 40 \\ \hline 21080 \end{array}$$
(1: ㉡, 8: ㉣) ⇨ ㉡$+$㉣$=1+8=9$

7 삼각형의 세 각의 크기의 합은 180°입니다.
⇨ ㉠$=180°-40°-55°=85°$

8 875억에서 5번 뛰어 세어 100억만큼 더 커져 975억이 되었으므로 20억씩 뛰어 세기를 한 것입니다.
⇨ ㉠은 875억에서 20억씩 3번 뛰어 세기 한 수이므로 935억입니다.

9 어머니가 캔 고구마의 수: 32개,
태우가 캔 고구마의 수: 40개,
동생이 캔 고구마의 수: 24개
⇨ (태우와 동생이 캔 고구마의 수의 합)
$\div$(어머니가 캔 고구마의 수)
$=64 \div 32 = 2$(배)

10 ㉠ 억이 301개, 만이 229개인 수
⇨ 30102290000(0이 6개)
㉡ 오조 천칠백십억 사천육십만
⇨ 5171040600000(0이 7개)
따라서 0의 개수의 합은 모두 $6+7=13$(개)입니다.

11 시계 반대 방향으로 180°만큼 돌렸을 때의 수가 처음과 같은 수는 [0], [2], [5], [8]입니다.
⇨ $0+2+5+8=15$

12 세로 눈금 한 칸은 $70 \div 7 = 10$ (kg)을 나타냅니다.
재활용품을 가장 많이 모은 반: 2반(100 kg)
재활용품을 가장 적게 모은 반: 4반(40 kg)
⇨ $100-40=60$ (kg)

13 (큰 눈금 한 칸의 각의 크기)
$=360° \div 12 = 30°$
⇨ (큰 눈금 4칸의 각의 크기)
$=30° \times 4 = 120°$

14 $651 \div 19 = 34 \cdots 5$이므로 □ 안에는 34보다 큰 자연수가 들어갈 수 있습니다.
⇨ 34보다 큰 자연수 중 가장 작은 수는 35입니다.

15 금성: 6052000(7자리 수)
지구: 6378000(7자리 수)
목성: 71492000(8자리 수)
천왕성: 25559000(8자리 수)
⇨ $71492000 > 25559000 > 6378000 > 6052000$이므로 반지름의 길이가 가장 긴 행성은 목성이고, 가장 짧은 행성은 금성입니다.

16 [81×29] ◐ [62×18]이므로
62×18을 계산한 값은 1116입니다.
1116에서 어떤 수 □를 더해서 1273이 되었으므로
$1116+□=1273$, $□=1273-1116=157$입니다.

17 자두는 70개 팔렸으므로 귤은 $70 \times 2 = 140$(개) 팔렸고, 딸기는 130개 팔렸으므로 사과는
$130-50=80$(개) 팔렸습니다.
⇨ (팔린 키위의 수)$=530-70-140-80-130$
$=110$(개)

18
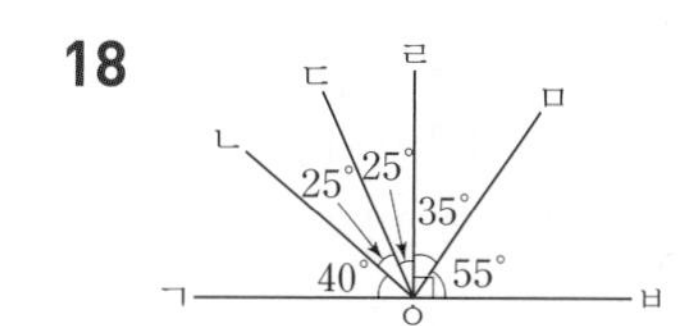

각 1개짜리 예각: 각 ㄱㅇㄴ(40°), 각 ㄴㅇㄷ(25°),
각 ㄷㅇㄹ(25°), 각 ㄹㅇㅁ(35°),
각 ㅁㅇㅂ(55°) → 5개
각 2개짜리 예각: 각 ㄱㅇㄷ(65°), 각 ㄴㅇㄹ(50°),
각 ㄷㅇㅁ(60°) → 3개
각 3개짜리 예각: 각 ㄴㅇㅁ(85°) → 1개
⇨ 그림에서 찾을 수 있는 크고 작은 예각은 모두 $5+3+1=9$(개)입니다.

19 기차는 1초에 $100 \div 4 = 25$(초)의 빠르기로 달립니다.
기차가 다리를 건너기 시작해서 완전히 건널 때까지 움직인 거리는 $235+640=875$ (m)입니다.
⇨ (기차가 다리를 완전히 건너는 데 걸리는 시간)
$=875 \div 25 = 35$(초)

20

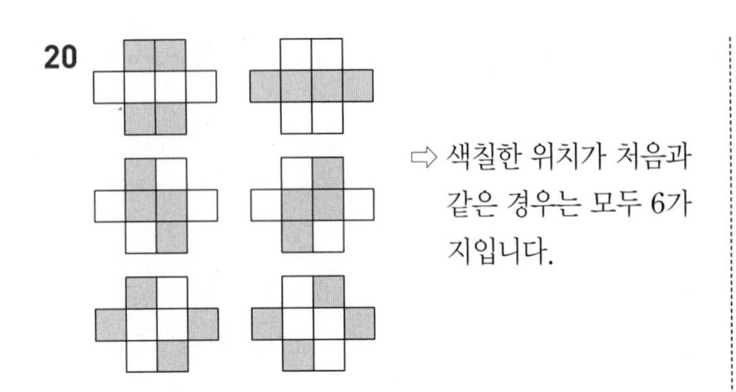

⇨ 색칠한 위치가 처음과 같은 경우는 모두 6가지입니다.

21 ㉠과 ㉢을 만족하는 수는 5□□1□□□□□입니다.
㉡에서 천만의 자리 숫자는 백의 자리 숫자의 3배이므로 각각 6과 2, 9와 3이고, 가장 큰 수가 되어야 하므로 천만의 자리 숫자는 9, 백의 자리 숫자는 3입니다.
⇨ 59□1□□3□□에서 남은 수 2, 4, 6, 7, 8로 만들 수 있는 가장 큰 수는 5981763420이므로 만의 자리 숫자는 7입니다.

22 두 번째 조건에서 ㉠㉡㉢÷40의 나머지가 37이므로 ㉢은 7입니다.
첫 번째 조건에서 ㉠+㉡+㉢=16이고 ㉢=7이므로 ㉠+㉡=9입니다.
세 번째 조건에서 ㉠이 ㉡보다 크므로 (㉠, ㉡)이 될 수 있는 수는 (9, 0), (8, 1), (7, 2), (6, 3), (5, 4)입니다.
조건을 만족하는 세 자리 수는 907, 817, 727, 637, 547 중의 하나입니다.
907÷40=22⋯27, 817÷40=20⋯17,
727÷40=18⋯7, 637÷40=15⋯37,
547÷40=13⋯27이므로 조건을 만족하는 세 자리 수는 637입니다.

23 1층에서 15층까지는 14개의 층을 올라간 것이고, 7분은 420초이므로 한 층을 올라가는 데 걸린 시간은 420÷14=30(초)입니다.
- 1층부터 27층까지는 26개의 층을 올라간 것이므로 올라가는 데만 걸린 시간은 26×30=780(초)입니다.
- 16층부터 21층까지는 15초씩 6번 쉬었으므로 쉰 시간은 모두 15×6=90(초)입니다.
- 22층부터 26층까지는 18초씩 5번 쉬었으므로 쉰 시간은 모두 18×5=90(초)입니다.

⇨ (1층에서 27층까지 올라가는 데 걸린 시간)
=780+90+90=960(초) → 16분

24

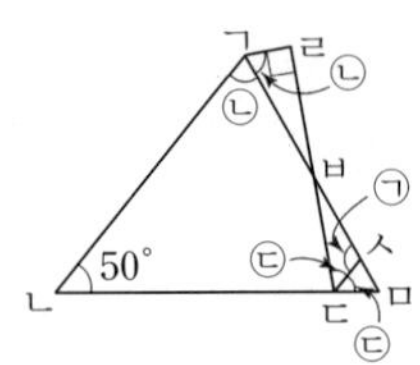

(각 ㄴㄱㅁ)=(각 ㄹㄱㅁ)=㉡,
(각 ㄹㄷㅅ)=(각 ㅅㄷㅁ)=㉢
이라 하면
(각 ㄴㄷㄹ)=180°−㉢−㉢이고, 사각형 ㄱㄴㄷㄹ에서
㉡+㉡+50°+180°−㉢−㉢+90°=360°입니다.
㉡+㉡−㉢−㉢+320°=360°,
㉡+㉡−㉢−㉢=40°, ㉡−㉢=20°
(각 ㄴㄷㅅ)=180°−㉢이고, 사각형 ㄱㄴㄷㅅ에서
㉡+50°+180°−㉢+㉠=360°입니다.
㉡−㉢+㉠+230°=360°,
㉡−㉢+㉠=130°에서 ㉡−㉢=20°이므로
20°+㉠=130°, ㉠=110°입니다.

25 합의 일의 자리 숫자가 8이므로 두 수의 일의 자리 숫자의 합은 8 또는 18입니다. 0부터 9까지의 수 중 서로 다른 두 수를 더하여 18이 되는 수는 없으므로 두 수의 일의 자리 숫자의 합은 8이 되어야 합니다.
고른 수 카드에 적힌 수를 ㉠>㉡>㉢>㉣>㉤이라 할 때 ㉤이 0이 아닌 경우와 0인 경우로 나누어 알아봅니다.
- ㉤=0이 아닌 경우
만들 수 있는 가장 큰 10자리 수는 ㉠㉠㉡㉡㉢㉢㉣㉣㉤㉤, 가장 작은 10자리 수는 ㉤㉤㉣㉣㉢㉢㉡㉡㉠㉠입니다.

```
   ㉠ ㉠ ㉡ ㉡ ㉢ ㉢ ㉣ ㉣ ㉤ ㉤
 + ㉤ ㉤ ㉣ ㉣ ㉢ ㉢ ㉡ ㉡ ㉠ ㉠
 ─────────────────────────────
 1  0  8  6  9  1  0  8  8  8  8
```

일의 자리에서 ㉤+㉠=8이고, 십억의 자리에서 ㉠+㉤=10이므로 이를 만족하는 ㉠과 ㉤은 없습니다.
- ㉤=0인 경우
만들 수 있는 가장 큰 10자리 수는 ㉠㉠㉡㉡㉢㉢㉣㉣00, 가장 작은 10자리 수는 ㉣00㉣㉢㉢㉡㉡㉠㉠입니다.

```
   ㉠ ㉠ ㉡ ㉡ ㉢ ㉢ ㉣ ㉣ 0  0
 + ㉣ 0  0  ㉣ ㉢ ㉢ ㉡ ㉡ ㉠ ㉠
 ─────────────────────────────
 1  0  8  6  9  1  0  8  8  8  8
```

일의 자리: 0+㉠=8, ㉠=8
십억의 자리: ㉠+㉣=10에서 8+㉣=10, ㉣=2
백의 자리: ㉣+㉡=8에서 2+㉡=8, ㉡=6
만의 자리: ㉢>0이므로 ㉢+㉢=10, ㉢=5

⇨ ㉠=8, ㉡=6, ㉢=5, ㉣=2, ㉤=0이므로 고른 수 카드의 합은 8+6+5+2+0=21입니다.